NEURO DARMA

Também Por RICK HANSON

O poder da resiliência: Princípios da neurociência para desenvolver uma fonte de calma, força e felicidade em sua vida (com Forrest Hanson)

O cérebro e a felicidade: Como treinar sua mente para atrair serenidade, amor e autoconfiança

O cérebro de Buda: Neurociência prática para a felicidade (com Richard Mendius)

Just One Thing: Developing a Buddha Brain One Simple Practice at a Time [Só uma coisa: Desenvolvendo um cérebro como o do Buda uma prática por vez, em tradução livre]

Mother Nurture: A Mother's Guide to Health in Body, Mind, and Intimate Relationships (com Jan Hanson and Ricki Pollycove) [Mãe cuidadora: O guia de uma mãe para a saúde do corpo, da mente e dos relacionamentos, em tradução livre]

RICK HANSON

NEURO DARMA

Ciência de ponta e sabedoria ancestral
em 7 práticas para alcançar a felicidade máxima

Rio de Janeiro, 2023

Neurodarma

Copyright © 2023 da Starlin Alta Editora e Consultoria Eireli.
ISBN: 978-85-7881-668-1

Translated from original Neurodharma. Copyright © 2020 by Rick Hanson. ISBN 978-0-593-13546-4. This translation is published and sold by of Random House, a division of Penguin Random House LLC, the owner of all rights to publish and sell the same. PORTUGUESE language edition published by Starlin Alta Editora e Consultoria Eireli, Copyright © 2023 by Starlin Alta Editora e Consultoria Eireli.

Impresso no Brasil – 1ª Edição, 2023 – Edição revisada conforme o Acordo Ortográfico da Língua Portuguesa de 2009.

Este livro foi elaborado para fornecer informações sobre o assunto abordado: neurociência e atenção plena. Por sua venda, nem o editor, nem o autor se comprometem a renderizar psicólogos ou outros serviços profissionais.
Se for necessária assistência especializada ou aconselhamento, os serviços de um profissional competente devem ser procurados.

Todos os direitos estão reservados e protegidos por Lei. Nenhuma parte deste livro, sem autorização prévia por escrito da editora, poderá ser reproduzida ou transmitida. A violação dos Direitos Autorais é crime estabelecido na Lei nº 9.610/98 e com punição de acordo com o artigo 184 do Código Penal.

A editora não se responsabiliza pelo conteúdo da obra, formulada exclusivamente pelo(s) autor(es).

Marcas Registradas: Todos os termos mencionados e reconhecidos como Marca Registrada e/ou Comercial são de responsabilidade de seus proprietários. A editora informa não estar associada a nenhum produto e/ou fornecedor apresentado no livro.

Erratas e arquivos de apoio: No site da editora relatamos, com a devida correção, qualquer erro encontrado em nossos livros, bem como disponibilizamos arquivos de apoio se aplicáveis à obra em questão.

Acesse o site www.altabooks.com.br e procure pelo título do livro desejado para ter acesso às erratas, aos arquivos de apoio e/ou a outros conteúdos aplicáveis à obra.

Suporte Técnico: A obra é comercializada na forma em que está, sem direito a suporte técnico ou orientação pessoal/exclusiva ao leitor.

A editora não se responsabiliza pela manutenção, atualização e idioma dos sites referidos pelos autores nesta obra.

Dados Internacionais de Catalogação na Publicação (CIP) de acordo com ISBD

H251n Hanson, Rick
Neurodarma: ciência de ponta e sabedoria ancestral em 7 práticas para alcançar a felicidade máxima / Rick Hanson ; traduzido por Celine Salles. - Rio de Janeiro : Alta Books, 2023.
288 p. ; 15,7cm x 23cm.

Tradução de: Neurodharma
Inclui índice.
ISBN: 978-85-7881-668-1

1. Autoajuda. 2. Felicidade. 3. Ciência. I. Salles, Celine. II. Título.

2023-758
CDD 158.1
CDU 159.947

Elaborado por Vagner Rodolfo da Silva - CRB-8/9410

Índice para catálogo sistemático:
1. Autoajuda 158.1
2. Autoajuda 159.947

Produção Editorial
Grupo Editorial Alta Books

Diretor Editorial
Anderson Vieira
anderson.vieira@altabooks.com.br

Editor
Ibraíma Tavares
ibraima@alaude.com.br
Rodrigo Faria
rodrigo.fariaesilva@altabooks.com.br

Vendas ao Governo
Cristiane Mutüs
crismutus@alaude.com.br

Gerência Comercial
Claudio Lima
claudio@altabooks.com.br

Gerência Marketing
Andréa Guatiello
andrea@altabooks.com.br

Coordenação Comercial
Thiago Biaggi

Coordenação de Eventos
Viviane Paiva
comercial@altabooks.com.br

Coordenação ADM/Finc.
Solange Souza

Coordenação Logística
Waldir Rodrigues

Gestão de Pessoas
Jairo Araújo

Direitos Autorais
Raquel Porto
rights@altabooks.com.br

Atuaram na edição desta obra:

Equipe Editorial
Caroline David
Gabriela Paiva
Marcelli Ferreira
Mariana Portugal

Tradução
Celine Salles

Copidesque
Renan Santos

Revisão Gramatical
Denise Himpel
Karina Pedron

Diagramação
Rita Motta

Capa
Lorrahn Cândido

Editora afiliada à: ASSOCIADO

Rua Viúva Cláudio, 291 – Bairro Industrial do Jacaré
CEP: 20.970-031 – Rio de Janeiro (RJ)
Tels.: (21) 3278-8069 / 3278-8419
www.altabooks.com.br — altabooks@altabooks.com.br
Ouvidoria: ouvidoria@altabooks.com.br

Para meus professores

Treine a si mesmo para fazer o bem
que perdure e conduza à felicidade.
Cultive a generosidade, uma vida de paz e
uma mente de amor sem limites.
Itivuttaka 1.22

SUMÁRIO

Parte Um
PRÁTICA INCORPORADA

1. A Mente na Vida / *2*

2. O Tear Encantado / *19*

Parte Dois
A ESSÊNCIA INABALÁVEL

3. Estabilizando a Mente / *35*

4. Aquecendo o Coração / *57*

5. Descansando na Plenitude / *80*

Parte Três
VIVENDO EM TODAS AS COISAS

6. Sendo a Completude / *107*

7. Recebendo o Agora / *131*

8. Abrindo-se para a Totalidade / *156*

9. Encontrando a Atemporalidade / *182*

Parte Quatro
JÁ EM CASA, SEMPRE

10. A Fruta como Caminho / *207*

11. Agradecimentos / *219*

12. Notas / *221*

13. Bibliografia / *259*

14. Sobre o Autor / *276*

15. Índice / *277*

Parte Um

PRÁTICA INCORPORADA

A MENTE NA VIDA

*Se, desistindo de uma felicidade menor,
fosse possível experimentar uma felicidade maior,
a pessoa sensata renunciaria à menor
para contemplar a maior.*
DHAMMAPADA 290

Caminhei muito nas montanhas, e, algumas vezes, um amigo, mais adiantado na trilha, voltava-se, olhava para trás e me encorajava a seguir em frente. Um gesto tão acolhedor: *Junte-se a mim... cuidado com o gelo escorregadio... você consegue!* Eu pensei naqueles momentos com frequência enquanto escrevia este livro, que fala sobre os patamares do potencial humano: sobre ser tão forte, sensato, feliz e caloroso quanto qualquer pessoa poderia ser. Se esses patamares são como uma grande montanha, o *despertar* é a jornada magnífica que nos carrega em direção ao topo. Muitas pessoas reais chegaram muito alto — os grandes sábios e professores no curso da história, bem como outros dos quais ninguém ouviu falar —, e eu os imagino se voltando com um sorriso doce e nos chamando para acompanhá-los.

Aqueles que escalaram essa montanha vêm de diferentes culturas e têm personalidades diversas, mas, para mim, todos se parecem de sete maneiras. Eles são atentos; são gentis; vivem com contentamento e equilíbrio emocional mesmo durante tempos difíceis; são completos e autênticos; estão presentes no aqui e agora; falam sobre se sentirem conectados com todas as coisas; e uma luz, que não parece completamente própria, brilha através deles.

Podemos ter nossos exemplos pessoais de pessoas inspiradoras das quais ouvimos falar, ou cujas palavras lemos ou ouvimos, ou quem sabe até conhecemos. Esses indivíduos são, para nós, modelos do que é possível. Eu mesmo conheci alguns. Eles são pragmáticos, bem-humorados, realistas e solidários — não o estereótipo de desenho animado dos personagens exóticos, nas cavernas, fazendo declarações enigmáticas. Eles não têm interesse algum na fama. Alguns optaram por uma abordagem espiritual, enquanto outros permaneceram seculares. Sua realização é genuína e é o resultado do *caminho* que eles percorreram, não de alguma transformação especial que é inatingível para o restante de nós. Por meio do exemplo, eles demonstram que modos maravilhosos de ser encontram-se à frente, que caminhos acessíveis conduzem avante e que, assim como os esforços deles foram recompensados, o nosso também pode ser.

E é digno de nota que já podemos ver algumas das qualidades deles profundamente dentro de nós, ainda que algumas vezes cobertas pelo estresse e pelas distrações. Esses modos de ser não são reservados a poucos. São oportunidades para todos nós — e exploraremos como desenvolvê-los nestas sete práticas do despertar:

- estabilizar a mente.
- aquecer o coração.
- repousar na plenitude.
- ser a completude.
- receber o agora.
- abrir-se para a totalidade.
- encontrar a atemporalidade.

Há muitas tradições, que são como muitas rotas subindo a montanha do despertar. Contudo, em cada uma dessas rotas encontramos os mesmos passos dados repetidamente: passos de constância, amorosidade, plenitude, completude, atualidade, totalidade e atemporalidade. Esse é um dos territórios mais profundos e talvez sagrados que existe. No final das contas, está além da ciência e da lógica e, portanto, as palavras que o descrevem podem ser vagas, metafóricas e poéticas.

O desenvolvimento completo dos sete modos de ser marca o auge da possibilidade humana, que poderia ser chamado de iluminação ou despertar total. Até atingirmos este estado, mesmo a mais simples noção deles é muito útil na vida cotidiana. Por exemplo, ao lidar com desafios estressantes, é muito bom repousar na plenitude de *já* se sentir tranquilo, feliz e amado. E seja para o início ou o fim do caminho, hoje temos uma oportunidade inédita de explorar uma espécie de engenharia reversa do despertar que está alicerçada no corpo vivo.

MIRANDO ALTO

A neurociência é uma ciência jovem. Entretanto, podemos estudar os exemplos daqueles que chegaram mais alto, na montanha, e perguntar: como você *faz* isso? O que precisa estar acontecendo no seu corpo para que você fique centrado quando as coisas estão desmoronando ao seu redor? Quais são as mudanças em seu cérebro que o ajudam a ser compassivo e forte quando os outros são ofensivos e ameaçadores? Qual é a base neural subjacente que permite o envolvimento com a vida sem qualquer sentimento de urgência, ganância, ódio ou ilusão?

Não há, até agora, respostas neurologicamente definitivas a essas questões. Afinal, nós não sabemos tudo. Mas sabemos alguma coisa, com a ciência emergente podendo destacar e explicar de maneira plausível práticas benéficas. E, quando a ciência é incerta, ainda podemos usar métodos e ideias razoáveis da psicologia moderna e das tradições contemplativas.

Uma das coisas que considero mais inspiradoras a respeito dos grandes professores da história é o seu convite para o despertar total. As rotas que eles traçaram vão das planícies empoeiradas até o sopé das colinas e montanhas e, depois, aos picos mais altos da iluminação. Mesmo nos estágios iniciais, podemos encontrar benefícios reais para o bem-estar cotidiano e a efetividade. Estou escrevendo para pessoas como eu, "chefes de família" (não monásticos) que têm tempo limitado para a prática formal e precisam de ferramentas que possam usar já. Embora eu pratique a meditação desde 1974 e anseie pelas alturas, muitas pessoas chegaram mais longe do que eu, e algumas delas serão citadas aqui. Meu foco está mais no processo da prática do que no eventual destino, com a esperança de que você considere isso útil em seu próprio caminho. De qualquer forma, a derradeira possibilidade é a liberação completa da mente e do coração, com a felicidade máxima e a paz mais sublime.

À medida que subimos a trilha, ela se torna mais íngreme e o ar fica mais rarefeito. Então será de ajuda ter um guia de viagem. Para tanto, às vezes eu me volto para a análise penetrante da mente oferecida pelo Buda. Minha formação pessoal é na tradição Theravadan, que é amplamente praticada no sudeste da Ásia e vem crescendo no Ocidente; ela é chamada algumas vezes de prática orientada à revelação — ou *vipassana*. Essa tradição é fundada no primeiro registro dos ensinamentos do Buda, o Pali Canon (páli é uma língua antiga relacionada ao sânscrito). Eu também tenho um respeito profundo e muito interesse em como o budismo evoluiu nas vertentes tibetana, chinesa, Zen e Terra Pura.

Não estou tentando apresentar o budismo como um todo, pois trata-se de uma tradição rica e complexa que evoluiu no decorrer de muitos anos. Em vez disso, estou adaptando e aplicando ideias e métodos-chave para os propósitos práticos deste livro. A esse respeito e para tudo o mais aqui, penso que o próprio Buda tinha um conselho encantador: *Venha e veja por si mesmo* o que soa verdadeiro e será útil com o passar do tempo.

UMA PERSPECTIVA NEURODARMA

O Buda não usou uma ressonância magnética para se tornar iluminado. Muitas outras pessoas também chegaram longe em seus caminhos para o despertar sem tecnologias avançadas. No entanto, 2.500 anos depois de ele caminhar pelas estradas empoeiradas da Índia setentrional, cientistas descobriram várias coisas sobre o corpo e o cérebro. O Buda e outros exploraram os fatores *mentais* do sofrimento e da felicidade e, durante as duas últimas décadas, nós aprendemos sobre a base *neural* desses fatores mentais. Ignorar essa compreensão emergente parece antiético tanto para a ciência, quanto para o budismo.

> O darma — compreender, espreitar a natureza da realidade — não é exclusivo do budismo. O darma é a verdade. E a única escolha que temos, com efeito, é tentar nos relacionar com a verdade ou viver na ignorância.
>
> REV. ANGEL KYODO WILLIAMS

Quando eu uso a palavra *darma*, refiro-me simplesmente à verdade das coisas. Tanto à forma como as coisas realmente são, quanto a descrições exatas delas. Seja qual for a verdade, ela não é propriedade de nenhuma tradição; é de todos. *Neurodarma* é o termo que eu uso para a verdade da mente fundada na verdade do corpo, especialmente o sistema nervoso. É claro que o Neurodarma não é o budismo como um todo. Nem é necessário para a prática budista (ou qualquer outra). Eu apenas acho que pode ser útil. Usaremos essa abordagem para:

- explorar sete modos de ser que são a essência do despertar
- aprender sobre a sua base em nosso próprio cérebro
- usar essa compreensão para fortalecê-los em nós mesmos.

Mesmo um pouco de conhecimento sobre o nosso cérebro pode ser muito útil. É uma metáfora boba, mas eu imagino dirigir um carro e subitamente ver nuvens de vapor escapando pelo capô, com luzes vermelhas piscando no painel e a necessidade de encostar e parar. Se eu não souber nada sobre o carro e como ele funciona, fico empacado. Mas se tiver conhecimento sobre o radiador e o tipo de fluido que ele precisa para manter o motor refrigerado, então posso fazer alguma coisa para voltar à estrada e evitar que isso aconteça no futuro. O carro é como o corpo. Há milhares de anos, ninguém sabia muito sobre ele. Hoje, porém, nós podemos recorrer ao conhecimento que ganhamos ao longo dos séculos acerca do nosso "motor" neural.

Para começar, este conhecimento é inspirador: quando sabemos que nossas práticas estão realmente mudando nossos cérebros, há mais probabilidade de continuarmos praticando. Realmente, levar o corpo em consideração também pode gerar uma sensação de gratidão pelos processos físicos que conduziram a esse momento de consciência. Compreender o que está acontecendo em nosso cérebro enquanto as experiências estão atravessando nossas mentes aguça nosso mindfulness e favorece a percepção. Nós podemos relaxar com o show passageiro da consciência quando reconhecemos que ele está sendo apresentado por muitos processos celulares e moleculares velozes e diminutos... sem nenhum tipo de engenheiro mestre escondido nos bastidores, continuamente ligando todos os interruptores certos.

Considerada a sua estrutura básica, todos nós temos o mesmo cérebro. A perspectiva neurodarma oferece uma estrutura comum para a compreensão das ideias e ferramentas da psicologia clínica, do desenvolvimento pessoal (um termo amplo para outras abordagens seculares) e das tradições da sabedoria. Ela pode nos ajudar a priorizar e usar ferramentas-chave que já temos. Por exemplo, a pesquisa sobre o *viés de negatividade* evoluído do cérebro — a respeito do qual aprenderemos mais no Capítulo 3 — ressalta a importância das experiências emocionalmente positivas, como a alegria e a bondade. Uma maior compreensão do "hardware" neural pode inclusive sugerir novas abordagens para o nosso "software" mental, como o neurofeedback. E também ajuda a individualizar a prática. Quando consideramos que nosso temperamento — talvez propenso à distração, talvez ansioso — é uma variação perfeitamente normal do cérebro humano, a autoaceitação fica mais fácil, bem como encontrar as práticas mais adequadas a cada um.

Esta abordagem nos convida a trabalhar a partir de experiências passadas importantes, tais como nos sentirmos felizes e satisfeitos e explorar a sua base no cérebro. Nós podemos nos conhecer subjetiva e objetivamente — de dentro para fora e de fora para dentro —, e o neurodarma é onde esses dois espaços se encontram. Ao mesmo tempo, podemos respeitar o que não sabemos e evitar a prática meramente intelectual. Eu procuro me lembrar do conselho do Buda de ficar longe do "emaranhado de pontos de vista" sobre questões teóricas e, em vez disso, focar o aspecto prático de *como* acabar com o sofrimento e encontrar a felicidade verdadeira aqui e agora.

UM CAMINHO QUE AVANÇA

Os sete temas deste livro — estabilização da mente, calor do coração e assim por diante — têm sido explorados de várias formas por muitas pessoas e em muitas tradições. Eles envolvem experimentar o que está visível e não escondido: nós podemos ser mais atentos e afetuosos, podemos nos permitir desejar menos, nós somos naturalmente completos, este momento é o único momento que existe e a existência de cada pessoa é interdependente com todo o resto.

Esses modos de ser são acessíveis a todos nós, e sua essência está disponível sem anos de treinamento rigoroso. Eu vou oferecer sugestões de como podemos sentir mais a presença deles no dia a dia, assim como meditações guiadas que aprofundarão essas experiências. Também podemos incorporá-los a atividades que já realizamos, como caminhar. Não é preciso ter formação em ciência ou meditação para desenvolver um senso maior de satisfação, de bondade ou dos outros modos de ser que exploraremos. Até mesmo dez minutos por dia, espalhados aqui e ali, podem fazer a diferença — se você praticar todos os dias. Como acontece com qualquer coisa, quanto maior o empenho, maior a conquista. O que me deixa confiante e esperançoso é que se trata de um *caminho* que podemos percorrer dando um passo após o outro e através dos nossos próprios esforços, não uma solução mágica.

A menos que você já esteja vivendo no topo da montanha do despertar — eu mesmo não cheguei lá —, ainda restam coisas a fazer. Mas como?

SENDO, MAS INDO

Há duas maneiras de abordar esta questão. A primeira enfatiza um processo *gradual* que inclui a redução da infelicidade e o crescimento da compaixão, da percepção e da equanimidade. A outra foca reconhecer uma perfeição *inata* na qual não há nada a ser ganho. As duas abordagens são válidas e sustentam-se mutuamente. Precisamos nos curar e crescer, e podemos manter o contato com a nossa verdadeira natureza profunda ao longo do caminho.

Na mente, levamos um tempo para descobrir quem somos de verdade. Há um ditado: "Cultivo gradual... despertar súbito... cultivo gradual... despertar súbito..." Como o sábio tibetano Milarepa descreveu sua vida de prática: *No começo, nada aconteceu; no meio, nada permaneceu; e no fim, nada se foi.* Enquanto isso, ter uma noção do nosso despertar e da nossa bondade inerentes é inspirador e estimulante, e nos ajuda a perseverar quando as coisas ficam chatas ou difíceis.

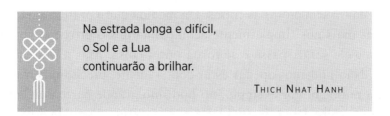

Na estrada longa e difícil,
o Sol e a Lua
continuarão a brilhar.

THICH NHAT HANH

No cérebro, o trauma e o lixo neurótico comum estão embutidos em circuitos neurais, os quais levam tempo para serem alterados. Desenvolver a felicidade, a inteligência emocional e um coração amoroso também requer mudanças físicas graduais. Ao mesmo tempo, quando não estamos agitados ou estressados, nosso cérebro se acomoda em seu estado de descanso natural. Então, ele se recupera das explosões de atividade e libera neuroquímicos, como a serotonina e a ocitocina, que amparam uma disposição positiva e a bondade para com os outros. Esta é a nossa base neuropsicológica: sermos calmos, felizes e solidários. Não importa o quão perturbados estejamos pelo estresse e pela tristeza, sempre podemos voltar para ela.

DEIXANDO SER, DEIXANDO IR, DEIXANDO ENTRAR

Desenvolver um senso maior de plenitude, completude e outros aspectos do despertar envolve três tipos de prática. Primeiro, podemos simplesmente *estar com* o que quer que estejamos experimentando: aceitar, sentir, quem sabe explorar. Ao estar com, nossa experiência pode mudar, mas não estamos tentando fazer com que ela seja de um jeito ou de outro. Segundo, podemos *liberar* o que é doloroso ou ofensivo, seja atenuando a tensão no corpo, falando dos sentimentos, questionando os pensamentos que não são verdadeiros ou úteis ou nos desvinculando dos desejos que machucam a nós mesmos ou a outros. Terceiro, podemos *cultivar* o que é agradável ou útil: desenvolver virtudes ou habilidades e nos tornarmos mais resilientes, agradecidos e compassivos. Em resumo: *deixe ser, deixe ir, deixe entrar*. Se a nossa mente é como um jardim, podemos observá-la, tirar as ervas daninhas e plantar flores.

Das três opções, deixar ser é a essencial. É onde começamos e, às vezes, é tudo o que podemos fazer: apenas escapar da tempestade de medo e da ira sem piorar as coisas. E à medida que a prática amadurece, cada vez mais nós simplesmente acompanhamos o próximo momento conforme ele surge, passa e se torna outra coisa. Mas a prática não é só isso. Não podemos apenas estar com a mente, precisamos trabalhar com ela também. Por exemplo, no budismo grande parte do Caminho Óctuplo envolve deixar ir e deixar entrar, tal como livrar-se do discurso "insensato" e substituí-lo pelo discurso sensato. Embora exista perigo em trabalhar com a mente, como ficar preso em se "consertar", também há perigos em *não* se trabalhar com a mente. Exemplificando, eu conheço pessoas que são boas em observar suas mentes... e também são cronicamente infelizes e inábeis com os outros. Não devemos trabalhar com a mente para evitar estar com ela, nem estar com a mente para evitar trabalhar com ela.

Deixar ser, deixar ir e deixar entrar formam uma sequência natural. Talvez você reconheça que ficou ressentido com alguma coisa e decida explorar essa experiência e deixá-la ficar como está. Em dado momento, pode parecer natural mudar e deliberadamente deixar ir, e você relaxa seu corpo, deixa os sentimentos fluírem e se afasta dos pensamentos problemáticos. Depois, no espaço aberto pelo que liberou, você pode deixar entrar o que poderia ser benéfico, como a autocompaixão. Com o passar do tempo, a força que desenvolveu dentro de si o ajudará a deixar ser e deixar ir ainda mais plenamente. E para explorar ainda mais, você pode querer tentar fazer a meditação do quadro, que também contém sugestões para a realização de práticas experimentais em geral.

DEIXAR SER, DEIXAR IR, DEIXAR ENTRAR

Nesta meditação e nas outras práticas deste livro, vou oferecer diferentes maneiras de se relacionar com suas experiências e de ter experiências que possam ser benéficas. Nem todas as minhas sugestões farão sentido para você e, por favor, encontre abordagens que funcionam para a sua realidade. Por exemplo, você pode querer movimentar seu corpo para evocar determinado sentimento, ou focar certas imagens, ou usar palavras que são diferentes das minhas. O que importa são as *experiências* que temos, não os métodos que usamos para chegar até elas. Se for desafiador ter uma noção real de algo — como a sensação de deixar ir —, isso é absolutamente normal. Eu mesmo tive esses desafios. Se você se sentir frustrado ou autocrítico, isso também é normal. Você pode simplesmente admitir isso para si mesmo — como "frustrado com isso" ou "sendo autocrítico" — e então voltar ao que quer que estivesse praticando.

Se for difícil entrar em contato com alguma coisa, faça uma anotação e, se quiser, volte a isso depois. Experimentar os modos de ser que exploraremos leva tempo e demanda repetição — especialmente sua profundidade.

É, de fato, como escalar uma montanha. Às vezes é lento porque é íngreme! Não porque você está fazendo errado ou porque não consegue continuar subindo. Por favor, prossiga no seu próprio ritmo e, como um professor me disse há muitos anos, vá em frente.

Você pode realizar a prática abaixo como um tipo de meditação. Também pode realizá-la informalmente, no fluxo da vida, quando algo — que chamarei de "questão" — for estressante ou perturbador. Adapte-a às suas necessidades e leve o tempo que precisar.

DEIXE SER

Encontre algo simples que o ajude a permanecer presente, como sentir a respiração. Reserve alguns momentos para se sentir cada vez mais centrado. Permita que sons, sensações, pensamentos e sentimentos passem pela consciência. Saiba como é estar com as experiências sem resistir ou se apegar a elas.

Quando estiver pronto, foque a questão, especialmente as suas experiências relacionadas com ela. Esteja consciente dos pensamentos que têm a respeito dela... das emoções relacionadas com ela... quem sabe identificando-as de forma branda para si mesmo, como "restrição... preocupação... irritação... suavidade..." Aceite esses pensamentos e sentimentos, deixando-os fluir, deixando-os ser...

Agradável ou dolorosa, tente aceitar a sua experiência como ela é. Se algo for demais para suportar, foque a respiração ou outra coisa que o acalme e relaxe... Você ainda está aqui, você está bem...

Esteja consciente das sensações corporais relacionadas à questão... desejos, vontades e planos referentes a ela... deixando-os ser, deixando-os fluir...

Você pode explorar camadas mais profundas, tal como a dor ou o medo subjacente à raiva... partes mais jovens de você... sentindo tudo... deixando que tudo seja...

DEIXE IR

Quando sentir que é a hora, mude para liberar. Esteja consciente de qualquer tensão em seu corpo relacionada à questão e permita que ela se alivie, suavize e relaxe. Deixe os sentimentos fluírem... talvez imaginando-os saindo de você como uma pequena nuvem cada vez que você expirar... Reconheça quaisquer pensamentos incorretos, exagerados ou limitantes, e solte-se deles... deixando ir...

Esteja consciente dos desejos relacionados à questão, como objetivos irreais ou anseios compreensíveis que não se realizarão... e uma respiração depois da outra, deixe-os ir... Você também pode deixar ir as formas inúteis de falar ou agir... Fôlego após fôlego, deixe ir... deixe tudo ir...

DEIXE ENTRAR

Por fim, foque o que pode ser útil, sensato ou agradável. Quem sabe haja uma sensação de conforto ou segurança à qual seria bom se abrir... ou de gratidão, amor, autocompaixão... deixando entrar enquanto inspira... recebendo o que for bom dentro de você...

Talvez haja uma amplitude na sua mente, como o céu depois que a tempestade passa... Pode haver um relaxamento no seu corpo... Permaneça com essas experiências... entregue-se a elas...

Você pode convidar uma sensação de força ou determinação... pode identificar pensamentos ou perspectivas sobre a questão que são verdadeiros e úteis... e abrir-se a quaisquer intuições ou à voz da sabedoria interna... Poderia haver uma clareza crescente sobre como você gostaria de agir nos dias subsequentes...

Deixe o que for útil penetrar... todas essas coisas boas se estabelecerem em você... Deixe-as se espalharem dentro de você... todas essas coisas boas mergulhando em você...

COMO USAR ESTE LIVRO

Este livro mostra como cultivar sete modos de ser que são a essência do despertar. Nós os desenvolvemos pela *prática*: experimentando-os repetidamente, sentindo o gostinho no decorrer do caminho até atingir a imersão total. Eles não são esotéricos nem estão fora de alcance. São baseados em nosso corpo e são um direito inato de cada um de nós.

> Permita que os ensinamentos entrem em você da mesma forma como ouve música ou como a terra permite que a chuva a permeie.
>
> THICH NHAT HANH

Este capítulo e o próximo oferecem uma base de informações sobre o nosso cérebro e como abordar a prática em geral. Em seguida, exploraremos os primeiros três modos de ser — estabilização, amorosidade e plenitude —, que formam um agrupamento natural. Eles são aspectos fundamentais do despertar, e interagir com eles é fundamental mesmo se já nos forem familiares. Por exemplo, repousar na plenitude diz respeito a desenvolver uma profunda sensação de paz, contentamento e amor — o que não é pouco — e também reduz a "ânsia", em sentido amplo, que causa tanto sofrimento e dor para nós mesmos e para os outros.

Os próximos três modos de ser — completude, atualidade e totalidade — formam igualmente um grupo. Eles enfatizam percepções sobre a natureza profunda das nossas experiências — que, espantosamente, é também a natureza profunda de cada átomo no universo. Essas percepções normalmente começam na seara conceitual, e tudo bem; muitos ensinamentos de profundidade envolvem uma compreensão aguda da mente. Se você encontrar uma ideia que não parece clara, faça uma pausa para refletir como ela poderia ser aplicada em sua própria experiência. Ruminar essas ideias fará com que elas se tornem gradualmente parte de você. E se um tópico posterior, como a totalidade, parecer abstrato demais, basta voltar aos capítulos anteriores para reencontrar seu ponto de apoio.

O último modo de ser — a atemporalidade — é uma exploração do que poderia ser *incondicional*, distinto de fenômenos como os eventos e emoções que são "condicionados" por suas causas. Por exemplo, uma tempestade ocorre devido às condições da atmosfera, e uma tempestade de raiva ocorre por causa das condições da mente. Este é um tópico importante e pode ser abordado de três formas. A primeira poderia ser o "descondicionamento" gradual das nossas reações habituais — dolorosas e ofensivas — às coisas. Já a segunda poderia ser entrar em um estado mental extraordinário dentro da realidade ordinária, no qual as construções condicionais normais das experiências parecem ficar suspensas. E a terceira poderia ser algo verdadeiramente transcendental, além da realidade condicional ordinária. O capítulo que trata da atemporalidade inclui essas três abordagens. Essa é a prática mais profunda de todas, e você pode se envolver com ela da forma que achar melhor.

Cada um desses assuntos poderia ser um livro à parte. Eu foquei no que considero aspectos-chave para a prática pessoal, especialmente aqueles para os quais há neurociência relevante, e inseri muitos comentários e citações nas referências. Há vasta literatura sobre tais tópicos, repleta de opiniões fortes, incluindo a tradução apropriada de palavras importantes. Nestes capítulos, veremos o caminho que eu percorri, e outras abordagens podem ser encontradas nas referências.

Estou escrevendo a partir da perspectiva limitada de um homem americano branco de meia-idade, pertencente à classe média, e há muitas outras maneiras de falar sobre e de praticar com este material. Eu inevitavelmente deixei de fora abordagens importantes para a prática, mas isso não quer dizer que não as valorize. Se você reconhecer pontos sobre os quais eu escrevi em outro lugar, só leia por alto ou leia-os novamente. A primeira vez que um termo for usado aqui, ele será escrito em itálico. Palavras que não são da língua portuguesa, mas que são indicadas como fonte de citações — como Dhammapada ou Itivuttaka —, são do Pali Canon. Os capítulos são concluídos com uma seção chamada Boa Prática, que oferece sugestões adicionais para a vida cotidiana; a exceção é o último capítulo, que trata de aplicar o que foi explorado no futuro.

Este livro é estruturado como um retiro, com apresentações de ideias e meditações guiadas. As ideias são importantes porque nos ajudam a nos compreender melhor, trazendo insights que nos libertam do sofrimento e conflito desnecessários. Essa compreensão aborda questões profundas e, portanto, pode levar tempo e exigir esforço. Fiquei sabendo desses ensinamentos pela primeira vez há mais de quarenta anos, e eles ainda me fascinam e me desconcertam. Ainda estou ruminando sobre eles.

As meditações também são importantes, e eu o incentivo a praticá-las. Você pode lê-las devagar e reservar um tempo para assimilá-las. Ou registrá-las com a sua própria voz em algum dispositivo, ou, quem sabe, ouvir-me lendo a versão em áudio deste livro[1]. Nas últimas meditações, eu geralmente não repito as instruções básicas dadas nas primeiras; se tiver alguma dificuldade, basta voltar aos primeiros capítulos. Quanto mais frequentemente você tiver uma experiência benéfica e quanto mais longas e profundas forem essas experiências, mais desenvolverá os substratos neurais referentes à felicidade, amor e força interior.

LEITURA ADICIONAL

O cérebro de Buda: Neurociência prática para a felicidade (Rick Hanson e Richard Mendius)

The Hidden Lamp (Florence Caplow e Susan Moon, eds.) [*A lâmpada escondida*, em tradução livre]

A mente na vida (Evan Thompson)

Realizing Awakened Consciousness (Richard P. Boyle) [*Realizando a consciência desperta*, em tradução livre]

Reflexos em um lago na montanha: Ensinamentos práticos de budismo (Ani Tenzin Palmo)

À medida que você pratica, às vezes tentará fazer algo acontecer em sua própria mente — como estabilizar a atenção — enquanto observa o que realmente acontece. É normal ter dificuldades ocasionais, e é por isso que devemos praticar. Já vi professores subestimarem seus alunos,

---

[1] Apenas em inglês. [N. da T.]

e não quero fazer isso. Levei muitos amigos para cima da montanha, e a essência é semelhante: *Olha só, aonde vamos é fantástico... aqui está nossa rota, é uma boa rota... nós mesmos temos que escalar, então é melhor começar.* Nosso ritmo será acelerado, mas esses caminhos foram percorridos por muitos outros antes de você. Tenha confiança de que você poderá percorrê-los. Eu também tenho caminhado por eles — por vezes, saindo da estrada! —, e compartilharei meus próprios obstáculos e lições. Ocasionalmente, você desejará diminuir o ritmo e recuperar o fôlego, a fim de ponderar, refletir e assimilar a vista. Tem sido assim para mim, isso é certo. O fato de o caminho ser íngreme em alguns pontos indica que você alcançará patamares maravilhosos.

Ao longo do caminho, cuide de si mesmo. Quando você se abre para o imediatismo desse momento de experiência, pensamentos e sentimentos dolorosos podem surgir às vezes. Conforme a sua prática se aprofunda e os limites entre você e todas as coisas suavizam, você pode se sentir desorientado. Quanto mais intenso e amplo for o território que você estiver explorando, mais importante será estar internamente alicerçado e provido. Tudo bem desacelerar, voltar e focar no que for estável, reconfortante e benéfico. Algumas pessoas ficam angustiadas ou estressadas com práticas psicológicas como o mindfulness, especialmente se há questões subjacentes como a depressão, trauma, dissociação ou processos psicóticos. Mindfulness, meditação e as outras práticas deste livro não são adequadas para todos, nem são um tratamento para nenhum transtorno, nem são substitutas do cuidado profissional.

Há um processo aqui, e você leve o tempo que precisar para concluí-lo. Deixe-o trabalhar em você naturalmente... deixe-o trabalhar *com* você, levantá-lo e levá-lo consigo. O despertar segue o seu próprio ritmo: algumas vezes o crescimento é lento, algumas vezes estaciona, outras vezes despenca, outras vezes avança. E o tempo todo existe a verdadeira natureza profunda de cada um de nós, seja ela gradualmente descoberta ou repentinamente revelada: consciente, sábia, amorosa e pura. Este é o seu verdadeiro lar, e você pode confiar nele.

BOA PRÁTICA

Aqui estão algumas sugestões de aplicação das ideias e métodos deste capítulo em sua vida cotidiana. (Digo "boa prática" em sentido amplo — não como uma única boa prática.) Essas não são as únicas maneiras de explorar este material, e fique à vontade para acrescentar outras práticas suas. Em particular, por favor, pense em como você poderia adicionar um pouco das que eu mesmo não incluí, como atividade física, práticas religiosas ou espirituais, ensinamentos e ferramentas dos povos indígenas ao redor do mundo, produzir arte, passar tempo na natureza selvagem, música e assistência.

Tente abordar cada dia como uma oportunidade para a *prática*. Essa é uma chance de aprender sobre você mesmo, administrar suas reações, curar-se e crescer. Assim que acordar, você poderia definir a intenção de praticar naquele dia. Então, ao ir dormir, você pode avaliar o quanto praticou.

Traga à mente alguém que você respeita. Talvez seja alguém que conhece pessoalmente ou cujas palavras leu ou ouviu. Escolha algo que você admira sobre essa pessoa. Em seguida, veja se consegue perceber essa qualidade presente, de alguma forma, em *você mesmo*. Pode ser sutil, mas é real, e você pode desenvolvê-la. Por um ou mais dias, concentre-se em incorporar essa qualidade em sua experiência e em suas ações, e veja como se sente. E então realize essa prática usando outras pessoas que você respeita e outras qualidades que gostaria de desenvolver.

De vez em quando, reduza o ritmo para reconhecer que a vida em geral, e seu corpo e cérebro em particular, estão realizando a experiência desse momento de escutar e ver, pensar e sentir. Uau!

Quando quiser, simplesmente esteja com suas experiências por um minuto ou mais, sem tentar mudá-las de forma alguma. Esta é a prática fundamental: aceitar sensações, sentimentos e pensamentos como eles são, acrescentando o mínimo possível a eles e deixando-os fluir naturalmente. Em geral, um senso crescente de simplesmente deixar ser pode preencher o seu dia.

O TEAR
ENCANTADO

*Não pense de forma leviana sobre o bem,
dizendo: "Não chegará para mim."
Gota a gota, o pote de água é cheio.
Da mesma forma, o sensato, juntando-o
de pouco em pouco, enche-se com o bem.*

DHAMMAPADA 122

Dois esquilos dourados vivem nas árvores no quintal da minha casa, e eu gosto de observá-los caçando um ao outro pelos galhos. Eles não conseguem nos contar como se sentem, mas estão claramente ouvindo e vendo. Um filhote de esquilo reconhece o cheiro da mãe, e, mais tarde, ela protegerá ferozmente seus filhotes. De sua forma "esquilística", essas lindas criaturas vivem muitas experiências parecidas com as nossas. E não é de surpreender que o hardware neural que viabiliza as nossas versões humanas de ouvir, ver, aprender e desejar esteja presente de forma semelhante no cérebro diminuto de um esquilo.

Nosso próprio cérebro é bem maior e mais complexo. Ele contém cerca de 85 bilhões de neurônios, que estão conectados em uma rede com diversas centenas de trilhões de nós. Ainda assim, seja um esquilo ou um humano olhando pela janela, as experiências que temos dependem do que o cérebro está fazendo. Um neurônio típico é ativado diversas vezes por segundo, liberando neuroquímicos em junções minúsculas chamadas de sinapses — das quais milhares caberiam na largura de um único fio de cabelo. Enquanto você lê estas palavras, milhões de neurônios dentro da sua cabeça estão pulsando juntos, ritmadamente, produzindo ondas de atividade elétrica. Como afirma o neurocientista Charles Sherrington, a tapeçaria das nossas experiências é tecida por um tear encantado. Por vezes, podemos ficar atentos ao corpo; o tempo todo estamos com o corpo repleto de mente.

SOFRIMENTO E FELICIDADE

O que está na mente e o que podemos fazer a respeito disso? Eu cresci em uma família amorosa, em um subúrbio americano; comparado a muitos, tive muita sorte. Contudo, a maior parte das minhas memórias da infância incluem uma sensação de infelicidade bastante desnecessária ao meu redor, tanto nos adultos quanto nas crianças. Nada terrível, mas muita tensão, brigas, preocupação e irritabilidade. Quando fiquei mais velho, saí de casa, aderi ao movimento do potencial humano na década de 1970 e, eventualmente, tornei-me um psicólogo e aprendi que o que parecia ter sido a minha própria infelicidade particular era, de fato, muito comum. Ela assume diferentes formas, da dor intensa do trauma ao sentimento sutil da insatisfação. E entre esses extremos reside considerável ansiedade, dor, tristeza, frustração e raiva.

Em uma palavra, há sofrimento, identificado pelo Buda como a Primeira Nobre Verdade da existência humana. Isso não é o todo da vida. Também há amor e alegria, risadas com os amigos e o conforto de um suéter quente em um dia frio. Porém, cada um de nós deve encarar a verdade do sofrimento em algumas ocasiões, e muitos de nós encaram-na o tempo inteiro.

Infelizmente, grande parte do nosso sofrimento é *adicionado* à vida. Nós o adicionamos quando nos preocupamos desnecessariamente, criticamos a nós mesmos sem uma boa razão ou repetimos a mesma conversa inúmeras vezes. Nós o adicionamos quando congelamos em frente a uma figura de autoridade ou ficamos constrangidos por uma culpa insignificante. A vida traz dores físicas e emocionais inexoráveis, e, então, nós adicionamos sofrimento a elas: assim o ditado "A dor é inevitável, o sofrimento é opcional". Por exemplo, ficamos envergonhados por termos uma doença ou bebemos demais para amortecer velhas feridas.

Esse sofrimento complementar não é acidental. Ele tem uma fonte, o "desejo desmedido", a sensação de que tem algo faltando, algo errado, de que precisamos ter alguma coisa. Na maior parte das vezes, o desejo desmedido não se assemelha à busca de um viciado pela próxima dose. Ele inclui se apegar ao seu próprio ponto de vista, ir em busca de objetivos que não valem seu preço e guardar mágoas dos outros. É caçar o prazer, afastar a dor e ficar dependente dos relacionamentos. Esta é a Segunda Nobre Verdade do Buda — mas felizmente não estamos presos aqui. Porque somos nós que damos causa a muito do nosso próprio sofrimento, também somos nós que podemos encerrá-lo. Esta possibilidade esperançosa é a Terceira Nobre Verdade, e a Quarta Nobre Verdade descreve um caminho de prática que cumpre a promessa.

Essas quatro verdades começam com um olhar lúcido sobre as realidades da vida, seja na Índia rural de milhares de anos atrás ou nas cidades tecnológicas da atualidade. Eu cresci em Los Angeles e em meio à sua cultura do entretenimento e, depois, em partes do mundo da autoajuda. Portanto, vi uma quantidade razoável de fingimento sorridente, do fingir até conseguir. Mas precisamos ser honestos e fortes o suficiente para enxergar a verdade da nossa experiência, a verdade completa, incluindo o descontentamento, a solidão e o desconforto, além das aspirações não satisfeitas por um bem-estar confiável e profundo. Certa feita, perguntei ao professor Gil Fronsdal o que ele fazia em sua própria prática. Ele fez uma pausa e, em seguida, sorriu e respondeu: "Eu paro para sofrer." É aqui que a prática começa: na confrontação do sofrimento em nós mesmos e nos outros.

Mas não é onde a prática termina. O próprio Buda foi descrito como "aquele que é feliz". Como veremos, experiências saudáveis e agradáveis, como a bondade, são meios hábeis tanto para o funcionamento normal quanto para o despertar total. Quando o sofrimento se distancia, o que é revelado não é um grande vazio, mas uma sensação natural de gratidão, bons votos para os outros, liberdade e calma. As pessoas que conheço e que estão claramente mais avançadas são francas e destemidas, infinitamente pacientes e de coração aberto. Suas palavras podem ser bem-humoradas ou sérias, suaves ou inflamadas, mas você sente que por trás delas existe uma tranquilidade imperturbável. Elas se mantêm ocupadas com o mundo e tentam torná-lo melhor ao mesmo tempo em que, na essência do seu ser, sentem-se em paz.

A MENTE NATURAL

Como elas ficaram assim? Mais precisamente, como *nós* podemos ficar assim? Vamos buscar algumas respostas em nossos corpos.

O corpo humano é o resultado de vários bilhões de anos de evolução biológica. Há cerca de 650 milhões de anos, criaturas multicelulares começaram a aparecer nos mares primordiais. Há 600 milhões de anos, esses animais primitivos tornaram-se complexos o suficiente e seus sistemas sensorial e motor precisavam se comunicar rapidamente entre si: "*Pode ser comida... nade para frente.*" Assim, um sistema nervoso começou a se desenvolver. Seja em uma água-viva ancestral ou em nós, hoje, o sistema nervoso é estruturado para processar *informações*.

A "mente", como a ela me refiro neste livro, consiste das experiências e das informações que são representadas por um sistema nervoso. Isso pode parecer confuso, a princípio, mas estamos cercados de exemplos de informações sendo representadas por algo físico, como os significados das formas sinuosas que seus olhos estão percebendo neste momento (ou os significados dos sons, se você estiver ouvindo o livro). Como afirmou o vencedor do prêmio Nobel, Eric Kandel:

> As células cerebrais processam informações e se comunicam entre si de maneiras especiais...

> ... A sinalização elétrica representa a linguagem da mente, o meio pelo qual as células nervosas... comunicam-se entre si...
>
> ... Todos os animais têm algum tipo de vida mental que reflete a arquitetura do seu sistema nervoso.

Quando estamos sentindo o aroma de café ou lembrando onde colocamos as chaves, nosso corpo inteiro se envolve com a realização dessas experiências. Ao mesmo tempo, ele se conecta com o resto do mundo. Contudo, a base física mais imediata para nossos pensamentos e sentimentos é o sistema nervoso — particularmente seu quartel-general, o cérebro.

Exatamente como isso acontece — como padrões de luz captados pela retina tornam-se padrões de atividade neural representando padrões de informações que se tornam a imagem do rosto de um amigo — continua uma questão em aberto. Todavia, milhares de estudos sobre os humanos e outros animais estabeleceram vínculos estreitos entre o que estamos sentindo e o que o cérebro está fazendo. No que diz respeito aos processos *naturais* da realidade comum, todas as nossas experiências dependem da atividade neural.

Cada sensação, cada pensamento, cada desejo e cada momento de consciência estão sendo moldados pelo tecido que se parece com tofu, que pesa um pouco mais de 1 quilo e que se encontra dentro da nossa cabeça. O fluxo de consciência envolve um fluxo de informações em um fluxo de atividade neural. A mente é um fenômeno natural que está alicerçado na vida. As principais causas tanto do sofrimento quanto do seu fim estão baseadas em nosso próprio corpo.

A MENTE MUDANDO O CÉREBRO MUDANDO A MENTE

Os cientistas têm encontrado conexões entre experiências úteis e até mesmo transformadoras e a atividade neural subjacente — e podemos usar essas ligações entre a mente e o corpo de maneiras práticas. Por exemplo, nos capítulos finais, explicarei como podemos ativar fatores neurais da consciência do momento presente, da força calma e da compaixão. Com o tempo, esses *estados* mentais úteis podem ser gradualmente programados em nosso sistema nervoso como *traços* positivos.

Esse processo de mudança física ocorre porque todas as nossas experiências envolvem padrões de atividade neural. E padrões de atividade neural — especialmente quando repetidos — podem deixar rastros físicos duradouros para trás. Essa é a *neuroplasticidade*, a capacidade que o sistema nervoso tem de ser alterado pela informação que flui através dele. (Para os mecanismos principais desse processo, por favor, leia o conteúdo do quadro na sequência.) Em um ditado encontrado no trabalho do psicólogo Donald Hebb, *neurônios que são ativados juntos se conectam*. Isso significa que podemos usar nossa mente para mudar nosso cérebro para mudar nossa mente para melhor.

MECANISMOS DE NEUROPLASTICIDADE

Há muito se reconhece que qualquer tipo de aprendizado — seja uma criança começando a andar ou um adulto se tornando mais paciente — deve envolver mudanças no cérebro. A neuroplasticidade não é uma novidade. Mas o que *tem* sido uma revelação é a descoberta recente de quão rápida, abrangente e duradoura é essa remodelação neural. As principais maneiras pelas quais ela acontece são as seguintes:

- sensibilização (ou dessensibilização) das conexões sinápticas existentes entre os neurônios
- aumento (ou redução) da excitabilidade de neurônios individuais
- alteração da expressão dos genes nos núcleos dos neurônios (efeitos *epigenéticos*)

- formação de novas conexões entre neurônios
- nascimento de novos neurônios (*neurogênese*) e seu entrelaçamento com as redes existentes
- aumento (ou redução) da atividade em regiões específicas
- remodelação de redes neurais específicas
- mudança das *células gliais* no cérebro que suportam as redes neurais
- mudança de fluxos e refluxos de neuroquímicos como a serotonina
- aumento de fatores *neurotróficos* que auxiliam os neurônios a sobreviver, crescer e conectar-se entre si
- mudanças rápidas no *hipocampo* e no córtex *parietal* nos primeiros estágios do novo aprendizado
- "repetição de eventos" no hipocampo que reforçam a codificação inicial
- transferência de informação do hipocampo para armazenagem de longo prazo no *córtex*
- aumento da coordenação do hipocampo e do córtex
- *consolidação* geral em nível do aprendizado no córtex
- consolidação durante o sono de ondas lentas e movimento rápido dos olhos (REM)

Reconhecer que a nossa mente é alicerçada na vida — que ela tem uma base biológica subjacente — não significa ver a nós mesmos ou os outros como algum tipo de robô mecânico. Sim, a mente deve ser representada por um sistema nervoso tangível — mas ela não se *reduz* apenas àquelas células ou aos viscosos processos eletroquímicos. Nossa mente é mais do que a carne da qual é feita.

Imagine uma conversa com uma amiga, hoje, sobre um evento divertido com o cachorro dela. Conforme vocês conversam, fluxos de informação que têm uma lógica própria se propagam através do seu sistema nervoso, mobilizando atividades neurais subjacentes para sua representação. Suponha então que, amanhã, você fale de novo sobre o mesmo evento: qualquer informação que seja igual à de hoje será representada por um padrão diferente de atividade neural. Mesmo um conceito tão simples quanto 2 + 2 = 4, interpretado hoje por determinados neurônios, será interpretado no dia seguinte por neurônios diferentes. Isso significa que muitas das nossas experiências ocorrem de formas que são *causalmente* independentes dos substratos físicos subjacentes que as representam. A mente tem seu próprio poder causal.

Tem-se, assim, que a atividade mental e a atividade neural afetam uma à outra. As causas fluem nos dois sentidos, da mente para o cérebro... e do cérebro para a mente. Mente e cérebro são dois aspectos distintos de um sistema único e integrado. Como sintetiza o neurobiologista interpessoal Dan Siegel, a mente usa o cérebro para fazer a mente.

LEITURA ADICIONAL

After Buddhism (Stephen Batchelor) [*Depois do budismo*, em tradução livre]

The First Free women (Matty Weingast) [*As primeiras mulheres livres*, em tradução livre]

Em busca da memória: O nascimento de uma nova ciência da mente (Eric Kandel)

Um caminho com o coração: Como vivenciar a prática da vida espiritual nos dias de hoje (Jack Kornfield)

Saltwater Buddha: A Surfer's Quest to Find Zen on the Sea (Jaimal Yogis) [*O Buda da água salgada: A aventura de um surfista para encontrar Zen no mar*, em tradução livre]

Treine a mente, mude o cérebro (Sharon Begley)

MUDANDO O CÉREBRO COM MEDITAÇÃO

Vamos considerar como o mindfulness e a meditação ajudam a transformar o cérebro. Depois de apenas três dias de treinamento, a região *pré-frontal*, que fica atrás da testa, exerce mais controle vertical sobre o *córtex cingulado posterior (CCP)*, parte de trás. Isso importa porque o CCP é uma parte essencial da *rede de modo padrão*, que está ativa quando estamos perdidos em pensamentos ou presos no "processamento autorreferencial" (por exemplo: *Por que estão olhando para mim desse jeito? O que há de errado comigo? O que eu devo dizer da próxima vez?*). Como consequência, um maior controle sobre o CCP significa menos divagação mental habitual e menos preocupação consigo mesmo.

Pessoas em treinamentos mais longos, que duram cerca de dois meses, como a Redução de Estresse Baseado no Mindfulness (MBSR, na sigla em inglês), desenvolvem um maior controle vertical sobre a *amígdala*. Esta região em forma de amêndoa fica próxima do centro do cérebro e está continuamente monitorando as nossas experiências pela relevância que representam para nós. A amígdala reage como um alarme para o que for doloroso ou ameaçador — de uma cara feia a más notícias em um exame médico — e desencadeia a resposta de estresse neural/hormonal, então, ter mais controle sobre ela reduz as reações exageradas. As pessoas nesses treinamentos também cultivam mais tecido em seu hipocampo, uma parte próxima do cérebro com formato de um pequeno cavalo marinho e que nos ajuda a aprender com as nossas experiências. A atividade no hipocampo pode acalmar a amígdala e, assim, não surpreende que, depois de um treinamento de mindfulness, as pessoas produzam menos *cortisol*, o hormônio do estresse, quando são desafiadas. Elas se tornam mais resilientes.

Pessoas com mais experiência na meditação mindfulness, tipicamente com anos de prática diária, têm camadas mais grossas de tecido neural em seu córtex pré-frontal, que ampara as *funções executivas* como o planejamento e o autocontrole. Elas também têm mais tecido na ínsula, que diz respeito à autoconsciência e à empatia pelos sentimentos dos outros. Seu *córtex cingulado anterior* (frontal) também é fortalecido. Essa é uma parte importante do nosso cérebro, que nos ajuda a prestar atenção e permanecer no caminho dos nossos objetivos. E o seu *corpo caloso* — que conecta os hemisférios direito e esquerdo do cérebro — também tem tecido adicionado, sugerindo uma integração maior de palavras e imagens, lógica e intuição.

E então temos os praticantes de meditação com milhares de horas de prática de vida. Por exemplo, praticantes experientes do budismo tibetano — alguns dos quais já meditaram por mais de 20 mil horas — demonstram uma calma extraordinária antes de receber uma dor que eles sabem que está chegando e, depois, uma recuperação extraordinariamente rápida. Eles também possuem níveis extremamente altos de atividade de ondas cerebrais gama: a rápida sincronização, de 25 a 100 vezes por segundo, de grandes áreas do córtex associadas ao aprendizado aprimorado. Em geral, há uma mudança gradual, de uma autorregulação deliberada para um senso progressivamente espontâneo de presença e tranquilidade durante a meditação e na vida cotidiana.

Os cientistas também estudaram o cérebro de pessoas que realizam a meditação transcendental, os ritos cristãos e islâmicos, meditações de compaixão e gentileza e outras práticas. Como acontece com qualquer campo emergente, esta pesquisa melhorará com o tempo. Ainda assim, os resultados de muitos estudos oferecem grande esperança. Mesmo uma prática razoavelmente breve poderia alterar áreas do cérebro relacionadas à atenção, consciência corporal, regulação emocional e senso de self. A prática contínua em longo prazo pode alterar consideravelmente o cérebro. Essas mudanças do cérebro promovem alterações da mente, trazendo maior resiliência e bem-estar.

Tais descobertas sobre mindfulness e meditação ecoam nas pesquisas sobre outros tipos de treinamento mental. Intervenções formais, como a psicoterapia e os programas de resiliência, também podem alterar o cérebro de maneiras duradouras, da mesma forma que as práticas informais da gratidão, relaxamento, gentileza e emoção positiva. Há um ditado que diz que a nossa mente toma a forma daquilo em que repousa. Bem, a ciência recente deixa claro que o nosso cérebro toma a *sua* forma a partir daquilo em que repousamos a nossa atenção. Ao ter a sensação, repetidas vezes, de estabilidade, amorosidade, plenitude, completude, atualidade, totalidade e atemporalidade, estaremos tecendo essas qualidades em nosso próprio sistema nervoso.

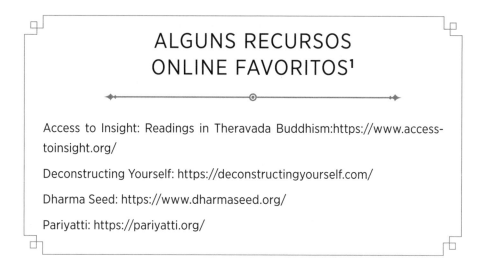

ALGUNS RECURSOS ONLINE FAVORITOS[1]

Access to Insight: Readings in Theravada Buddhism: https://www.accesstoinsight.org/

Deconstructing Yourself: https://deconstructingyourself.com/

Dharma Seed: https://www.dharmaseed.org/

Pariyatti: https://pariyatti.org/

OS SETE PASSOS DO DESPERTAR

Exploraremos esses modos de ser profundamente nas próximas páginas, mas aqui podemos ter uma noção de cada um em uma única meditação. Para informações gerais sobre como abordar as práticas experimentais — incluindo manter o seu ritmo enquanto exploramos tópicos amplos e, às vezes, delicados —, por favor, veja o Capítulo 1, no começo da prática "deixe ser, deixe ir, deixe entrar". Para esta meditação, sugiro que você encontre um lugar confortável onde não será perturbado e tenha tempo suficiente, pelo menos vinte minutos. Se os últimos passos não fizerem sentido para você, apenas volte para os anteriores.

---

[1] Todos os recursos estão em inglês.

A MEDITAÇÃO

Encontre uma postura que seja confortável e alerta. Esteja consciente do seu corpo e permita-se ser. Enquanto se concentra em cada um dos temas desta meditação, você pode deixar que outras coisas, como sons ou pensamentos, atravessem a consciência, sem afastá-los ou segui-los.

Estabilidade. *Escolha um objeto de atenção — como a sensação de respirar ou uma palavra, como "paz" — e mantenha-se consciente dele. Por exemplo, se for a respiração, fique atento ao início de cada inspiração e, então, mantenha a atenção por todo o seu curso, depois faça o mesmo com cada expiração, repetidamente. Deixe o corpo relaxar... o coração abrir... sinta-se mais tranquilo, calmo e estável... permaneça com o objeto de atenção... Encontre um firme senso de presença no momento... a consciência ampla e aberta... deixando tudo atravessar... enquanto você repousa em um foco constante.*

Amorosidade. *Com a mente cada vez mais estável, concentre-se em sentimentos calorosos como objetos de atenção. Fique consciente de pessoas ou animais com quem você se importa... Foque sentimentos de compaixão e bondade por eles... mantendo as coisas simples, foque os próprios sentimentos... Esteja consciente de seres que se importam com você, mesmo que o relacionamento seja imperfeito, e foque sentimentos de receber cuidados... sentindo-se valorizado... apreciado... amado... Se surgirem outros pensamentos e sentimentos, deixe-os vir e ir embora enquanto você se concentra na simples sensação de ternura... Enquanto respira, uma sensação de amor pode fluir para dentro e para fora do seu peito e do seu coração. Constantemente caloroso... repousando no amor... mergulhando no amor enquanto ele mergulha em você.*

Plenitude. *Presente com o coração aberto, concentre-se na sensação de suficiência no momento como ele é... ar suficiente para respirar... simplesmente vivendo, mesmo se também houver dor ou preocupação... permita-se sentir tão seguro quanto puder... seguro o suficiente, neste momento... abrindo mão de toda a ansiedade...*

toda a irritação... encontrando um senso crescente de paz. Da mesma forma, encontre gratidão pelo que lhe foi dado... focando sentimentos simples de alegria e outras emoções positivas... abrindo mão de toda decepção ou frustração... todo o estresse ou ambição desaparecendo... repousando em uma sensação crescente de contentamento... Em seguida, sintonizando de novo alguns sentimentos de ternura... a amorosidade fluindo, para dentro e para fora... deixando todo o sofrimento ser aliviado e liberado, quem sabe enquanto você expira... deixando todo o ressentimento ser aliviado e liberado... toda a dependência dos outros desaparecendo... repousando em uma sensação crescente de amor... Demore-se um pouco mais para repousar em uma sensação geral de plenitude... uma sensação de paz, de contentamento e de amor.

Completude. *Repousando tranquilamente na plenitude, esteja consciente das sensações da respiração do lado esquerdo do seu peito... do lado direito... do esquerdo e do direito juntos... percebendo as sensações em seu peito como um todo... muitas sensações como uma experiência única... Gradualmente amplie a consciência da respiração para incluir o estômago e as costas... a cabeça e o quadril... braços e pernas incluídos... ficando consciente do seu corpo inteiro, como um campo único de experiência... aceitando, como uma respiração de corpo inteiro... Enquanto se mantém consciente do corpo inteiro, inclua sons na consciência... ouvindo e ao mesmo tempo respirando. Então inclua a visão... sentimentos... e qualquer outra coisa na consciência... Aceitando tudo o que está experimentando... abrindo-se para a integridade do seu ser... aceitando todas as partes de si mesmo... todas as suas partes como um todo único... ampliando mais para incluir a consciência... tudo de você como um todo... aceitando o que não está dividido.*

Atualidade. *Enquanto você aceita a completude, fique no presente... as sensações de cada momento de respiração, mudando continuamente... ficando presente e ao mesmo tempo deixando ir... permanecendo alerta, com as experiências em mutação, as coisas acontecendo... sem necessidade de segui-las... sem necessidade de entendê-las... simplesmente sendo... agora... encontrando conforto* no presente... uma noção de continuar sendo mesmo que haja mudança contínua... Esteja consciente da contínua chegada do próximo momento... Fique tranquilo, está tudo bem... aqui no presente, enquanto ele muda... recebendo este momento... recebendo o agora... repousando na extremidade dianteira do agora... e agora.

Totalidade. Aceitando o agora como um todo... respirando o ar que flui para dentro e para fora... inalando oxigênio das coisas verdes que crescem... exalando para elas o dióxido de carbono... cada fôlego recebendo e dando... o que você recebe tornando-se uma parte de você, o que você dá tornando-se parte de outras coisas... Permitindo que esse conhecimento se transforme em sentimentos de afinidade... de inter-relação... com plantas... e animais... e pessoas... com o ar e a água... e montanhas e tudo dessa terra. Tudo isso fluindo para dentro de você, e você fluindo para dentro disso. Saiba que você está conectado com a Lua, o Sol e todo o espaço, com todas as estrelas em todo lugar... que o que está acontecendo agora na mente e no corpo está relacionado com todo o resto... cada pensamento e cada coisa é uma onda no oceano da totalidade. Deixe que os limites entre você e todo o resto suavizem... sinta a totalidade de tudo... todas as experiências são ondas passageiras na totalidade... a totalidade duradoura... tão tranquila... apenas a totalidade.

Atemporalidade. Aceite... presente... abrindo-se à intuição do que pode ser sempre incondicional... ainda não formado... sempre logo antes deste momento... À medida que ideias sobre isso surgirem, deixe-as ir... acomode-se em uma sensação sem palavras do que pode ainda não estar condicionado... distinta, fundamentalmente, de toda mente e matéria condicionadas. Uma intuição, uma insinuação, talvez uma sensação de possibilidade... amplidão... quietude... aceitando o encontro do condicionado e do incondicionado... o que é condicionado está continuamente mudando, o que é incondicionado não está surgindo e desaparecendo, por isso é eterno e atemporal... Abra mão do pensamento, não tente fazer nada acontecer... por agora... o tempo passando na atemporalidade.

> *Quando parecer certo, vista-se com uma sensação realista deste momento... neste corpo... neste lugar... talvez movimentando seus pés e mãos... os olhos se abrindo... talvez respirando mais intensamente. Entre em contato novamente com alguns sentimentos de plenitude... afetuosidade... vivendo a partir deles. Você está aqui, respirando e bem... estando em paz.*

BOA PRÁTICA

Quando algo for doloroso, estressante ou irritante, tente desacelerar para observar suas reações ao sofrimento. Pergunte-se se está minimizando ou negando partes da vida que são difíceis para você. Veja o que acontece se você simplesmente identificar suas reações para si mesmo, como "Isto é cansativo... aquilo machuca... estou um pouco triste... ai". Junto com esse reconhecimento básico, tente apoiar e sentir compaixão de si mesmo.

Esteja ciente de como pode estar adicionando sofrimento ao seu dia, talvez reprisando mágoas em sua mente ou se estressando com coisas verdadeiramente pequenas. É útil, de fato, estar interessado em como você cria o seu próprio sofrimento. E quando perceber que está fazendo isso, reduza o ritmo e veja se consegue escolher, deliberadamente, parar de alimentar e reforçar esse sofrimento opcional. Pode demorar um pouco para mudar os velhos hábitos, mas, se fizer a escolha repetidamente, ela gradualmente se tornará um hábito novo.

De vez em quando, pense em como uma experiência específica pode estar mudando o seu cérebro aos poucos, para o bem ou para o mal. E quando perceber que está acontecendo, como isso poderá mudar a maneira como você aborda diferentes situações?

Explore os sete modos de ser — estabilidade, amorosidade, plenitude, completude, atualidade, totalidade e atemporalidade — e tente ter uma noção clara de cada uma delas. Imagine, ou sinta, que já são naturais para você, que já fazem parte de quem você é.

Parte Dois

A ESSÊNCIA
INABALÁVEL

ESTABILIZANDO A MENTE

*Entrando em um rio cheio e turbulento,
se você for arrastado pela corrente —
Como poderá ajudar os outros a atravessar?*

SUTTA NIPATA 2.8

Eu comecei a meditar no final da faculdade, às vezes sentado nas colinas do Sul da Califórnia com meus cabelos longos, óculos de aro dourado e flauta de bambu. Meio bobo, talvez, mas algo real acontecia: uma calma, uma quietude e uma sensação de consciência tranquila pela qual meus problemas se esvaziam.

Durante as duas décadas seguintes, minhas meditações foram inconsistentes e, ainda assim, um refúgio para quando eu estava estressado. Eu me casei, fiz uma pós-graduação e me tornei pai. E, em um belo dia, encontrei-me em um workshop de meditação com a professora Christina Feldman. Ela pediu que descrevêssemos nossa prática pessoal e, depois que todos tinham falado, fez uma pergunta que sacudiu a sala: "Mas e a *concentração?*"

O PODER DA CONCENTRAÇÃO

Christina estava se referindo à grande constância da mente. Contextualizando, há três pilares na prática budista: virtude, sabedoria — e concentração. A concentração estabiliza a atenção e atribui a ela um foco de laser que promove insights libertadores. Em uma parábola que ouvi em um retiro de meditação, você está em uma floresta de sofrimento e vê, ao longe, uma montanha de pacífica felicidade. É um alívio saber que você não precisa derrubar a floresta toda, só abrir um caminho através dela. Mas como fazer isso? Você poderia usar uma faca, mas demoraria uma eternidade. Poderia usar uma vara pesada, mas ela ricochetearia nas árvores. Ou poderia fazer um facão afiado que combinasse o melhor da faca e da vara e, com essa ferramenta, avançar pelo caminho até a montanha. Nesta metáfora, o fio da faca é o insight e o poder da vara é a concentração.

Como muitos outros naquele workshop, eu nunca aprendi sobre concentração. Mas sem ela, é fácil se distrair por uma coisa ou outra. Por isso, minhas meditações eram agradáveis e relaxantes..., mas confusas e superficiais. Além disso, eu estava perdendo o que Buda disse ser a *concentração sábia*, que compreende quatro experiências incomuns conhecidas como *jhanas*:

> Bastante isolada dos desejos sensuais, isolada dos estados mentais prejudiciais, uma pessoa entra e permanece no primeiro jhana, que é acompanhado pela atenção aplicada e sustentável, com êxtase e felicidade nascidos do isolamento.
>
> Com a quietude da atenção aplicada e sustentável, a pessoa entra e permanece no segundo jhana, que tem clareza interior e concentração mental sem a atenção aplicada e sustentável, com bem-aventurança e felicidade nascidas da concentração.
>
> Com a dissipação da bem-aventurança, a pessoa permanece em equanimidade e atenta e plenamente consciente, ainda sentindo felicidade no corpo, ela entra e permanece no terceiro jhana, em função

do qual os nobres anunciam: "*Uma pessoa tem uma permanência agradável, que tem equanimidade e está atenta.*"

Com o abandono do prazer e da dor, e com o desaparecimento anterior da exaltação e da angústia, a pessoa entra e permanece no quarto jhana, que não tem dor nem prazer, mas tem a pureza do mindfulness devido à equanimidade.

Como podemos ver, os jhanas são descritos em termos psicológicos, não místicos. Eles são experiências inusitadas, é certo, mas são uma das etapas padrão do Caminho Óctuplo. Na verdade, no Pali Canon, há a descrição, frequentemente repetida, de um processo de despertar que começa com os quatro jhanas "estruturados" descritos acima. Na sequência, o processo segue por quatro estados *muito* incomuns — os jhanas "não estruturados" — até a "cessação" de qualquer tipo de consciência ordinária. Isso viabiliza o despertar o *nibbana*. (Usarei este termo em páli, em vez de no sânscrito *nirvana*, que assumiu associações mais genéricas, como: "Uau, aquela massagem foi o nirvana.") Tudo isso pode parecer fora do alcance, mas conheci diversas pessoas pragmáticas que treinaram essas meditações, tiveram essas experiências e foram profundamente afetadas por elas.

A pergunta e os ensinamentos da Christina impulsionaram minha prática a um outro nível. Minha meditação ficou mais focada, muscular e produtiva. Durante os retiros, comecei a entrar nos três primeiros jhanas, com a sua intensidade e absorção extraordinárias. Há armadilhas em tentar fortalecer a concentração — como se sentir frustrado com a ausência de progresso —, mas também há armadilhas em minimizar um dos três maiores pilares da prática.

Em geral, os jhanas são vivenciados apenas depois da orientação de professores experientes e de muitos dias em isolamento. Mas mesmo sem entrar nos jhanas, podemos desenvolver uma estabilidade maior da mente no dia a dia, que é o foco deste capítulo.

ATENÇÃO INQUIETA

A estabilidade da mente é importante nas atividades cotidianas, e não apenas durante a meditação. Nós precisamos ser capazes de manter a atenção no que é útil e afastá-la do que não é. Ela é como uma combinação de holofote e aspirador de pó: ilumina aquilo que clareia ao passo que o puxa para o cérebro.

Mas administrá-la é desafiador. Uma das razões é a variação natural no temperamento. Em um extremo há "tartarugas" focadas e cautelosas e, no outro extremo, há "lebres" distraídas e animadas, com muitas coisas entre elas. Nossos ancestrais humanos e hominídeos viveram em pequenos bandos de caçadores-coletores por vários milhões de anos e precisavam de uma gama completa de temperamentos para lidar com as mudanças nas condições e competir com outros bandos por comida e abrigo. Esses temperamentos são normais, e não um distúrbio — mas pode ser difícil ser um garoto-lebre sendo educado em um currículo projetado para tartarugas ou ser um meditador-lebre tentando usar métodos desenvolvidos por tartarugas em currais monásticos projetados para desenvolver a tartaruguice.

> Nós vivemos no esquecimento. Mas há sempre a oportunidade de viver plenamente. Quando bebemos água, podemos ter consciência de que estamos bebendo água. Quando caminhamos, podemos estar conscientes de que estamos caminhando. O mindfulness está disponível para nós a cada momento.
>
> THICH NHAT HANH

Enquanto isso, a cultura moderna nos bombardeia com distrações, treinando-nos para continuar perseguindo pequenos objetos brilhantes. Nós nos habituamos a um fluxo denso de estímulos e, então, qualquer coisa a menos nos faz sentir que estamos tentando respirar por um canudo. É compreensível que um histórico de experiências estressantes, dolorosas e mesmo traumáticas nos mantenha à busca de novas ameaças. E as nossas circunstâncias — tais como um emprego desafiador ou um problema de saúde — também podem sequestrar a nossa atenção. Não é de admirar que tenhamos uma "mente de macaco" — atenção como a de um chimpanzé, em uma torre, correndo de uma janela a outra: paisagens! Sons! Sabores! Toques! Aromas! Pensamentos!

Para lidar com essas tendências, é muito útil *cultivar* fatores mentais/neurais particulares que promovam a concentração. Mas antes de discorrer sobre esses fatores específicos, gostaria de cobrir as habilidades gerais do próprio cultivo. Essas habilidades também nos ajudarão a desenvolver os outros aspectos do despertar que exploraremos nos capítulos subsequentes.

CULTIVO

Quando eu tinha 15 anos, tive uma reviravolta na minha vida. Eu me senti muito mal por vários anos: nervoso, esquisito, retraído e infeliz. Era desesperador. Então comecei a perceber que não importa o quanto as coisas estivessem ruins, eu podia cultivar algo bom dentro de mim a cada dia. Podia me tornar um pouco mais capaz de conversar com os outros jovens e ter um pouco menos de medo deles. Podia ficar melhor em não me meter em confusão com os meus pais. Pouco a pouco, podia ficar mais feliz e mais forte. Não podia mudar o passado, e o presente era o que era, mas eu poderia crescer a partir dali. Havia tanta esperança nisso! Eu podia fazer alguma coisa. O que eu podia desenvolver no dia a dia normalmente era pouco, mas se somava com o tempo. O *aprendizado* é a força das forças, pois ele faz com que as demais aumentem.

Aprender inclui curar-se do passado, desapegar-se dos velhos hábitos e adquirir novos, ver as coisas de novas maneiras e simplesmente sentir-se melhor consigo mesmo. Diz respeito a mudanças internas *duradouras*, para que não nos tornemos dependentes de condições externas ou sejamos fustigados por reações internas. Situações e relacionamentos vêm e vão, mas podemos contar com o que resiste dentro de nós, aconteça o que acontecer.

> O treino sistemático da mente — o cultivo da felicidade, a genuína transformação interna pela seleção e foco deliberados em estados mentais positivos e pelo desafio aos estados mentais negativos — é possível por causa da própria estrutura e funcionamento do cérebro.
>
> DALAI LAMA E HOWARD CUTLER

APRENDENDO NO CÉREBRO

Então como podemos cultivar o bem duradouro dentro de nós? A essência é simples. Qualquer tipo de aprendizado útil envolve um processo de duas etapas:

1. Experimentar o que gostaríamos de desenvolver.
2. Transformar essa experiência em uma mudança duradoura em nosso cérebro.

Chamo a primeira etapa de *ativação* e a segunda de *instalação*. Isso é *neuroplasticidade positiva*: transformar estados temporários em *características* duradouras. A segunda etapa é absolutamente necessária. *Experimentar não é igual a aprender.* Sem uma alteração na estrutura ou na função neural, não há mudança mental duradoura para melhor. Infelizmente, nós costumamos passar tão rapidamente de uma experiência a outra que o pensamento ou sentimento corrente tem poucas chances de deixar uma marca duradoura. Trabalhando com outras pessoas, podemos pensar que alguma coisa boa vai, de alguma forma, achar o caminho e contagiar as pessoas que estamos tentando ajudar. Até pode acontecer para alguns, mas sem muita eficiência, e, para muitos, haverá pouco ou nenhum ganho duradouro.

Como resultado, a maior parte das experiências benéficas passam pelo cérebro como água por uma peneira, não deixando nenhum valor para trás. Temos uma boa conversa com um amigo ou nos sentimos mais calmos na meditação — e uma hora depois, é como se nada tivesse acontecido. Se o despertar é como uma montanha, em alguns momentos podemos nos encontrar lá no alto — mas conseguimos *ficar* lá, com o pé firme? Ou continuamos escorregando de volta para a base?

O VIÉS DA NEGATIVIDADE

Por outro lado, experiências estressantes tendem a se entrelaçar nas redes da memória. Esse é o *viés de negatividade* do cérebro, o produto da evolução em condições difíceis. Para simplificar, nossos ancestrais precisavam conseguir recursos, como comida, ao passo que evitavam perigos, como predadores. Ambos são importantes, mas imagine viver há 1 milhão de anos: se não conseguíssemos um recurso hoje, poderíamos tentar de novo amanhã. Mas se não evitássemos um único perigo hoje, zás! Recursos, nunca mais.

Consequentemente, o cérebro procura pelas más notícias, fica obcecado por elas, reage a elas exageradamente e grava rapidamente o pacote todo na memória, incluindo seus resíduos emocionais e somáticos. O cortisol, o hormônio que acompanha as experiências estressantes ou perturbadoras, sensibiliza a amígdala e enfraquece o hipocampo. O sino de alarme do cérebro toca mais alto e o hipocampo se torna menos capaz de acalmá-lo, o que favorece experiências negativas adicionais e, assim, ainda mais reatividade em um círculo vicioso.

Na realidade, temos um cérebro que é como velcro para experiências dolorosas e nocivas e como teflon para experiências agradáveis e úteis. Isso garantiu a sobrevivência por milhões de anos, mas hoje cria muito sofrimento e conflitos desnecessários.

Felizmente, podemos compensar o viés de negatividade — e também cultivar maior estabilidade da mente e outras qualidades internas — focando a segunda etapa necessária do aprendizado: a instalação. Não se trata de pensamento positivo. Ainda veremos problemas, injustiça e dor. Somente ficaremos abertos ao que quer que seja benéfico em nossas experiências e levaremos isso conosco. Na verdade, cultivando recursos internos dessa forma seremos mais capazes de suportar as coisas difíceis da vida. E, à medida que nos preenchermos gradualmente por dentro, haverá menos razão para o desejo desmedido e o sofrimento que ele causa (mais sobre isso no Capítulo 5). Com o tempo, nosso aprendizado dá frutos e o cultivo ativo esvanece, como uma jangada que não é mais necessária quando atingimos a outra margem.

CURANDO-SE

Pode haver algum "aprendizado incidental" a partir das experiências, sem qualquer esforço deliberado. Mas podemos realmente acentuar nossa curva de crescimento — o *ritmo* da nossa cura ou desenvolvimento — envolvendo deliberadamente nossas experiências de maneira simples que podem aumentar os rastros neurais que elas deixam para trás. Aqui está um resumo de como fazer isso, com a sigla CURA.

ETAPA DE ATIVAÇÃO

1. **C**ultive uma experiência benéfica: Perceba experiências úteis e/ou agradáveis que já estejam acontecendo ou crie experiências novas, como convocar uma sensação de compaixão.

ETAPA DE INSTALAÇÃO

2. **U**ltrapasse: Sustente a experiência pelo tempo de um fôlego ou mais; intensifique-a; sinta-a em seu corpo; observe o que há de recente ou novo sobre ela; e/ou encontre nela o que for pessoalmente relevante.

3. **R**etenha: Deseje e sinta que a experiência está mergulhando em você e foque o que for agradável ou tenha significado para você.

4. **A**ssocie materiais positivos e negativos (passo facultativo): Foque algo benéfico no primeiro plano da consciência, enquanto algo doloroso ou prejudicial é minimizado e deixado de lado; se você for sequestrado pelo negativo, abandone-o e foque apenas o positivo. Este passo é poderoso, mas é opcional por duas razões: nós podemos desenvolver recursos psicológicos usando apenas os três primeiros passos, e, às vezes, o material negativo pode parecer assustador.

Nos passos anteriores, estamos mobilizando diferentes fatores neurais de aprendizado social, emocional e somático. Para destacar três deles:

- *Sustente a experiência pelo tempo de um fôlego ou mais*: Quanto mais uma experiência permanecer na *memória operacional*, maior a chance da sua conversão em memória de longo prazo.

- *Sinta-a em seu corpo*: A amígdala e o hipocampo trabalham muito próximos. Experiências que são ricas somática e emocionalmente estimulam a amígdala. Isso aumenta os sinais que ela envia ao hipocampo e outras partes do cérebro, de que a experiência é importante e merece ser convertida em uma mudança duradoura na estrutura ou função neural.

- *Nela, foque o que for agradável ou tenha significado*: À medida que aumenta a sensação de recompensa com uma experiência, a atividade de dois neuroquímicos também aumenta: da *dopamina* e da *norepinefrina*. Isso sinaliza que a experiência deve ser protegida e priorizada enquanto se move para o armazenamento de longo prazo.

Podemos usar os passos CURA para qualquer coisa que queiramos cultivar. Por exemplo, durante a meditação, podemos focar uma sensação de calma espalhando-se dentro de nós. Além de desenvolver recursos internos, isso pode ajudar nosso cérebro a se tornar mais sensível ao que é benéfico em geral, na realidade tornando-o mais como o velcro para as *boas* experiências e como o teflon para as ruins. E à medida que aquilo que é bom cresce por dentro, promovem-se ciclos positivos em nosso trabalho e relacionamentos. Como diz o provérbio: "Mantenha um ramo verde em seu coração, e um pássaro virá cantando."

Pensar repetidamente no que é saudável fortalecerá a tendência da mente de buscar o que é saudável.

BHIKKHU ANALAYO

ENCONTRANDO O SEU LUGAR

Na maioria das vezes, as experiências benéficas deliberadamente internalizadas serão relativamente breves, inclusive com as práticas deste livro. Mas também podemos passar pelos passos CURA de uma forma mais sistemática, durante vários minutos ou por mais tempo. Vamos aplicar essa abordagem ao cultivo do sentimento de estar enraizado e seguro — que naturalmente ajuda a estabilizar a mente.

Para fortalecer esse senso de ancoragem, podemos explorar o processo neurologicamente antigo — e, portanto, fundamental e poderoso — de se localizar em determinado local. Cerca de 200 milhões de anos atrás, os primeiros mamíferos começaram a desenvolver um hipocampo que podia criar *memória de lugar*, que é a base de grande parte de nosso próprio aprendizado hoje. Seja na antiguidade ou nos dias de hoje, precisamos saber onde a comida cheira bem e onde cheira mal, onde encontrar um amigo e onde evitar um inimigo. Quando não sabemos onde estamos em uma situação ou relacionamento, a atenção compreensivelmente se lança para todos os lados, e é difícil estabilizar a mente. Por outro lado, quando nos sentimos seguros no lugar onde estamos, podemos obter apoio dele — como dizem que o Buda fez na noite do seu despertar, quando se abaixou para tocar a terra. Com uma sensação de ancoragem dentro de nós, podemos sair para a vida a partir dessa base segura.

Para uma prática experimental disso, veja o quadro a seguir.

SENTINDO-SE ANCORADO

Esta meditação é estruturada em relação aos quatro passos CURA. Vou detalhar cada passo, e você poderá adaptar minhas sugestões às suas necessidades. Esta é uma prática de cultivo, não de mera observação da mente (que é uma meditação válida, mas não é o que estamos fazendo aqui). Ao tentar ter experiências diferentes, você talvez descubra que isso é mais fácil de fazer com algumas do que com outras. Isso é normal e, com a prática, você se tornará mais capaz de evocar experiências particulares.

1. **Cultive**: *Encontre um lugar confortável e esteja consciente de como se sente ao se acomodar ali. Esteja consciente das sensações internas da respiração... o ar se movendo através do seu nariz, descendo pela garganta e entrando nos pulmões... o peito subindo e descendo... Saiba que está respirando aqui... como este corpo... neste lugar... Esteja consciente do amparo do chão embaixo de você... Você consegue encontrar um senso de estabilidade... um senso de ancoragem? Em geral, foque aspectos do "sentir-se ancorado" como objeto de meditação.*

2. **Ultrapasse**: *O melhor que puder, permaneça com a sensação de ancoragem, fôlego após fôlego... Quando quiser, intensifique de propósito a sensação de ancoragem em um lugar específico, deixando que isso preencha a sua consciência... Explore diferentes aspectos do "sentir-se ancorado": olhe em volta e se posicione no lugar... quem sabe esfregando seus pés no chão, sentindo a terra debaixo deles... com pensamentos como "Esse é o meu lugar, tudo bem eu estar aqui"... Esteja consciente das emoções relacionadas a estar ancorado, como calma, segurança, confiança... consciente dos desejos relacionados a estar ancorado, como gostar disso ou pretender sentir isso com mais frequência... Observe novos aspectos do "sentir-se ancorado", abordando esta experiência com um senso de abertura e desconhecimento... Esteja consciente das maneiras pelas quais o "sentir-se ancorado" é relevante e importante para você...*

3. **Retenha**: *Deseje receber o sentimento de ancoragem em você, mergulhando nele enquanto ele mergulha em você... Sinta que esta experiência está se espalhando dentro de você como água morna em uma esponja... permitindo, entregando-se, deixando entrar... Esteja consciente do que é bom acerca de estar ancorado... do que é agradável ou tem significado...*

4. **Associe**: *Se quiser, neste passo opcional, esteja consciente de memórias ou sentimentos de estar inquieto ou perdido, ao mesmo tempo mantendo um forte sentimento de ancoragem na parte da frente da mente.*

> *Amplie a consciência para incluir estas duas coisas ao mesmo tempo... mantendo um forte sentimento de ancoragem, sem ser sequestrado pelos sentimentos de inquietude e ausência... Pode haver um senso de ancoragem espalhando-se por qualquer sentimento de ansiedade ou incerteza, aliviando e acalmando... Sem ficar preso em pensamentos ou histórias, simplesmente estando consciente das duas coisas ao mesmo tempo... e permitindo, até mesmo ajudando gentilmente, o sentimento de ancoragem a aliviar e, quem sabe, eventualmente substituir qualquer senso de estar inquieto ou perdido...*
>
> *À medida que se aproxima do fim da prática, repouse apenas no sentimento de ancoragem... sinta-se respirando neste lugar, ancorado e firme, aqui e agora...*

CINCO FATORES PARA ESTABILIZAR A MENTE

Nesta seção nós exploraremos cinco formas diferentes de estabilizar a mente. Cada uma delas está estruturada como uma prática experimental, seguida por uma explicação das suas bases neurais. Depois de realizar cada uma das práticas separadamente, você poderá voltar e fazer todas em sequência. À medida que você adquirir mais experiência com os fatores, poderá recorrer a eles quando quiser, não apenas quando estiver meditando. Esta seção termina com um resumo da prática, que integra todos os fatores e, então, oferece o desafio de focar com firmeza a sua respiração por cinco minutos seguidos.

LEITURA ADICIONAL

Buddha's Map (Doug Kraft) [*O mapa de Buda*, em tradução livre]

A experiência do insight (Joseph Goldstein)

The Little Book of Being (Diana Winston) [*O pequeno livro do ser*, em tradução livre]

Mindfulness, Bliss and Beyond (Ajahn Brahm) [*Mindfulness, felicidade e além*, em tradução livre]

Mindfulness (Joseph Goldstein) [sem tradução em português]

The Mindful Geek (Michael Taft) [*O nerd consciente*, em tradução livre]

The Mind Illuminated (Culadasa) [*A mente iluminada*, em tradução livre]

Practicing the Jhānas (Stephen Snyder e Tina Rasmussen) [*Praticando os jhanas*, em tradução livre]

Satipatthana (Anālayo) [sem tradução em português]

FUNDAÇÕES DA PRÁTICA

Antes de se envolver com qualquer prática, é útil saber por que você a está realizando. Por exemplo: o que a estabilidade da mente significa para você? Ou por que se preocupa com o desenvolvimento de uma maior compaixão? Você pode identificar as razões para si mesmo ou simplesmente sentir algo sobre isso sem colocar em palavras. De uma maneira geral, ajuda saber por que, afinal, você pratica. Por favor, considere estas perguntas: O que você gostaria de curar em si mesmo? De que você gostaria de abrir mão? O que você espera expandir em si mesmo? Você também pode praticar pelo bem dos outros, além do seu. Trazê-los em seu coração enquanto pratica pode gerar um sentimento de ternura. Como o seu próprio crescimento e a sua cura podem ser um presente para aqueles com quem você vive ou trabalha?

Durante a meditação, normalmente é útil escolher um objeto específico de atenção. Penso nisso como se fosse uma boia no quente mar tropical na qual você está descansando seu braço, tocando-a enquanto as ondas das experiências vêm e vão, algumas vezes com criaturas belas e estranhas dentro delas, passando sem levar você junto. Em uma prática de *atenção concentrativa*, o objeto poderia ser uma sensação, emoção, palavra ou imagem específica, como a respiração, a compaixão, a "paz" ou a memória de uma pradaria em uma montanha. Neste ponto, eu costumo fazer referência às sensações da respiração como objeto de atenção. Você pode ficar consciente delas na região do nariz e lábio superior, em sua garganta e pulmões, peito ou barriga, ou em seu corpo por inteiro. Na *consciência aberta*, você adota o fluxo de experiências como objeto de atenção, permitindo que eles venham e vão, sem ser levado por nenhuma delas. Você pode até mesmo *permanecer com a consciência*, para que esteja basicamente experimentando a consciência propriamente dita.

Esses três tipos de meditação — atenção concentrativa, consciência aberta e permanência com a consciência — formam uma sequência natural. Você pode seguir essa progressão durante uma única meditação ou no curso de meses e anos de prática. Eu geralmente recomendo começar com as práticas de atenção concentrativa, que não são apenas para iniciantes, pois, com frequência, são as usadas para entrar em estados profundos de absorção meditativa. Focar um objetivo específico é bastante simples: você concentra a sua completa atenção no objeto e é gradualmente absorvido por ele — e qualquer outra coisa fica fora do foco. Se a sua mente vagar de alguma forma, você a traz de volta tão logo perceba que isso aconteceu. Outros pensamentos, sensações e imagens surgirão naturalmente na consciência, mas se desvinculará deles rapidamente, não os alimentando nem seguindo. Eu gosto desta orientação para a atenção concentrativa que ouvi uma vez em um retiro de Eugene Cash: *"Dedique-se à respiração e renuncie a todo o resto."*

É útil escolher um objeto que seja estimulante o suficiente para segurar a sua atenção, especialmente se o seu temperamento for mais de lebre do que de tartaruga. Ficar consciente da respiração no torso ou no corpo como um todo é mais envolvente do que focar no lábio superior. Caminhar meditando é mais estimulante do que ficar sentado em silêncio. Experiências emocionalmente ricas e gratificantes, como a gratidão e a bondade, também ajudam a manter a atenção. O objeto propriamente dito é apenas um meio para atingir a finalidade, que é uma meditação benéfica para você. Por isso, é importante não ser rígido a respeito do objeto de meditação e encontrar um que sirva às finalidades que interessam a você. À medida que a sua mente estabiliza, você pode escolher objetos menos estimulantes que fortalecerão mais o "músculo" da atenção.

Seja qual for o seu objeto, tente manter-se constantemente atento a ele. Esteja consciente da sensação de *dedicar* atenção ao objeto, como se iluminasse alguma coisa. Da mesma forma, esteja consciente de *manter* a atenção no objeto — ficar continuamente em contato com ele. Por exemplo, você pode dedicar a sua atenção ao começo de uma inspiração e manter a atenção nela até que se complete e depois, pode dedicar sua atenção à expiração... um fôlego após o outro. Em especial, se o seu objetivo com a meditação for constância e concentração, seria útil monitorar as distrações de modo a se desvincular delas rapidamente e voltar o foco ao objeto. De fato, você pode prestar atenção à atenção — um aspecto da *metacognição*.

No seu cérebro, esses processos de dedicar, manter e monitorar a atenção — que são úteis no dia a dia, não apenas na meditação! — estão baseados no córtex cingulado anterior e nas respectivas regiões pré-frontais atrás da testa. Com a prática, sua atenção ficará mais estável e precisará de menos regulação deliberada, e a atividade neural nessas áreas reduzirá. Focar fica mais fácil com a experiência.

E com qualquer prática, por favor, adapte minhas sugestões para o que funcionar melhor para você.

ESTABELECENDO INTENÇÃO

Encontre uma postura na qual você se sinta alerta e confortável. Esteja consciente do seu corpo e escolha um objeto de atenção. (Vou me referir à respiração.) É natural que esse objeto se mova para os fundos da consciência quando você focar nos fatores de estabilidade mental que estamos explorando, mas tente permanecer em contato com ele, mesmo que de leve... Esteja atento à inspiração quando estiver inspirando e à expiração quando estiver expirando.

Agora estabeleça a intenção de estabilizar a sua mente. Primeiro, tenha a noção de estar orientando a si mesmo, com pensamentos como: "Preste atenção... permaneça assim..." Pode haver a sensação de uma parte específica sua definindo um objetivo ou propósito... Saiba qual é a sensação de ter uma intenção do tipo deliberado...

Em segundo lugar, imagine-se como alguém muito constante, com a mente muito estável... Sinta-se, desde já, muito presente e muito focado... Permita que este modo de ser leve você... Entregue-se a esta intenção de se manter constantemente consciente do seu objeto de atenção... Saiba qual é a sensação de ter uma intenção do tipo involuntário...

Então permita que essas duas espécies de intenção se confundam. Com uma resolução relaxada, comprometa-se a permanecer constantemente consciente da respiração, um fôlego depois do outro...

Intenções *intelectuais* envolvem o córtex pré-frontal, atrás da testa. Essa parte do cérebro é a base neural primária das funções executivas, incluindo o controle deliberado da atenção, emoção e ação. É um tipo muito útil de intenção, mas é trabalhosa e, por isso, vulnerável à *fadiga da força de vontade*: é cansativo ter que ficar dizendo a si mesmo para fazer algo. Além disso, as recompensas de se atingir a intenção encontram-se no futuro, o que pode minar a motivação. Por outro lado, a intenção *involuntária* envolve suas emoções e sensações e está baseada em estruturas neurais mais velhas e, portanto, mais primordiais, abaixo do córtex. Nesta forma de intenção, você encontra uma *consciência implícita interna* de como seria já ter satisfeito a intenção, e então entrega-se a ela. Isto é gratificante desde o início e, por isso, mais motivador. Em vez de se esforçar para ir contra a corrente, você se deixa levar.

RELAXANDO SEU CORPO

Esteja consciente do seu corpo... consciente da respiração... permitindo que o corpo descanse... relaxando... respirando várias vezes, levando mais tempo para expirar do que para inspirar... deixando a sua respiração fluir naturalmente... deixando que ela fique mais suave... mais leve...

Se ajudar, você pode relembrar ou imaginar cenários confortáveis e relaxantes, como uma linda praia... uma cadeira gostosa... estar acompanhado de pessoas tranquilas...

Deixe seu corpo relaxar... e se aquietar... e descansar... Inspirando, deixe o corpo sossegar... expirando, deixe o corpo sossegar... um fôlego depois do outro, sossegado e presente... mantendo-se constantemente presente, com o corpo quieto e tranquilo... consciente de como a calma em seu corpo ampara a constância da mente...

O relaxamento aquieta o *sistema nervoso simpático* (SNS) e reduz os hormônios relacionados ao estresse, como o cortisol e a *adrenalina*. Esses sistemas em seu corpo evoluíram para lutar contra as ameaças ou correr delas e para buscar oportunidades. Quando ficam mais ativos, sua atenção tende a se dispersar, o que não combina com a estabilidade da mente. Essa é uma razão pela qual as tradições meditativas enfatizam a tranquilidade e a desvinculação do estresse.

É útil estender as suas expirações porque o *sistema nervoso parassimpático* (SNP), cujas funções são conhecidas como "descansar e digerir", lida com a expiração ao passo que reduz os batimentos cardíacos — assim, expirações mais longas são naturalmente relaxantes. O SNP e o SNS são conectados como uma gangorra, então quando um levanta, o outro cai. Como princípio geral, aumentar a atividade parassimpática reduz a excitação do SNS que pode desestabilizar a sua mente.

PERMANECENDO CALOROSO

Tenha em mente um ou mais seres dos quais você gosta... Concentre-se no sentimento de gostar em vez de qualquer outra coisa complicada a respeito do relacionamento... quem sabe uma sensação de compaixão, amizade, até mesmo amor...

Tenha em mente o sentimento de estar com alguém que gosta de você... talvez um amigo, um animal de estimação ou um familiar...

Simplifique, focando o sentimento de ser querido... de sentir-se apreciado... estimado... amado...

Explore a sensação de respirar sentimentos de afeição para dentro e para fora da área do seu coração... o amor fluindo enquanto você inspira... o amor fluindo enquanto você expira... sentindo-se de coração aberto... Consciente de como se sentir caloroso ampara a estabilidade da mente...

Sentimentos calorosos são naturalmente tranquilizadores e repousantes. Uma fonte disso é o neuroquímico *ocitocina*, que é liberado pelo *hipotálamo* quando nos sentimos amados ou próximos de outros. A atividade da ocitocina na amígdala pode ter um efeito inibidor, acalmando-a. À medida que os fluxos de ocitocina aumentam no córtex pré-frontal, a sensação de ansiedade costuma diminuir, o que possibilita uma maior estabilidade da atenção.

Cuidar dos outros faz parte da resposta de *"ternura e amizade"* que pode reduzir o estresse e, portanto, estabilizar a mente. E sentir o cuidado de outros costuma ser um indicador de proteção e lealdade. Durante os muitos anos em que nossos ancestrais humanos e hominídeos viveram em pequenos grupos, ser abandonado era uma ameaça primordial — então, hoje, sentir o cuidado de outros pode aumentar a sensação de segurança, que se soma ao impacto da próxima prática.

SENTINDO-SE SEGURO

Permita-se se sentir tão seguro quanto realmente está... neste momento... neste momento... Esteja consciente das proteções que o cercam, como paredes grossas ou pessoas boas que estão próximas... Note que você pode estar ciente do seu ambiente mesmo enquanto se liberta do medo desnecessário... Esteja consciente da força que está dentro de você... permitindo-lhe se sentir mais calmo e mais forte...

Esteja consciente de qualquer desconforto... qualquer ansiedade desnecessária... e veja se consegue se desvincular... Ao expirar, libere o medo... abandone a preocupação... Observe como é se sentir mais seguro... sem procurar a segurança perfeita, simplesmente permitindo-se se sentir tão seguro quanto realmente está... Abrindo mão de se proteger... segurar-se... afastar... Aberto à confiança... ao alívio... sentindo-se mais calmo... mais tranquilo... Consciente de como abrir mão do medo ajuda a estabilizar a sua mente.

Nós precisamos lidar com perigos reais, mas, na maior parte do tempo, nós superestimamos as ameaças — um aspecto do viés de negatividade — e não nos sentimos tão seguros quanto realmente estamos. Isso faz com que nos sintamos mal e, com o tempo, desgasta a saúde física e mental. Além disso, quando, de alguma forma, sentimo-nos ansiosos, a atenção compreensivelmente se dispersa, examinando o mundo — inclusive os relacionamentos —, o corpo e a mente para descobrir o que pode ter dado errado. Permitir-se se sentir razoavelmente seguro acalma o sistema de resposta ao estresse e o ajuda a permanecer com o objeto de atenção em vez de procurar por um tigre que possa atacar.

SENTINDO-SE GRATO E ALEGRE

Tenha em mente uma ou mais coisas pelas quais você se sente grato... como amigos e pessoas amadas que o ajudaram ao longo do caminho... coisas que recebeu... a beleza da natureza... talvez o próprio presente que é a vida...

Abra-se para sentimentos de gratidão... e para os sentimentos relacionados de alegria, conforto, quem sabe felicidade... Se houver qualquer sentimento de tristeza ou frustração, está tudo bem... simplesmente os observe — e, em seguida, volte a atenção para as coisas pelas quais você é grato...

Foque os sentimentos de gratidão e alegria como objeto de atenção... absorva-os e deixe que eles o absorvam... Talvez exista uma felicidade em estar com os outros... ou uma felicidade pelos outros... uma felicidade calorosa... Sem perseguir ou tentar agarrar sentimentos positivos... abrindo-se para eles e recebendo deles... Consciente de como o bem-estar tranquilo ajuda a estabilizar a mente...

No cérebro, a estabilidade da mente envolve a atividade *estável* nos substratos da memória de trabalho, o que inclui as regiões externas superiores do córtex pré-frontal. Elas têm uma espécie de portão que afeta o que está acontecendo dentro delas. Quando o portão está fechado, nós nos concentramos em uma única coisa. Quanto o portão abre, novas experiências invadem a memória de trabalho, deslocando o que estava lá. Estabilidade na mente significa controlar esse portão no cérebro.

O portão é regulado pela dopamina, um neuroquímico que rastreia expectativas ou experiências de gratificação. Uma atividade constante da dopamina indica que algo é merecedor de atenção — o que mantém o portão fechado para que você permaneça concentrado no objeto de atenção. A atividade da dopamina diminui quando as coisas se tornam menos gratificantes, o que abre o portão para estímulos distrativos. Consequentemente, para manter o portão fechado e evitar que ele se abra, seria útil manter experiências que sejam gratificantes. Picos de dopamina relacionados à possibilidade de novas recompensas também abrem o portão. Dessa forma, é particularmente útil experimentar um *forte* senso de gratidão ou de outras emoções positivas, pois então os níveis de dopamina já estarão nas alturas — e um pico capaz de abrir o portão será menos provável.

TODOS OS CINCO FATORES JUNTOS

Encontre uma postura que seja alerta e confortável... Estabelecendo a intenção de estabilizar a mente... Relaxando seu corpo... Mantendo-se caloroso... Sentindo-se mais seguro... Sentindo-se grato e alegre...

Foque as sensações da respiração (ou outro objeto de atenção)... Dedique e mantenha a atenção em cada fôlego... permanecendo constantemente consciente da respiração... Se a atenção vagar, simplesmente traga-a de volta... Fique cada vez mais absorvido pelo sentimento da respiração...

E agora fique em contato constante com a respiração, por cinco minutos de cada vez...

Ao finalizar esta prática, torne-se consciente de como é uma maior estabilidade da mente... abrindo-se à sensação de constância... estando estável... um fôlego atrás do outro...

BOA PRÁTICA

Por uma hora, em algum momento, observe as coisas que o distraem do que quer que seja o objeto do seu foco. Então pense no que você pode fazer para mudar as distrações externas, como pedir a alguém que seja mais cuidadoso para não interromper o seu trabalho a menos que seja realmente importante. Também pense no que você pode fazer dentro da sua própria mente para ficar menos distraído, como reconhecer os "ouros de tolo" — as recompensas vazias — que estão em muito do que tenta atrair a sua atenção.

Esteja atento a como o viés de negatividade se apresenta em você mesmo e nos outros. Observe como você tende a focar em demasia nas coisas negativas e rapidamente deixar as positivas para trás. Definitivamente, esteja consciente das negativas quando for apropriado, mas também se assegure de ficar atento às coisas boas que estão à sua volta e dentro de você.

Procure por oportunidades todos os dias para desacelerar e internalizar uma experiência benéfica. Não se trata apenas de cheirar as flores — por mais que isso seja bom! Isso inclui as vezes em que você se sente determinado, cuidadoso, comprometido a se exercitar mais ou certo de uma maneira melhor de falar com o seu companheiro. Fique com a experiência por uma respiração ou mais, sinta-a em seu corpo e foque o que parece bom a respeito dela. É como preencher a si mesmo em um oásis depois do outro no curso do seu dia.

Comprometa-se com a meditação todos os dias, por pelo menos um minuto. Pode ser a última coisa que você faz antes de deitar a cabeça no travesseiro. Mas faça de verdade, por um minuto ou mais, e faça todos os dias.

Quando você meditar, inclua dez respirações ou mais de atenção concentrada à respiração ou a outro objeto. Na sua mente, poderá contar suavemente de zero a dez ou de forma decrescente. Se for ambicioso, tente cem respirações de uma vez; para não perder a conta, você pode esticar um dedo depois de cada grupo de dez.

Na meditação, dê espaço a experiências emocionalmente positivas, como se sentir tranquilo, amoroso ou feliz. Não persiga nem se agarre a essas experiências, mas dê a elas as boas-vindas e as receba dentro de si. Isso ajudará a costurá-las em seu sistema nervoso ao passo que estabiliza a sua mente.

4

AQUECENDO O CORAÇÃO

*Com boa vontade para todo o universo,
cultive um coração sem limites: acima, abaixo, e em todo lugar,
sem obstáculos, sem hostilidade ou ódio.*
SUTTA NIPATA 1.8

Há cerca de vinte anos, eu tive a sorte de me juntar ao conselho do Centro de Meditação de Spirit Rock e, logo depois, receber um convite para ouvir o Dalai Lama falar lá em uma conferência. Como ele é o Chefe de Estado do Tibete, o nível de segurança em volta dele era elevado, e guardas armados sorriam e contavam piadas na atmosfera carnavalesca. Centenas de pessoas socializavam — tanto tibetanos quanto professores e religiosos da Europa e dos Estados Unidos —, a grande maioria de nós eufórica com a ocasião. Com muitos outros, eu me espremi em uma grande sala para aguardar o Dalai Lama. Depois de alguns minutos, ele entrou com um tradutor e outro homem. Falou principalmente em inglês, com a sua combinação usual de simpatia, objetividade e inteligência calma. Na época, eu achei que ele tinha dado uma palestra maravilhosa, mas não me lembro de nada. Do que me lembro é do homem que entrou com ele, que estava vestindo um terno cinza e parecia despretensioso, ficando de lado na frente da sala, olhando para todos e sorrindo.

Depois de um tempo, observei-o mais de perto: ele estava em pé, tranquilo, como um dançarino, preenchendo o terno como alguém que fora um zagueiro em um pequeno time de futebol do colégio, sorrindo e sorrindo, seus olhos sempre examinando a sala. Percebi que ele era o guarda-costas do Dalai Lama, a última linha de defesa. Não havia nenhum resquício de ameaça nele. Ele irradiava um sentimento de felicidade e amor. Ao mesmo tempo, era óbvio que era inteiramente capaz, parado lá, desejando o bem a todos, com as mãos relaxadas do lado do corpo e olhos que não paravam de se mover.

Pensei sobre isso muitas vezes desde então. Para mim, ele personificava a prática com o coração aquecido. Ele tinha um trabalho a fazer, que incluía estar pronto para ser forte e assertivo se necessário. Mas não era agressivo nem hostil. Este ensinamento o descreveu bem:

> Ninguém é sábio porque fala demais.
> O sábio é tranquilo, amigável e destemido.
>
> DHAMMAPADA 19.258

Embora o despertar possa parecer focado no mundo interno do indivíduo solitário, muitos dos seus elementos mais importantes são interpessoais. Por exemplo, no caminho budista, o discurso sábio, a ação sábia e a subsistência sábia aplicam-se principalmente aos nossos relacionamentos; há um grande valor na compaixão, bondade e felicidade pelos outros; uma das suas Três Joias é a comunidade (as outras são o Buda e o darma); e o ideal Bodhisattva envolve a prática pelo bem dos outros. Eu encontrei uma ênfase semelhante no amor e serviço em outras tradições, incluindo o humanismo secular.

Assim, como podemos aquecer o coração e desenvolver compaixão e bondade, pelo nosso próprio bem e pelo bem dos outros? O mindfulness é necessário, mas não é suficiente.

Estudos de mindfulness e de meditações a ele relacionadas descobriram que eles podem alterar redes neurais por atenção, a autoconsciência e o autocontrole. Isso é ótimo, mas não fortalece diretamente partes-chave da base neural da compaixão e da bondade. Redes relacionadas, mas distintas, lidam com essas coisas. Por exemplo, experiências sociais agradáveis ativam regiões cerebrais que ajudam a produzir experiências de prazer físico. Ser generoso, colaborativo e justo pode estimular centros de recompensa neural. E a dor social — como a rejeição ou a solidão — toca as mesmas redes que sustentam a dor física.

É quando focamos na própria amorosidade que seus aspectos são mais sentidos na mente e desenvolvidos no sistema nervoso. A meditação focada na compaixão estimula partes específicas do cérebro que são associadas ao senso de conexão, emoção positiva e recompensa, incluindo o *córtex orbitofrontal* médio, que fica atrás de onde as nossas sobrancelhas se encontram. Praticantes de longa data da meditação da bondade amorosa desenvolvem reações neurológicas similares ao ver os rostos de estranhos e seus próprios rostos, com um senso crescente de "você é como eu". Eles também constroem tecido neural em partes-chave do hipocampo que sustentam os sentimentos de empatia com os outros.

Ademais, o que *não* é compassivo e gentil — como a dor, o ressentimento ou o desprezo — pode se agigantar e persistir na mente de uma pessoa. O cérebro é estruturado para ser moldado pelas nossas experiências... e em especial pelas experiências da infância... particularmente se elas foram dolorosas e envolveram outras pessoas. Os rastros perduram e podem obscurecer nossos dias. Essas mudanças físicas no nosso cérebro não são revertidas pela simples observação da mente. É necessária uma prática deliberada para nos curar e encontrar novos modos de ser com os outros.

Então vamos ver como podemos desenvolver compaixão e bondade para com os outros — e nós mesmos.

COMPAIXÃO E BONDADE

De forma muito simples, ter compaixão é desejar que os seres não sofram, e bondade é desejar que eles sejam felizes. São formas de desejo, o que levanta uma questão importante que precisaremos examinar em primeiro lugar: *o desejo é bom?*

BOA VONTADE

O Buda fez uma distinção útil entre dois tipos de desejo. Primeiro, há o desejo saudável, como tentar ser mais paciente e amoroso. Segundo, há o desejo doentio — o "desejo desmedido" mencionado no Capítulo 2 —, que causa tanto sofrimento. Por exemplo, este tipo de desejo está ativo quando fugimos ou lutamos com o que é doloroso, somos impulsionados ou ficamos dependentes do que é prazeroso ou ficamos tentando impressionar as outras pessoas.

Portanto, a questão não é o desejo por si só, mas sim:

- Nós conseguimos desejar o que é *benéfico* para nós mesmos e para os outros?
- Nós conseguimos buscar o que é benéfico usando *meios hábeis*? Por exemplo, o objetivo pode ser positivo, como ajudar uma criança a ler, mas se os pais lidam com isso gritando, o meio não é hábil.
- Nós conseguimos *ficar em paz com o que acontece*? Partes diferentes do cérebro lidam com o *gostar* — apreciar ou preferir alguma coisa — e o *querer*, no sentido de ansiar. Isso significa que é possível mirar alto e ser ambicioso sem ser consumido pela pressão e pelo impulso (mais sobre isso no próximo capítulo). É claro que pode haver decepção se um objetivo não for alcançado, mas também pode haver aceitação — e entusiasmo pela próxima oportunidade.

Este, em síntese, é o desejo saudável: buscar fins benéficos por meios hábeis enquanto se está em paz com o que quer que aconteça. Dessa forma, podemos certamente desejar o bem-estar de todos os seres — inclusive de cães e gatos, de estranhos na rua, de amigos e familiares e de nós mesmos.

UM DOCE COMPROMISSO

Uma linda expressão desse desejo saudável pode ser encontrada no Metta Sutta, citado a seguir. Estou traduzindo *metta* como "bondade", e a raiz desta palavra em páli é "amigo".

Que todos os seres sejam felizes e seguros.
Que todos os seres sejam felizes no coração!

Sem excluir ninguém, quer sejam fracos ou fortes,
visíveis ou invisíveis, próximos ou distantes, nascidos ou nascituros:
que todos os seres sejam felizes.

Que nenhum iluda o outro,
ou despreze ninguém em nenhum lugar,
ou, pelo ódio ou rancor, deseje que o outro sofra.

Como uma mãe protegeria o filho,
    seu único filho, com a sua própria vida,
também assim você deve cultivar um coração infinito
    para com todos os seres.

Você deve cultivar a bondade
para com o mundo inteiro com um coração infinito:
acima, abaixo e em todo lugar,
sem obstáculos, sem hostilidade ou ódio.

Seja em pé, andando, sentado ou deitado,
contanto que você esteja alerta,
deve estar cercado por este mindfulness.
É o que se chama de uma permanência sublime no aqui e agora.

Este é um ideal tão adorável! E um forte incentivo para continuarmos treinando e crescendo. Desenvolver cada vez mais bondade, compaixão e amor é um processo para a vida inteira.

UMA REVELAÇÃO ENOBRECEDORA

Dizem que o Buda ofereceu Quatro *Nobres* Verdades — "nobres" no sentido de excelentes e dignas. Mas a tradução mais precisa é "Verdades Daqueles Que São Nobres". Esta diferença é importante, inspiradora e relevante para nós na atualidade. De maneira radical para o seu tempo, o Buda afirmou que não é o nascimento, mas ações intencionais de pensamento, palavras e realizações que tornam uma pessoa verdadeiramente nobre. Tais são verdades dos seres nobres porque somos atraídos a elas pelo que é nobre dentro de nós. E desenvolvemos qualidades nobres adicionais por meio da prática. Assim, gosto de pensar nelas como as Quatro Verdades *Enobrecedoras*.

Neste espírito, uma forma de honrar o melhor em nós e desenvolvê-lo ainda mais é o cultivo da compaixão e da bondade. Podemos fazer isso informalmente, mesmo com pessoas que não conhecemos, articulando silenciosamente bons desejos ao passar por elas. Formalmente, podemos focar a afetuosidade como parte ou a integralidade de uma meditação. Como vimos no capítulo anterior, "repousar a mente" repetidamente sobre essas experiências — permanecer com elas por uma respiração ou mais, senti-las em nosso corpo e estar consciente do que é agradável nelas e tem significado — entrelaça gradualmente a amorosidade em nosso sistema nervoso.

Cultivar a compaixão e a bondade às vezes envolve a criação deliberada de pensamentos, sentimentos e intenções úteis. Não tem problema encorajar a nossa mente para bons propósitos — o que é um aspecto-chave da resiliência, dos relacionamentos saudáveis e da prática espiritual. E se tentar criar uma experiência for como tentar começar uma fogueira com madeira molhada, só se acomode em uma consciência simples da respiração e do momento presente — e, quem sabe, tente novamente mais tarde.

BONS DESEJOS PARA TODOS

Na tradição Theravadan, há uma meditação encantadora que oferece quatro tipos de desejos afetuosos para cinco tipos de pessoas, e sugiro que você tente a minha adaptação dela no quadro a seguir. Você também pode trazer esta abordagem para a sua vida cotidiana.

Os quatro desejos são, para os outros e para nós mesmos, estar "em *segurança, saudáveis, felizes* e em *paz*". Eles podem ser expressos como pensamentos leves, talvez no ritmo da respiração, ou simplesmente como sentimentos desprovidos de palavras e atitudes. Sinta-se à vontade para encontrar palavras que tocam o seu próprio coração, incluindo algumas específicas como "Que a sua dor amenize... que você encontre trabalho... que você fique em paz com a perda..."

Os cinco tipos de pessoas são: *benfeitor, amigo, pessoa neutra, você mesmo* e *alguém que seja desafiador para você*. Os três primeiros são geralmente simples, especialmente o benfeitor — alguém por quem é fácil sentir-se agradecido ou mostrar afeto. Compreensivelmente, a compaixão e a bondade para com pessoas que são desafiadoras para você podem ser difíceis. Pode ser útil começar com alguém que seja apenas um pouco desafiador. Depois, se quiser, você pode tentar essa prática com outras pessoas.

> Felizes de fato vivemos, amistosos em meio aos hostis.
> Em meio a pessoas hostis, nós vivemos livres de ódio.
>
> DHAMMAPADA 197

Também pode ser difícil ter bons desejos para com você mesmo. Uma maneira pode ser continuar realizando a prática enquanto se desvincula de qualquer autocriticismo. Com o tempo, a repetição das frases pode se tornar mais real para você. E, pouco a pouco, uma sinapse de cada vez, essas experiências podem ser internalizadas para desenvolver traços de aceitação e apoio de si mesmo.

Cada vez mais, no dia a dia, você pode se perceber repousando em uma sensação de gentileza e afeto... repousando em amor... amor fluindo para dentro e amor fluindo para fora... vivido pelo amor.

UMA MEDITAÇÃO EM COMPAIXÃO E BONDADE

Esteja consciente do seu corpo... ancorado aqui... consciente das sensações da respiração no seu peito... Imagine a respiração fluindo para dentro e para fora do seu coração... Você pode posicionar uma mão sobre o coração...

Tenha em mente um ou mais seres cuja proximidade faz com que você se sinta bem... um amigo, um familiar, um animal de estimação... que lhe dão valor, que gostam de você e, quem sabe, o amam... focando os bons sentimentos que você tem ao estar perto deles... Se a sua atenção passar para situações ou problemas, volte o foco ao sentimento simples de estar com aqueles que gostam de você... Aberto a esses sentimentos, recebendo-os em você...

Escolha um benfeitor, alguém que você aprecia. Tenha esse ser em seu coração e, ao mesmo tempo, tente dizer estas frases para si mesmo: "Que você esteja seguro... Que você tenha saúde... Que você seja feliz... Que você viva em paz". Esteja consciente dos sentimentos calorosos... Você pode tentar outras palavras... ou simplesmente repousar em um cuidado sem palavras, e em bons desejos...

Tente isso com um amigo, alguém de quem você gosta, talvez ame... "Que você esteja seguro... Que você tenha saúde... Que você seja feliz... Que você viva em paz". Deixe que sentimentos de compaixão e bondade preencham a sua consciência... Sinta-os espalhando-se dentro de você...

Tente isso com uma pessoa neutra, talvez um vizinho, um colega de trabalho ou um estranho com quem você cruza na rua... Encontre compaixão e bondade para com essa pessoa... "Que você esteja seguro... Que você tenha saúde... Que você seja feliz... Que você viva em paz".

Tente isso com você mesmo... "Que eu esteja seguro... Que eu tenha saúde... Que eu seja feliz... Que eu viva em paz". Se quiser, pode usar seu próprio nome, talvez imaginando que está sentado na frente de si mesmo... Você pode sentir que esses desejos calorosos se instalaram em você, como se os estivesse recebendo em si mesmo.

Tente isso com alguém que seja desafiador para você, começando com alguém que seja apenas levemente desafiador. Pode ser útil imaginar a essência dessa pessoa, debaixo das características que são desafiadoras ou, quem sabe, imaginar a pessoa quando era criança, até mesmo uma criança muito pequena. Nós podemos sentir compaixão ou desejar o bem para pessoas de quem discordamos ou que desaprovamos... Tente estes votos: "Que você esteja seguro... Que você tenha saúde... Que você seja realmente feliz... Que você viva em paz".

E então simplesmente repouse na compaixão e na bondade... uma cascata que sai de você e que não é dirigida para ninguém em particular... Repouse no afeto e na bondade... e talvez no amor... o amor mergulhando em você e você mergulhando no amor...

A ALEGRIA DA AUSÊNCIA DE CULPA

O Buda era pai, e seu filho Rahula foi praticar com ele como um jovem monge. Como explica o sutta, um dia o Buda ouviu que Rahula, que na época tinha 7 ou 8 anos, havia intencionalmente contado uma mentira. Ele conversou com o filho e disse que ele deveria sempre considerar se suas ações eram hábeis e gerariam resultados benéficos. Disse que Rahula deveria refletir sobre isso antes, durante e depois de todos os pensamentos, palavras ou realizações. Se uma ação fosse hábil e benéfica, tudo bem; caso contrário, que não o fizesse. (No filme inventado na minha cabeça, eu vejo esta cena como altamente dramática, e, para efeito cômico, imagino Robert de Niro interpretando o Buda.)

> Para conquistar... uma percepção profunda, precisamos ter uma mente que seja ao mesmo tempo calma e maleável. Atingir tal estado mental exige que primeiro desenvolvamos a habilidade de regular nosso corpo e nosso discurso de forma a não causar nenhum conflito.
>
> VENERÁVEL TENZIN PALMO

Este pilar da prática — *sila*, em páli, que é geralmente traduzido como moderação ou moralidade, e que eu tenho chamado de virtude — pode parecer só um pré-requisito de nível básico: assinale as casas e então prossiga com o "verdadeiro" despertar. Na verdade, porém, a amorosidade em ação é uma prática profundamente vital que confronta o pior e incentiva o melhor em nós. Fazer a coisa certa — mesmo quando é difícil — desenvolve mindfulness e sabedoria e traz "a alegria da ausência de culpa", saber que fizemos tudo que podíamos.

> Que eu seja afetuoso, aberto e consciente deste momento.
>
> Se não puder ser afetuoso, aberto e consciente deste momento, que eu seja gentil.
>
> Se não puder ser gentil, que eu não julgue.
>
> Se não puder deixar de julgar, que eu não faça mal.
>
> Se não puder deixar de causar mal, que eu cause o menor dano possível.
>
> LARRY YANG

No calor do momento, entretanto, isso nem sempre é fácil — especialmente se formos levados pela impulsividade ou pelo rancor. É nesse ponto que saber um pouco sobre o *complexo do nervo vago* é útil. Seus dois ramos têm origem no *tronco encefálico*, e o mais antigo dirige-se para baixo para regular as vísceras, incluindo o coração e os pulmões.

O ramo mais velho está envolvido com o sistema nervoso parassimpático, que é relaxante, restaurativo e reduz os batimentos cardíacos quando expiramos. Já o ramo de desenvolvimento mais recente entrelaça-se para cima até as orelhas, olhos e face, e é uma parte essencial do *sistema de engajamento social* do cérebro. Como se trata de dois ramos de uma única rede neural, a atividade em um afeta o outro. Isso significa, primeiro, que relaxar e acomodar o corpo pode nos ajudar a ser mais calmos e gentis uns com os outros. Em segundo lugar, sentir mais compaixão e afeto pode nos ajudar a ficar mais centrados e equilibrados e ter um controle maior de nós mesmos. Para uma prática que combina ancoragem e amorosidade, por favor, veja o quadro a seguir.

AMOROSIDADE ANCORADA

Respire profundamente algumas vezes e sinta seu corpo se acalmando... Onde quer que esteja, fique à vontade para se sentir ancorado nesse lugar. Você pode tocar a cadeira ou o chão e lembrar a si mesmo que não tem problema estar aqui. Encontre uma postura que lhe dê uma sensação de estabilidade relaxada... presença... dignidade...

Sentindo-se em paz, imagine uma linha correndo através de você a partir do centro da Terra e até o céu, de forma que você se sinta ancorado e erguido... Enquanto respira, sinta-se mais e mais ancorado.

Esteja consciente das sensações da respiração na área do coração... Encontre um único sentimento caloroso, quem sabe trazendo à mente alguém de quem você gosta... Esteja consciente desses sentimentos de afeto junto com as sensações da respiração na área do coração. Sentimentos calorosos podem incluir compaixão... amizade... felicidade... lealdade... amor... talvez irradiando para fora de si em todas as direções.

Esteja consciente de se sentir tanto ancorado quanto afetuoso... ancorado com o coração aberto... Esteja consciente de como a ancoragem permite que o amor flua livremente... e como o afeto é calmante e fortalecedor... Uma respiração depois da outra, ancorado e amoroso...

> Há aqueles que não percebem que um dia todos devemos morrer.
> Mas aqueles que percebem isso resolvem suas brigas.
>
> DHAMMAPADA 6

SEM PREJUDICAR OS OUTROS — E A NÓS MESMOS

Viver com um coração amoroso certamente inclui tentar não prejudicar os outros. Para tanto, estas regras práticas do Caminho Óctuplo têm sido úteis para mim e muitos outros:

- *O discurso sábio* é bem-intencionado, verdadeiro, benéfico, não áspero, oportuno e, idealmente, desejado.
- A *ação sábia* evita o assassinato, o roubo, a má conduta sexual e o uso de tóxicos.
- A *subsistência sábia* evita o comércio de armas, o tráfico humano, carne, tóxicos e venenos.

Não prejudicar também inclui não causar dano a *nós mesmos* — mas isso pode ser difícil de ver e é de baixa prioridade. Contudo, de todos os seres do mundo, o sofrimento de quem melhor conhecemos e mais podemos aliviar é o de nós mesmos. Você pode aplicar em si próprio a mesma clareza e força moral que adota para não prejudicar os outros. Por exemplo, podemos dizer "pare" a nós mesmos antes de beber algo de que sabemos que nos arrependeremos depois, assim como dizemos "pare" a alguém que continua nos interrompendo. Para uma prática estruturada disso, por favor, veja o quadro a seguir.

COMO PREJUDICAMOS A NÓS MESMOS

Você pode realizar esta prática na sua mente, escrevendo ou conversando com outra pessoa. Imagine sentir a mesma preocupação terna que você sentiria por um amigo querido e vulnerável consigo mesmo, e então se faça a primeira das perguntas a seguir. Após uma resposta vir até você, pergunte-se: "Se é assim, como seria parar de fazer isso, e o que mudaria como resultado?" Em seguida, passe para a próxima questão.

- *Eu tenho matado o que quer que esteja vivo em mim — como as paixões, os sentimentos, as aspirações ou a criatividade?*
- *Eu tenho permitido que outros ou meus próprios hábitos roubem tempo precioso, atenção ou energia de mim contra os meus desejos verdadeiros?*
- *Eu tenho usado a sexualidade de maneiras que me prejudicaram ou me rebaixaram?*
- *Eu tenho mentido a mim mesmo sobre qualquer coisa, por exemplo, sobre como eu realmente me sinto perto de alguém, quão gratificante o meu trabalho é na verdade ou quanto me custa viver adiando meus sonhos por mais de um mês ou um ano?*
- *Eu tenho deixado que toxinas entrem em meu corpo e na minha mente, como drogas ou álcool, as acumulações graduais de alimentos que não fazem bem ou os julgamentos desdenhosos dos outros?*

UM CORAÇÃO GENEROSO

Além da ausência do que é ruim, a amorosidade em ação envolve a presença do que é bom. Muitos princípios éticos são expressos pela negação — por exemplo, não matar —, mas também vale considerá-los em termos afirmativos. Por exemplo, podemos explorar como criar a vida plantando árvores ou protegendo as crianças, ou como substituir um tom duro pelo encorajamento e o elogio.

A generosidade é rara no reino animal, já que, na maioria das espécies, ela reduz as chances de sobrevivência individual. Mas como nossos ancestrais viveram e evoluíram em pequenos grupos, o altruísmo ajudou aqueles que dividiam os mesmos genes. E à medida que o cérebro gradualmente ficou maior — triplicando de tamanho no curso dos últimos vários milhões de anos —, nossos ancestrais tornaram-se mais capazes tanto de apreciar e recompensar a generosidade de uma pessoa, quanto de criticar e punir o parasitismo de outra. Isso promoveu ciclos positivos de evolução social e moral, cujos traços agora estão entrelaçados no nosso DNA.

> Se as pessoas conhecessem, como eu conheço, os resultados de dar e compartilhar,
> elas não comeriam sem ter doado
> nem permitiriam que a mancha da avareza
> as atormentasse e fincasse raízes nas suas mentes.
>
> ITIVUTTAKA 26

Muitas expressões de generosidade não têm relação com o dinheiro. As pessoas oferecem atenção, encorajamento e paciência muitas vezes a cada dia. Todavia, às vezes nós nos recusamos quando seria fácil, na verdade, ouvir em silêncio por mais um minuto, oferecer uma palavra de apreciação ou um mero olhar que diga: "Estou com você." Podemos escolher um relacionamento relevante e então, por um dia, ser um pouco mais generosos com aquela pessoa e ver o que acontece.

Em relação a nós mesmos, pensemos em como podemos ser mesquinhos com elogios, econômicos com o conforto, sonegadores da piedade. Por intermédio de processos de *aprendizado social* na infância, tendemos a internalizar o desprezo e o desdém pelos outros e, então, fazer o mesmo conosco. Isso é normal — e mesmo assim, ainda é triste. Para fazer uma mudança de formas específicas, podemos separar uma hora por dia exclusivamente para nós ou conscientemente desacelerar quando começarmos a nos sentir pressionados ou estressados. De maneira geral, podemos cultivar a autocompaixão.

AUTOCOMPAIXÃO

A compaixão envolve a sensibilidade ao sofrimento, a resposta de cuidado e o desejo de, se possível, ajudar. A autocompaixão simplesmente aplica tudo isso a *nós mesmos*. Estudos mostram que a autocompaixão exerce muitos benefícios, incluindo a redução do autocriticismo e o aumento da resiliência, um senso de merecimento e a vontade de experimentar coisas novas e ser ambicioso. Estender a compaixão a nós mesmos não nos tornará egocêntricos. Na verdade, o efeito é com frequência o oposto. Por exemplo, nós naturalmente tendemos a ficar preocupados conosco quando sentimos dor, principalmente se fomos feridos por outros. O bálsamo da compaixão alivia nossas feridas e perdas e acalma o acentuado sentido de self que geralmente as acompanha, como levar as coisas para o lado pessoal. Tampouco significa chafurdar na autopiedade. A autocompaixão normalmente dura apenas alguns momentos, e, então, seguimos para formas mais ativas de superação. Quando as coisas estão difíceis, nós começamos a sentir autocompaixão, mas não paramos aí.

Pode parecer fácil ter compaixão pelos outros e, contudo, difícil tê-la conosco mesmos. Nesse ponto, o senso de *humanidade comum* é muito útil: todos nós cometemos erros, todos nós nos sentimos estressados, preocupados e feridos e todos nós precisamos de compaixão. A vida quebra a todos nós, como escreve Leonard Cohen:

> Tem uma rachadura, uma rachadura em todas as coisas
> É assim que a luz entra

O AMARGO E O DOCE

A compaixão é agridoce: há o amargo do sofrimento e o doce do cuidado. Se formos dominados pelo sofrimento, incluindo o nosso próprio, será difícil sustentar o cuidado. Então tente fazer com que o doce se torne maior que o amargo na sua mente. Você pode fazer isso focando uma sensação de preocupação terna, amorosidade, lealdade e apoio no primeiro plano da consciência, ao passo que empurra a sensação do quer que seja doloroso para o lado.

Se for sequestrado pelo sofrimento e seus respectivos pensamentos e sentimentos, tente se desvincular deles por um momento. Recupere o centro com experiências simples de ancoragem, como sentir seus pés no chão ou olhar pela janela. Em seguida, encontre novamente o senso do seu próprio coração, forte e caloroso, e quando estiver pronto, retorne para a consciência do sofrimento, envolvendo-a com a compaixão.

LEITURA ADICIONAL

Aceitação radical (Tara Brach)

Born to Be Good (Dacher Keltner) [*Nascido para ser bom*, em tradução livre]

The Mindful Path to Self-Compassion (Christopher Germer) [*O caminho consciente para a autocompaixão*, em tradução livre]

Real Love (Sharon Salzberg) [*Amor verdadeiro*, em tradução livre]

Say What You Mean (Oren Jay Sofer) [*Diga o que quer dizer*, em tradução livre]

Autocompaixão: Pare de se torturar e deixe a insegurança para trás (Kristin Neff)

Você simplesmente não me entende: O difícil diálogo entre homens e mulheres (Deborah Tannen)

UMA PRÁTICA DE AUTOCOMPAIXÃO

Além de praticar a autocompaixão informalmente, você pode cultivá-la como uma característica por meio de práticas mais formais de tempos em tempos. Por exemplo, Kristin Neff e Chris Germer desenvolveram o valioso e efetivo programa da Autocompaixão Consciente. Você também pode meditar sobre a autocompaixão. Há abordagens diferentes; apresento aqui uma prática que descobri que é bastante poderosa.

> *Esteja consciente da sua respiração, encontrando um senso de calma e ancoragem... encontrando um simples senso de estar com você mesmo...*
>
> *Traga à mente o sentimento de estar com alguém que se importa com você... Fique à vontade para reconhecer o cuidado que é real, em seguida abra-se para ser cuidado... Traga à mente outros que se importam com você... Receba a sensação de ser cuidado em você...*
>
> *Traga à mente alguém por quem você se importa. Esteja consciente dos seus fardos, das suas perdas, talvez das suas injustiças... do seu estresse, dor e sofrimento... e encontre compaixão por essa pessoa... talvez com pensamentos leves como "Que você não sofra... Que você encontre trabalho... Que o seu tratamento médico corra bem..." talvez com a mão posicionada sobre o coração. Não tem problema se outros sentimentos estiverem presentes, como gentileza ou amor... Talvez traga outros seres à mente e sinta compaixão por eles... Sinta a compaixão mergulhando em você enquanto você mergulha nela...*
>
> *Sabendo como é a experiência da compaixão, aplique-a a si mesmo. Esteja consciente dos seus próprios fardos, perdas e injustiças... e do seu estresse, da dor e do sofrimento... e então encontre compaixão por si mesmo... Foque desejos bons para si mesmo e sentimentos de calor e apoio, com a sensação do sofrimento presente, mas empurrada para o lado da consciência... talvez com pensamentos leves como "Que eu não sofra", ou algo mais específico como "Que eu não me preocupe tanto... Que eu encontre um companheiro... Que eu fique em paz com essa perda"... talvez com a mão posicionada em seu coração ou na sua bochecha... Você pode ter um senso de compaixão tocando locais machucados, doloridos, feridos,*

saudosos dentro de você... a compaixão mergulhando em você... recebendo a compaixão dentro de você...

Se quiser, pode imaginar a si mesmo mais jovem, quem sabe em uma época que foi particularmente difícil para você. Esteja consciente dos desafios enfrentados por você quando era mais jovem... e de como eles pousaram em você e de como era o sentimento... E então encontre compaixão por aquele ser mais jovem, quem sabe visualizando você "lá"... enviando bons desejos, compreensão, calor e apoio... talvez com pensamentos específicos, incluindo alguns que poderiam ter sido tão bons de ouvir naquela época, como "Isso vai passar... Não é culpa sua... Você vai ficar bem". Você pode ter a sensação dessa compaixão sendo recebida em camadas mais jovens dentro de você... talvez acalmando dores antigas.

Em seguida, largue do foco no sofrimento e simplesmente repouse em uma sensação geral de calor e amorosidade... estando consciente da respiração... permitindo que as coisas se acomodem em sua mente... sentindo-se em paz...

OMITINDO NADA

Cerca de 10 mil anos atrás e até a introdução gradual da agricultura, nossos ancestrais humanos e hominídeos fabricantes de ferramentas viveram em pequenos grupos, tipicamente com vários membros. Esses grupos frequentemente competiam uns com os outros por recursos escassos. Grupos que eram melhores em cooperação e no cuidado com os "seus" — que tinham compaixão, criavam laços, língua, trabalhavam em equipe, desenvolviam confiança, altruísmo e amor — tinham uma capacidade maior de transmitir seus genes. E grupos que eram melhores que os outros em amedrontar e lutar com os "que não eram seus" — que criavam desconfiança, desdém, incentivavam o rancor e a vingança — também tinham uma capacidade maior de transmitir seus genes. Os benefícios de ambos os tipos de capacidades têm sido um dos principais impulsionadores da evolução do cérebro nos últimos milhões de anos.

DOIS LOBOS

Como consequência, parafraseando uma parábola, no coração de cada pessoa existem dois lobos, um de amor e outro de ódio, e tudo depende de qual deles alimentamos a cada dia. O lobo do ódio está em nossa natureza. Não podemos matá-lo, e odiá-lo apenas o alimenta. Além disso, ele possui características que às vezes são úteis. A raiva é energizante e expõe os maus-tratos e a injustiça. Muitas pessoas tiveram sua merecida raiva reprimida ou punida, inclusive por forças sociais sistêmicas. Precisamos abrir espaço para a raiva dentro de nós e entender por que estamos com raiva. Da mesma forma, precisamos dar espaço para a raiva dos outros e entender por que eles estão com raiva — talvez de nós.

Ainda assim, a raiva é uma força sedutora e potente. A maioria das pessoas não gosta de se sentir ansiosa, triste ou magoada, mas a onda quente de raiva pode ser boa demais: "É culpa sua... *claro* que eu fiquei bravo... você merece isso!" No cérebro, a raiva utiliza a dopamina e a norepinefrina para ser gratificante para nós. Mas outras pessoas podem estar rodando em círculos e tomando decisões com consequências duradouras. Descarregar a raiva nos outros é como lançar brasas com as próprias mãos; ambas as pessoas se queimam. A maioria dos meus erros em relacionamentos começou com a minha raiva.

No entanto, a raiva em si não é uma coisa má — a vontade de ferir, destruir e eliminar. Se a raiva é uma bandeira amarela, a animosidade é totalmente vermelha. Esse aspecto do lobo do ódio é sorrateiro e poderoso. É fácil demais se sentir ofendido e, depois, rancoroso e vingativo. Ou simplesmente deixar os outros de lado: eles não importam, é certo usá-los, não há necessidade de levá-los em consideração. Martin Buber descreveu dois tipos fundamentais de relacionamento: Eu-Tu e Eu-Isso. Quando consideramos as pessoas como um "isso" para o nosso "eu", é fácil ignorá-las, descartá-las ou explorá-las. Pense em como é ser "coisificado" pelos outros — tratado como alguém que não importa, apenas um meio para os fins dos outros. É assim que os outros se sentem quando são coisificados por nós. Ao longo da história e no mundo de hoje, seja em relacionamentos individuais ou entre grupos e nações, o potencial destrutivo do lobo do ódio é óbvio.

Não podemos remover essa parte de nós mesmos. Mas podemos ter clareza sobre as suas origens e poder, e ficar atentos à rapidez com que ele pode começar a farejar e morder os outros. E podemos contê-lo e guiá-lo ao passo que alimentamos o lobo do amor.

EXPANDINDO O CÍRCULO DOS "NOSSOS"

Tão logo fazemos uma distinção entre um grupo e outro, entramos em um círculo vicioso de favorecer "nós" e menosprezar "eles". Na verdade, o aumento da sensação de cordialidade e lealdade para "conosco", que aumenta a atividade da ocitocina no cérebro, pode gerar suspeita e hostilidade em relação a "eles". De forma extrema, o círculo de "nós" pode encolher até conter apenas um indivíduo. Por exemplo, eu trabalhei com casais em que cada pessoa ficava isolada em uma ilha separada. Por outro lado, o círculo de "nós" pode se expandir para abranger todo o mundo.

> Como a Terra nos dá comida, ar e todas as coisas de que precisamos, dedico meu coração a cuidar de todos os outros até que todos alcancem o despertar. Para o bem de todos os seres sencientes, que a bondade amorosa nasça em mim.
>
> MAUREEN CONNOR

Com prática — como na meditação da caixa a seguir —, podemos enxergar cada ser como sendo "como nós" de alguma forma: "Como eu, você sente dor; como eu, você tem esperanças; como eu, você enfrentará a morte um dia." À medida que expandimos nosso senso de correlação, as interações com outras pessoas estimularão mais atividades de recompensa neural; à medida que as interações parecerem mais gratificantes, trataremos os outros melhor. O círculo de "nós" pode incluir toda a humanidade (e, se preferirmos, toda a vida), que logo será de 8 bilhões de pessoas em um planeta em rápido aquecimento. Se um número suficiente de pessoas se sentisse assim, ainda haveria competição e conflitos. Mas não nos destruiríamos e viveríamos dessa bondade que inclui o mundo inteiro com um coração infinito, sem omitir nada.

TODOS NÓS

Tenha em mente um grupo do qual é fácil se sentir parte, como um grupo de amigos ou uma equipe de trabalho. Esteja atento ao sentimento de "nós"... a sensação em seu corpo de fazer parte de um grupo... Quando você souber como é o "nós", comece a expandir esse círculo. Comece com o que é fácil, ampliando-o para incluir benfeitores, entes queridos e amigos... expandindo ainda mais para incluir mais e mais pessoas com quem é fácil ter uma sensação de "nós".

Em seguida, continue expandindo-o para incluir aqueles que são neutros para você. Esteja atento às coisas que você tem em comum com eles... Talvez pense consigo mesmo: "Como eu, você ama seus filhos... Como eu, você precisa de água quando está com sede... Como eu, você quer viver"... Continue focando um senso simples de "nós" que inclui mais e mais pessoas.

Agora comece a incluir pessoas que são desafiadoras para você... Procure o que você tem em comum com as pessoas das quais você discorda... não gosta... às quais você se opõe... Saiba que você não está desistindo de seus pontos de vista ou renunciando aos seus direitos ao descobrir o que você tem em comum com elas... Observe que ampliar o senso de nós para incluir aqueles que são desafiadores para você pode ajudá-lo a se sentir mais calmo... e ter mais clareza sobre quaisquer ações que realizará...

Aos poucos, amplie o sentido de nós em círculos cada vez maiores... incluindo todos que estão por perto... todos dentro de muitos quilômetros... todos neste país... ampliando para incluir cada ser humano na Terra no único círculo da humanidade... nossa humanidade comum compartilhada...

Gradualmente inclua toda a vida... os animais... as plantas... o grande e o microscópico... todos os seres vivos juntos... um grande círculo único de vida... repousando na paz de todos nós...

BOA PRÁTICA

Ao começar o dia, você pode encontrar uma intenção sincera de ajudar os outros, praticando para o bem deles e para o seu. Por exemplo, você pode pensar consigo mesmo: "Hoje serei afetuoso" ou "Que a minha prática sirva aos outros" ou "Pelo bem de todos os seres, que eu esteja desperto nesta vida".

Você pode ter uma sensação de amor subjacente que é inata em você (e nos outros também). Qual é a sensação de descansar nessa bondade e carinho inatos? Quando você experimentar aspectos do amor, como a compaixão, deixe que esses sentimentos se aprofundem em você. Explore a sensação de amor fluindo de você como o calor de um fogão em um dia frio, enquanto os outros se movem através desse calor. É natural ser afetado pelos outros, mas, fundamentalmente, o seu amor é *seu*, irradiando para fora de forma independente.

Escolha uma área da sua vida, como o trabalho, ou algo mais específico, como um projeto. Faça a si mesmo estas perguntas: meus esforços estão direcionados para o que é realmente *benéfico* para mim e para os outros? Estou perseguindo esses objetivos *habilmente*? Posso ficar *em paz* com o que quer que aconteça? E, em seguida, considere as alterações que você gostaria de fazer.

Na meditação, inclua alguma prática de compaixão e bondade, evocando deliberadamente sentimentos calorosos pelos outros e focando-os como seu objeto de atenção. Você pode ler o Metta Sutta suavemente para si mesmo, talvez refletindo sobre certas palavras ou frases.

Por um dia, ou mesmo apenas uma hora, use apenas palavras sábias (isto é, bem-intencionadas, verdadeiras, benéficas, não ásperas, oportunas e, se possível, bem-vindas). Em particular, esteja atento ao tom. E se quiser, tente isso com alguém que seja um desafio para você.

Escolha pessoas que você não conhece, como pessoas na fila de uma loja, e em sua mente, reserve alguns momentos para oferecer compaixão e gentileza a elas.

Lembre-se da autocompaixão. Quando estiver sobrecarregado ou estressado, desacelere para trazer carinho e apoio para si mesmo. Faça da autocompaixão uma prioridade.

Nenhum de nós merece ser maltratado. No entanto, todos seremos. Ninguém é tão especial a ponto de escapar dos maus-tratos. Isso não significa subestimar os maus-tratos, mas vê-los de uma perspectiva mais ampla — levando-os menos para o lado pessoal e com um senso de humanidade comum com tantos outros seres que também foram maltratados. Então, quando você tomar as medidas apropriadas, pode ser útil manter tudo isso em mente.

Esteja atento a se você sente que outra pessoa é um Tu para você — ou um Isso. Se estiver considerando alguém como um Isso, tente percebê-lo como uma pessoa inteira, assim como você em aspectos importantes. E se tiver a sensação de que alguém o está "coisificando", considere como poderia responder — ao passo que permanece tranquilo, amistoso e destemido.

DESCANSANDO NA PLENITUDE

*Quando tocada pelos costumes do mundo,
uma mente inabalável, imaculada, sem tristeza e segura:
Esta é a maior proteção.*

SUTTA NIPATA 2.4

Neste capítulo, exploraremos o que eu sinto que está no cerne do despertar do próprio Buda: a libertação do desejo desmedido, em seu sentido amplo, que é a grande fonte de muito do nosso sofrimento. Do seu despertar, o Buda ofereceu um ensinamento que pode ser abordado não como quatro verdades, mas como quatro *tarefas*, para:

- compreender o sofrimento
- abandonar o desejo desmedido
- experimentar a cessação do desejo desmedido e do sofrimento
- desenvolver o caminho do despertar

Essas são oportunidades para toda uma vida de prática! Nós as encontramos ao longo deste livro e, aqui, vou me concentrar nas duas primeiras.

NO PORÃO DA MENTE

Compreender o sofrimento significa muito mais do que ter opiniões sobre ele. Significa reconhecê-lo com respeito e o coração aberto, quer ele seja sutil ou angustiante, nosso ou dos outros. Às vezes, está à vista: nossa cabeça está latejando com uma enxaqueca, estamos preocupados com a mãe no hospital ou sob a sombra familiar do cansaço ou da depressão. Mas muito do nosso sofrimento está enterrado bem no fundo, incorporado às camadas mais jovens da psique.

QUANDO VOCÊ ERA PEQUENO

Toda criança é particularmente vulnerável durante os primeiros anos. Primeiro, porque o gatilho neural primário para experiências de estresse e medo — a amígdala — está totalmente formado antes do nascimento na maioria dos bebês. Este "sinal de alarme", em nosso próprio cérebro, já estava pronto para tocar alto quando respiramos pela primeira vez. Em segundo lugar, uma parte próxima do cérebro que acalma a amígdala — o hipocampo — não se desenvolve completamente até por volta do terceiro aniversário. O hipocampo é a chave para formar *memórias episódicas* — lembranças específicas de experiências pessoais —, e o seu lento amadurecimento é o motivo pelo qual não nos lembramos dos nossos primeiros anos. Ele também sinaliza ao hipotálamo para parar de pedir mais hormônios do estresse ("já chega!"). A combinação de uma amígdala pronta para a ação e um hipocampo que precisa de anos para se desenvolver é como um golpe duplo: crianças pequenas se irritam facilmente, mas carecem de recursos internos para se acalmar e colocar os eventos em perspectiva. Em terceiro lugar, o *hemisfério direito* do cérebro teve um rápido desenvolvimento durante os primeiros dezoito meses. Isso é importante porque esse lado do cérebro tende a enfatizar a percepção de ameaças, emoções dolorosas como o medo e os *comportamentos de fuga*, como retraimento ou congelamento... que intensificam os efeitos negativos da combinação amígdala-hipocampo.

Então, como toda criança pequena, você precisava de fontes *externas* de calma, conforto e cuidado. Mas a primeira infância também é uma época em que a maioria dos pais está estressada e muitos têm pouco apoio e, algumas vezes, estão deprimidos. E os eventos de hora após hora, dia após dia dos nossos primeiros anos estavam acontecendo enquanto nosso sistema nervoso estava especialmente vulnerável e enquanto as camadas fundamentais da nossa psique estavam sendo definidas.

Os sentimentos, sensações e aspirações das nossas experiências mais jovens foram internalizados em *memórias implícitas*, mas desconectados de lembranças explícitas das situações em que ocorreram. Hoje, esse material enterrado continua vivo. E pode ser reativado pelo tipo de gatilhos que também estavam presentes naquela época, como sentir-se não ouvido, não visto ou não cuidado. No final da infância e depois, na idade adulta, algo semelhante pode ocorrer durante experiências traumáticas. Os dolorosos resíduos dos eventos podem ser apanhados nas redes da memória emocional, mas sem contexto e perspectiva. A mente consciente pode esquecer, mas como escreveu Babette Rothschild, o corpo lembra.

O sofrimento mergulha fundo. Pensar que o mindfulness e a meditação, por si sós, removerão o material enterrado pode levar ao que John Welwood chamou de *desvio espiritual* — e ao fracasso em realizar a tarefa de compreender o sofrimento, incluindo seus vestígios mais profundos. Esse material está embutido em sistemas de memória física projetados para reter seu conteúdo. Para descobri-lo e liberá-lo, é necessário um esforço concentrado que certamente se baseia no mindfulness e na autocompaixão — uma mente estável e um coração caloroso —, mas também usa meios hábeis específicos, conforme apropriado. Eles incluem diferentes tipos de psicoterapia e práticas de autoajuda; consulte a seção de notas para exemplos. Existem bons métodos para trazer a luz para o porão da mente e, se quisermos entender o sofrimento completamente, não há problema em usá-los.

ACALMANDO E SUBSTITUINDO O SOFRIMENTO

Um método que podemos explorar por conta própria é a etapa Associe no processo CURA (mais adiante), na qual você conecta experiências positivas a materiais negativos para apaziguá-los e até mesmo substituí-los. Como exemplo, você pode se concentrar na sensação de ser incluído em um grupo de amigos enquanto, posto de lado na consciência, estão os sentimentos tristes de ter sido deixado de fora quando criança. No cérebro, o positivo tende a se associar ao negativo, e essas associações acompanharão o material negativo quando ele for armazenado de volta nas redes de memória. Na verdade, por pelo menos uma hora depois que o material negativo deixa a consciência, há uma *janela de reconsolidação* durante a qual ele fica neurologicamente instável. Nessa janela, você pode interromper a "religação" do negativo em seu cérebro, voltando ocasionalmente o foco apenas para o material positivo. Usar a associação pode levar apenas alguns poucos segundos de cada vez, mas com a repetição, você pode gradualmente substituir as ervas daninhas por flores no jardim da sua mente.

O material negativo pode ser pensamentos, emoções, sensações, desejos, imagens, memórias ou uma combinação destes. Com a associação, você não estará negando ou resistindo ao material. Estará aceitando-o como ele é, ao passo que traz consolo, perspectiva, encorajamento e outras formas de apoio a ele — e a si mesmo —, como faria com um amigo que está sofrendo.

O material negativo pode vir do que está *faltando* para você como criança ou adulto e do que o vem machucando. A ausência do bem pode doer tanto quanto a presença do mal. Por exemplo, eu não fui maltratado ativamente por outras crianças na escola. Mas como um menino novo para a série, quieto e dolorosamente autoconsciente, eu me sentia excluído por meus colegas e indesejado na maior parte do tempo. Isso deixou um buraco dolorido em meu coração que gradualmente preenchi com muitas experiências — a maioria delas breves, mas ainda reais — de ser escolhido como amigo e valorizado. Em outras situações, uma pessoa pode compreensivelmente sentir-se decepcionada pelos pais ou outras pessoas que deveriam ter sido suas protetoras e aliadas. Portanto, certifique-se de incluir o que estava — ou está — faltando para você na compreensão do seu próprio sofrimento.

Para fazer a associação, comece tendo uma noção do material negativo, talvez nomeando-o para si mesmo, como "aquela lembrança do meu chefe gritando comigo" ou "essa sensação de mágoa". Em seguida, identifique algum material positivo que possa aliviá-lo e acalmá-lo — e talvez, com o tempo, substituí-lo. Por exemplo, um sentimento de força calma é um recurso para ansiedade ou desamparo; a gratidão pelo que há de bom em sua vida pode ajudar na tristeza ou na perda; e sentir-se apreciado ou querido é útil para o abandono ou para a vergonha. Na associação, o material negativo é mantido pequeno e posto de lado na consciência, enquanto o positivo é grande e está em primeiro plano. Ou a sua atenção pode mover-se rapidamente para frente e para trás entre eles. Se você for levado pelo negativo, abandone-o e concentre-se apenas no material positivo.

Ao longo do seu dia, quando já estiver experimentando algo positivo, você pode imaginar que ele o está tocando, suavizando e aliviando o material negativo ao qual está combinado. (Mais adiante, neste capítulo, você verá mais sobre quais tipos de experiências positivas combinam melhor com determinados materiais negativos.) Talvez imagine que pensamentos e sentimentos benéficos estão mergulhando nos lugares doloridos e ansiosos dentro de você. Ou imagine que suas partes sábias e amorosas estão se comunicando com as suas partes mais jovens. Você também pode criar deliberadamente experiências benéficas e associá-las a materiais negativos, como na prática do quadro abaixo.

USANDO A ETAPA DE ASSOCIAÇÃO

Antes de começar, tenha uma noção do que é o material negativo e de como o material positivo pode ajudá-lo a lidar com ele. Quando você experimentar o material positivo, não se apresse com as etapas de Ultrapassar e Reter, a fase crucial de "instalação" do aprendizado duradouro.

Quanto mais intenso ou traumático for o material negativo, mais importante é ir devagar, cuidar bem de si mesmo e buscar ajuda profissional se precisar. Minhas sugestões aqui presumem que você pode explorar o material doloroso sem ser sequestrado ou dominado por ele. Mas se isso de fato acontecer, pare a prática e simplesmente concentre-se no que o ajuda a se sentir centrado e consolado. Para saber mais sobre o processo de vincular material positivo ao negativo, por favor, consulte meu livro *O cérebro e a felicidade*.

1. **C**ultive uma experiência do material positivo. Reconheça-o se você já o estiver sentindo. Ou crie uma experiência dele, trazendo à mente momentos e lugares em que você o sentiu. Faça-o estar presente em sua mente.

2. **U**ltrapasse-o, enriquecendo-o e permanecendo com essa experiência... e sentindo-a em seu corpo.

3. **R**etenha o material positivo, intencionando e sentindo que ele está mergulhando em você como um bálsamo quente e calmante... estando consciente do que é bom nele.

4. **A**ssocie, estando ciente apenas da *ideia* do material negativo enquanto mantém o positivo grande e no primeiro plano da consciência... Em seguida, tenha um pouco mais noção do negativo, mantendo-o de lado com o positivo grande e na frente... Então veja como é colocar o positivo em contato com o negativo, como um bálsamo calmante para feridas internas. Mantenha o positivo mais proeminente e poderoso. Depois de alguns fôlegos ou mais, deixe de lado o negativo e repouse apenas no positivo.

A VIDA É SOFRIMENTO?

Um dos ensinamentos essenciais do budismo é geralmente traduzido como *Todas as coisas condicionadas estão sofrendo*. "Condicionado" é uma forma abreviada de dizer que algo existe devido a várias causas; não surgiu do nada. Por exemplo, uma cadeira de madeira é o resultado de muitos fatores, incluindo as árvores de onde ela veio e as pessoas que a fizeram. As sensações da respiração também são o resultado de muitos fatores, como os circuitos do sistema nervoso e o quão profundamente nós respiramos. Por sua vez, essas causas são condicionadas, elas mesmas, por *suas* próprias causas... em última instância, expandindo-se para o universo e voltando ao tempo.

Mas será que todas as coisas condicionadas estão sofrendo? Eu acredito que não. Se quisermos cumprir a tarefa — e aproveitar a oportunidade — de entender o sofrimento, precisamos descompactar esse ensinamento para encontrar a maneira pela qual ele é, efetivamente, verdadeiro. Então, eu gostaria de percorrer as diferentes versões que encontrei.

Tomada literalmente — "Todas as coisas condicionadas estão sofrendo" —, essa afirmação não pode ser verdadeira. *Todas* as coisas condicionadas não podem estar sofrendo. O sofrimento é uma *experiência*. Uma cadeira é uma coisa condicionada — um objeto físico — que não pode ter uma experiência e não pode ser uma experiência. Portanto, seria errado dizer: "Todas as cadeiras estão sofrendo."

Uma versão relacionada disso que ouvi é "A vida é sofrimento". Contudo, será que é? Experiências — ao menos como normalmente a palavra é usada — requerem um sistema nervoso. Plantas e micróbios não possuem sistema nervoso. Portanto, eles não podem ter experiências e não podem sofrer. Ossos, sangue e neurônios também não sofrem. Isso não é apenas semântica: o sofrimento não está "lá fora" em objetos físicos ou na vida como um todo. A maioria das coisas condicionadas *não* está sofrendo. Pode ser surpreendente e libertador reconhecer que o sofrimento é apenas uma pequena parte de tudo.

Vamos supor que o termo *coisas condicionadas* se refira apenas às nossas experiências, e não aos objetos físicos como as cadeiras. Então, uma versão dessa afirmação poderia ser "Todas as experiências humanas são sofrimento". Isso é realmente verdade?

Há momentos em que a mente está cheia de dor física, tristeza, medo, indignação, depressão ou outros tipos de sofrimento avassaladores. Eu mesmo já passei por momentos como esses, quando parece que o sofrimento é tudo que existe. Existem também inúmeras pessoas que, todos os dias, devem suportar dor, doença, perda, deficiência, pobreza, fome ou injustiça. E, em um piscar de olhos, algo pode acontecer — talvez um carro na estrada desviando de nós ou uma traição chocante de alguém em quem confiamos — que muda o resto da nossa vida. O sofrimento certamente está ao nosso redor e muitas vezes, senão sempre, dentro de nós. A compaixão nos impele a fazer o que pudermos a respeito. E ainda assim — será que *todas* as nossas experiências são sofrimento?

O sofrimento é importante porque é um tipo particular de experiência — desagradável —, e, portanto, deve haver outros tipos de experiência. O prazer de comer um pêssego suculento não é sofrimento em si. Tampouco virtude, sabedoria ou concentração. A consciência *em si* não é sofrimento. A experiência humana certamente contém medo e tristeza, mas não é só isso. Além disso, qualquer experiência, mesmo dolorosa, é altamente pixelada e contém muitos elementos, como as pinceladas individuais de uma pintura. A maioria desses elementos não está sofrendo. A vermelhidão do vermelho, o conhecimento de que uma bola é redonda... nada disso é sofrimento.

Esses pontos podem parecer meramente técnicos, mas se negligenciarmos o que *não* é sofrimento, não entenderemos verdadeiramente o que é sofrimento. E perderemos experiências e recursos que poderíamos usar tanto para aumentar a saúde e o bem-estar quanto para reduzir o sofrimento. Reconhecer o sofrimento em nós mesmos e nos outros abre o coração e motiva a prática. Mas esses bons fins não são alcançados pelo exagero.

Portanto, vamos restringir ainda mais e considerar esta afirmação: "As experiências humanas — mesmo as amorosas, belas e inspiradoras

— sempre trazem algum sofrimento." Isso parece muito mais próximo do que poderia ser verdade — mas por que os pixels do sofrimento *sempre* estariam presentes em algum lugar do filme da consciência?

Neste ponto, é útil pensar no sofrimento de uma forma mais ampla e flexível, como "aquilo que é decepcionante ou *insatisfatório*". Mas ainda precisamos aparar algumas arestas. No momento exato de uma experiência — talvez o cheiro de canela ou o reconhecimento de que um trabalho foi realizado —, o cheiro ou o reconhecimento são exatamente isso, e não são, *em si mesmos*, insatisfatórios. Alguns podem dizer que é o fim inevitável — a impermanência — de todas as experiências que as torna sempre insatisfatórias. Mas *a impermanência por si só não pode ser o problema*, já que alguns tipos de impermanência são bem-vindos; a impermanência da dor abre espaço para o prazer. E mesmo que o fim de cada momento de experiência seja uma perda, ele é compensado pelo ganho de cada novo momento que surge.

Sim, como todas as experiências são impermanentes, elas não podem ser permanente e continuamente satisfatórias. Mas isso se torna um problema *apenas quando tentamos nos agarrar a elas*. O sofrimento, o estresse ou a insatisfação não são inerentes à própria experiência ou à sua impermanência. É inerente apenas ao *apego* às experiências. É bom desacelerar para apreciar as implicações disso. Nós ainda devemos enfrentar as inescapáveis dores físicas e emocionais da vida e a inescapável transitoriedade de todas as experiências, mas não precisamos *sofrer* com elas enquanto pudermos praticar o desapego em vez de nos agarrarmos.

E como podemos fazer isso?

DOIS TIPOS DE APEGO

Existem dois tipos de apego. Primeiro, tendemos a nos agarrar ao que o Buda chamou de quatro objetos de apego:

- prazeres (que podem incluir resistir à dor).
- pontos de vista (como opiniões, crenças, expectativas).

- ritos e rituais (que, hoje, podem ser estendidos a regras e rotinas).
- o senso de self.

Por exemplo, eu sei como é querer um sorvete e, então, descobrir que o pote está vazio; ter a forte opinião de que ninguém deve tomar a última porção de sorvete sem ver se eu também quero; querer uma nova regra sobre isso em minha casa; e ficar chateado porque alguém pegou o "meu" sorvete. Esse tipo de apego é uma forma de desejo desmedido, e você pode observá-lo com o mindfulness. Como tudo mais na consciência, o desejo desmedido aumenta e diminui, avança e retrocede. Com prática, podemos ficar mais confortáveis em abrir mão ao invés de agarrar, que é um tema ao longo deste livro. Além disso, como veremos na segunda metade deste capítulo, nós *já* podemos nos sentir satisfeitos, à vontade e, portanto, menos motivados a nos agarrar a qualquer que seja o momento. Mesmo em sua forma mais intensa, o primeiro tipo de apego é apenas uma parte da consciência, não toda ela. E, com prática, esse tipo de apego é liberado gradualmente.

Mas há um segundo tipo de apego, que é inerente à própria vida. Intrinsecamente, o sistema nervoso está sempre tentando estabilizar e segmentar processos extremamente dinâmicos e interligados. Para servir à vida do corpo que habita, o sistema nervoso permanece tentando manter os padrões de ativação subjacentes a cada momento da experiência… mesmo quando eles continuam se dispersando e se transformando em outra coisa. Quando a nossa mente está quieta e estável, podemos realmente ver isso. Ele produz uma tensão sutil e contínua que é uma forma de sofrimento. Essa tensão não é a única coisa que vivenciamos, mas faz parte de tudo o que vivenciamos. Nesse sentido particular, o sofrimento é, de fato, uma característica inerente da nossa vida. Embora não possamos remover essa tensão, pois ela está ancorada em nossa biologia, podemos entendê-la, o que traz uma sensação de clareza e calma. Além disso, se pudermos aceitar essa propriedade do sistema nervoso e não resistir a ela, não acrescentamos sofrimento ao sofrimento. Esse tipo de apego é exatamente o que o cérebro faz. Nesta vida, sempre há alguma tensão em algum lugar. Mas no meio e ao redor dela pode haver muitas outras coisas, como um coração aberto, a amplidão imperturbável da consciência e a gratidão pelo bem que é real.

AS CAUSAS DO DESEJO DESMEDIDO

O primeiro tipo de apego é o desejo desmedido que causa a maior parte do nosso sofrimento. E isso levanta uma questão muito importante: o que causa nosso desejo desmedido?

> Assim como uma árvore abatida cresce novamente se as raízes estiverem ilesas e fortes, também o sofrimento brota de novo e mais uma vez até que a tendência ao desejo desmedido seja erradicada.
>
> DHAMMAPADA 338

TRÊS CAUSAS DO DESEJO DESMEDIDO

Nosso desejo vem de três fontes.

Primeiro, existem fatores *sociais*, como o vínculo baseado na insegurança e sentimentos de inadequação, solidão, inveja e ressentimento. Práticas de *relacionamento* para esses fatores incluem a compaixão, bondade e felicidade pelos outros.

Em segundo lugar, existem fatores *viscerais* baseados em um senso de necessidades não atendidas: algo está faltando, algo está errado. Em páli, a língua do budismo primitivo, a palavra para desejo desmedido é *tanha*, cuja raiz significa "sede" — que é particularmente adequada para os impulsos subjacentes a essas fontes de desejo desmedido. Você pode abordá-los por meio de práticas de *plenitude* que desenvolvem forças internas específicas para atender às suas necessidades e sentimentos gerais de suficiência e equilíbrio emocional.

Terceiro, há fatores *cognitivos*, graças aos pensamentos de que:

- algo é duradouro quando, na verdade, está mudando;
- algo será continuamente satisfatório quando, na verdade, nada pode ser continuamente satisfatório; ou
- existe um "eu" ou "mim" fixo internamente, quando na verdade não há nenhuma identidade interna fixa.

As práticas para lidar com essa fonte de desejo concentram-se no *reconhecimento* dessas formas de ignorância e confusão.

TRÊS TIPOS DE PRÁTICA

Esses três tipos de prática — por meio do relacionamento, da plenitude e do reconhecimento — são igualmente importantes, e cada uma delas dá suporte às demais. Utilizamos a constância mental para todos eles, bem como o entendimento — *vipassana* em páli —, que deve ser relacional e incorporado para ser verdadeiramente libertador.

Existe um ritmo natural no qual geralmente começamos com práticas voltadas para o relacionamento, incluindo a conduta moral e a autocompaixão. À medida que o coração se abre e se suaviza, voltamo-nos mais para práticas de plenitude que desenvolvem resiliência e equanimidade. Com essa estabilidade interna, há um crescente reconhecimento dos fatores cognitivos do sofrimento. Então, essas realizações realimentam seus relacionamentos e a sensação de plenitude em um ciclo positivo.

Nós focamos as práticas de relacionamento no capítulo anterior e, neste, estamos explorando a plenitude. Os capítulos posteriores enfatizam as práticas de reconhecimento.

As pessoas são naturalmente atraídas para um ou outro aspecto da prática, e tudo bem. Ainda assim, é útil perguntar se, nos dias de hoje, seria útil destacar outros aspectos também. Por exemplo, sem abordar totalmente as fontes sociais e viscerais do desejo desmedido, a prática de uma pessoa pode se tornar excessivamente analítica e seca, e não tão frutífera quanto poderia ser. Além disso, apenas um aspecto da prática pode predominar em alguns ambientes. Eu gosto de me perguntar: como o budismo poderia ter se desenvolvido se o seu mestre-raiz fosse uma mulher e uma mãe em vez de um homem e um pai? Ou se os chefes de família tivessem assegurado maior autoridade institucional pelos próximos 2.500 anos? Não estou dizendo que teria sido melhor, mas vale a pena considerar como poderia ter sido diferente. As verdades são verdades independentemente dos seus mensageiros, mas suas *expressões* e as *práticas* destinadas a realizá-las dependem de muitos fatores, incluindo gênero, classe e história. Há um ditado: não deixe nada de fora da sua prática. Tanto em nossa prática pessoal quanto em nossas instituições, podemos perguntar: o que — e quem — podemos estar deixando de fora?

> Qualquer êxtase sensual no mundo,
> qualquer êxtase celestial,
> não vale um décimo sexto de um décimo sexto
> do êxtase do fim do desejo desmedido.
>
> UDANA 2.2

DESEJO DESMEDIDO INCORPORADO

As raízes mais profundas do desejo desmedido estão em *estados de impulso* de base biológica que compartilhamos com outros animais, incluindo os mais simples, como macacos, ratos e lagartos. O hardware neurobiológico, que é a base desses impulsos, surgiu há centenas de milhões de anos, muito antes das capacidades desenvolvidas para erros cognitivos complexos. As causas mais fundamentais do desejo desmedido estão por trás desses erros cognitivos, tanto nas estruturas físicas do cérebro quanto no período evolutivo.

Entramos em um estado de impulso quando há uma sensação invasiva de *déficit* ou *perturbação* na satisfação de uma *necessidade* importante. Como um ser incorporado, do que você precisa?

Em termos gerais, as necessidades fundamentais de qualquer animal, incluindo nós, são *segurança, satisfação* e *conexão*. Você pode parar por um momento e refletir sobre como essas necessidades se manifestam de várias maneiras ao longo do dia. O cérebro atende a essas necessidades por meio de sistemas regulatórios e motivacionais que, respectivamente, *evitam* danos, *aproximam-se* de recompensas e se *apegam* aos outros. Em ordem, esses sistemas estão vagamente relacionados ao nosso *tronco cerebral reptiliano, subcórtex mamífero e neocórtex primata/humano*. Por exemplo, se você sentir a necessidade de se conectar com um amigo após um mal-entendido, poderá recorrer às capacidades de empatia e linguagem do neocórtex para se ligar a essa pessoa de maneiras que lhe sejam boas.

Nossas necessidades são normais, e os sistemas neuropsicológicos que tentam atendê-las são necessários. O despertar não é o fim das necessidades nem pode mudar a estrutura básica do cérebro. A questão é: podemos atender às nossas necessidades com sabedoria — e sem o desejo desmedido e o sofrimento que ele causa? Para responder a essa pergunta, seria útil saber algo sobre nosso hardware neural.

UM EQUILÍBRIO SAUDÁVEL

Três grandes redes em seu cérebro ajudam a mantê-lo equilibrado em meio às ondas da vida. Primeiro, a *rede de saliência* destaca informações necessariamente relevantes. (Consulte a seção de notas para as partes principais de cada uma dessas redes.) Em segundo lugar, a *rede de modo padrão* está ativa quando estamos sonhando acordados ou ruminando, pensando no futuro ou no passado ou preocupados conosco mesmos. Em terceiro lugar, a *rede de controle executivo* está envolvida na solução de problemas e na tomada de decisões.

Essas três redes trabalham juntas e se influenciam mutuamente. Para resumir e simplificar: quando a rede de saliência sinaliza algo importante, ela diz à rede de modo padrão para sair do mundo da lua, ao passo que incita a rede de controle executivo para começar a descobrir o que fazer.

TONS HEDÔNICOS

Para avaliar desafios e oportunidades relacionados a cada uma das nossas necessidades, essas redes rastreiam os *tons hedônicos* das nossas experiências. A sensação de algo *desagradável* evidencia a necessidade de segurança, e a sensação de algo *agradável* evidencia a necessidade de satisfação. Juntamente com um terceiro tom hedônico, o *neutro*, esse sumário da vida humana resumindo-se a nada mais do que evitar a dor e aproximar-se do prazer é encontrado tanto nos antigos ensinamentos do Buda quanto na psicologia moderna.

Mas nossas vidas resumem-se a isso? E quanto à nossa necessidade de conexão, atendida por meio da vinculação aos outros? Na prática, nossos relacionamentos têm muito mais do que apenas o que parece desagradável, agradável ou neutro. E neles, somos motivados por muito mais do que apenas evitar a dor, buscar o prazer e ignorar o que não é uma coisa nem outra. Sentimentos calorosos de conexão aumentam a atividade da ocitocina em nosso cérebro, e as liberações desse neuroquímico têm uma poderosa influência sobre a base neural da dor e do prazer. Além disso, enquanto viviam em pequenos grupos ao longo dos últimos milhões de anos, nossos ancestrais desenvolveram um neocórtex muito maior para atender com mais eficácia à sua necessidade de conexão. Hoje, recorremos rotineiramente a aspectos do "cérebro social" para exercer controle deliberado sobre sistemas mais antigos de dor e prazer embutidos no tronco cerebral e no subcórtex.

Se a necessidade de conexão é significativamente distinta das necessidades de segurança e satisfação, e se o apego é significativamente distinto de evitar e aproximar-se, então seria uma questão de adaptação biológica um quarto tom hedônico evoluir significativamente distinto de desagradável, agradável e neutro. Acredito que isso esteja, de fato, ocorrendo, principalmente no cérebro da espécie mais social de todas: os seres humanos. Vamos chamar esse sentido das coisas de *relacional*. Você pode observá-lo em sua própria experiência. Enquanto estiver com outra pessoa, observe primeiro o que parece neutro: nem desagradável, nem agradável; talvez simplesmente um fato neutro sobre a pessoa, como ela ter um cotovelo. Então observe o que é desagradável e do que você deseja se afastar... observe o que é agradável e do que você deseja se aproximar... e então observe o que não é especificamente desagradável ou agradável, mas é uma sensação de *estar em um relacionamento*. Esse quarto tom hedônico pode ser sutil, devido ao seu surgimento possivelmente recente na evolução, mas você pode estar atento a ele e reconhecer seu papel em ressaltar a sua necessidade de conexão.

GERENCIANDO NECESSIDADES ATRAVÉS DO DESEJO DESMEDIDO

Quando há uma sensação invasiva de necessidade insuficientemente atendida, o cérebro inicia uma reação neuro-hormonal de estresse. A amígdala sinaliza o sistema nervoso simpático para se preparar para fugir ou lutar ou o sistema parassimpático para congelar. Simultaneamente, ela diz ao hipotálamo para solicitar os hormônios do estresse, como a adrenalina, o cortisol e a norepinefrina. No corpo, projetos de longo prazo, como o fortalecimento do sistema imunológico, são suspensos. Ao mesmo tempo, os sistemas cardiovascular, gastrointestinal e endócrino são abalados. Na mente, dependendo do que foi desafiado — a segurança, a satisfação ou a conexão —, pode haver uma sensação de medo, frustração ou mágoa.

Em poucas palavras, esse é o seu cérebro no desejo desmedido, um resumo neuropsicológico da Segunda Nobre Verdade. Versões mais suaves disso permeiam a experiência cotidiana, mas ainda com o desejo desmedido em seu núcleo. Eu chamo isso de modo *reativo*, ou Zona Vermelha. É certamente uma maneira de gerenciar os desafios às necessidades. No projeto biológico da Mãe Natureza, ele é projetado para ser uma breve explosão de atividade que termina rapidamente... de uma forma ou de outra. Mas nossos modos de vida modernos — e nossas capacidades neurologicamente avançadas de lamentar o passado e nos preocupar com o futuro — rotineiramente nos levam a um estresse de leve a moderado. A vida na Zona Vermelha esgota e abala ainda mais o corpo e a mente, causando um senso ainda mais de déficit e perturbação, alimentando ainda mais o desejo desmedido em um círculo vicioso.

ADMINISTRANDO NECESSIDADES
SEM O DESEJO DESMEDIDO

Mas essa não é a única maneira de atender às nossas necessidades. Muitos atos de pensamento, palavra ou ação — como apreciar uma vista, murmurar com simpatia para um amigo ou pegar um garfo —, na verdade, não envolvem nenhuma experiência de desejo desmedido. Pode haver desejo desmedido em outro lugar da mente, no momento, mas não em relação ao ato em si. É muito útil observar isso em sua experiência e saber como é o desejo não desmedido.

Além disso, quando você sentir que tem *recursos* suficientes para atender às suas necessidades, não precisará entrar na Zona Vermelha para lidar com elas. Por exemplo, enquanto escalava uma rocha, estive centenas de metros acima do solo, segurando-me em apoios da largura de um lápis — e me divertindo muito. A necessidade de segurança foi definitivamente desafiada, mas também havia um senso de capacidade e confiança na corda e em meu parceiro. Da mesma forma, você pode perseguir grandes objetivos com obstáculos à satisfação e, ao mesmo tempo, sentir-se confiante e grato. Nos relacionamentos, você pode lidar com o conflito valendo-se de habilidades interpessoais e de um senso de valor próprio. *O ponto crucial não é se uma necessidade é desafiada, mas se você sente que tem recursos suficientes para atendê-la.* Recursos externos, como bons amigos, também são importantes para atender às suas necessidades, mas o que existe no mundo nem sempre é confiável. As forças dentro de você o acompanham aonde quer que vá.

De forma mais elementar, os desafios podem atingir um senso subjacente de necessidades *já* suficientemente atendidas: um sentimento de plenitude e equilíbrio no âmago do seu ser. Então seu corpo é mais capaz de se proteger, reparar-se e se reabastecer. Enquanto isso, há um sentimento geral na mente de paz, contentamento e amor relacionado às necessidades de segurança, satisfação e conexão. Medo e raiva, desapontamento e compulsão, mágoa e ressentimento ainda podem surgir na consciência, mas eles não precisam "invadir a mente e permanecer", como o Buda descreveu durante sua própria preparação para o despertar.

Eu chamo isso de modo *responsivo* ou Zona Verde. Nele, há pouca ou nenhuma base visceral para o desejo desmedido. Velhos hábitos de desejo desmedido podem permanecer, mas seu combustível subjacente foi drasticamente reduzido. Este é o estado de repouso — a base — do seu corpo, cérebro e mente. Não é o fim completo do sofrimento na Terceira Nobre Verdade, mas certamente é um forte alicerce para isso. E é a base biológica e psicológica para o bem-estar resiliente.

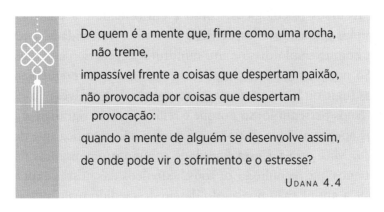

> De quem é a mente que, firme como uma rocha, não treme,
> impassível frente a coisas que despertam paixão,
> não provocada por coisas que despertam provocação:
> quando a mente de alguém se desenvolve assim, de onde pode vir o sofrimento e o estresse?
>
> Udana 4.4

VIVENDO NA ZONA VERDE

Desenvolver recursos internos é como aprofundar a quilha de um veleiro para que sejamos mais capazes de lidar com os ventos mundanos — ganho e perda, prazer e dor, louvor e crítica, fama e calúnia — sem tombar no modo reativo — ou, pelo menos, de modo que possamos nos recuperar mais rapidamente. Com uma confiança cada vez maior nessas capacidades, nós nos sentimos mais à vontade para elevar nossos objetivos na vida e navegar ainda mais longe nesse mar azul-escuro e profundo.

Para usar uma metáfora do Buda, todos nós enfrentamos um desconforto físico e emocional inescapável: as "primeiras flechas" da vida. Talvez você tenha tropeçado em uma mesa ou se sentido frustrado enquanto está preso no trânsito. Mas você não precisa de "flechas adicionais", como chutar a mesa ou tocar a buzina do carro (coisas que eu já fiz).

À medida que construímos os substratos neurais do modo responsivo, nosso bem-estar torna-se cada vez mais incondicional e menos baseado em condições externas. E o desenvolvimento da virtude, concentração e sabedoria se torna mais fácil à medida que o fogo do desejo recebe menos combustível.

DESENVOLVIMENTO DOS PONTOS FORTES EM GERAL

Alguns recursos psicológicos, como a curiosidade e a paciência, têm usos amplos que não são específicos para uma necessidade determinada. Um bom exemplo disso é um mindfulness genérico aos tons hedônicos. Só porque algo é desagradável não significa *inerentemente* que devemos fugir ou lutar contra isso; só porque é agradável não significa que devemos persegui-lo; só porque é relacional não significa que devemos nos apegar a ele; e só porque é neutro não significa que devemos ignorá-lo. Mas para ter essa liberdade enquanto repousamos na Zona Verde, temos que reconhecer os tons hedônicos das nossas experiências antes que a antiga maquinaria do desejo desmedido reaja a eles. Então há um espaço entre nós e a dor, o prazer, o relacionamento e a suavidade, e nesse espaço está a liberdade de *escolher* a nossa resposta. Esse rastreamento em tempo real dos tons hedônicos é tão útil que o Buda o transformou em uma das quatro partes de seu resumo fundamental da prática, os Fundamentos do Mindfulness, ou da Atenção Plena.

Podemos decidir experimentar o tom hedônico como ele é, por simplesmente estar com ele. Gostar disso, não gostar daquilo, sentir-se conectado a isso, sentir-se indiferente a respeito daquilo: tudo isso pode simplesmente fluir através da consciência. Por exemplo, seu joelho pode doer durante uma meditação sentada. Em vez de se mover, você pode observar a dor com atenção. Simplesmente rotular as experiências para si mesmo — como "dor... preocupação... latejante" — pode aumentar a atividade em seu córtex pré-frontal enquanto acalma a amígdala, ajudando-o a ter mais autocontrole e menos sofrimento. Ou você pode optar por agir, mas sem qualquer sensação de pressão ou desconforto: depois de perceber a dor no joelho, você pode se mover um pouco para aliviá-la ou fazer meditação andando em vez de sentado.

DESENVOLVENDO PONTOS FORTES COMPATÍVEIS COM AS NECESSIDADES

Para desenvolver recursos específicos para necessidades específicas, considere estas questões:

1. Qual necessidade é desafiada?

Você pode trabalhar de trás para frente, a partir do que está sentindo, para identificar as necessidades subjacentes em questão:

- A dor ou a ameaça indicam um desafio à *segurança*, muitas vezes sinalizado, também, por um sentimento de medo, raiva ou desamparo.
- Perdas e obstáculos indicam um desafio à *satisfação*, que também pode ser sinalizado por um sentimento de desapontamento, frustração, tédio, compulsão ou vício.
- Separações, conflitos e rejeições sinalizam um desafio à *conexão*, também indicado por um sentimento de solidão, abandono, insegurança, inveja, ressentimento, vingança ou vergonha.

2. Que recurso interno ajudaria com essa necessidade?

É muito útil identificar um ou mais recursos que sejam compatíveis com a necessidade:

- Relaxamento, perceber que você está basicamente bem quando estiver, sentir-se protegido e uma sensação de calma e força são recursos essenciais para a *segurança*.
- Gratidão, alegria, prazer saudável e sensação de dever cumprido ajudam na *satisfação*.
- Sentir-se incluído, visto, apreciado, querido e estimado são recursos para *conexão*; recursos adicionais incluem compaixão, gentileza, habilidades de assertividade e senso de valor. No sentido mais amplo, esses são aspectos do amor.

♦ E não importa o que aconteça, *o amor é o remédio universal*. Esse recurso nos ajuda a nos sentirmos mais seguros, mais satisfeitos e mais conectados — destacadamente, quer esteja fluindo para dentro ou para fora. Portanto, se tudo mais falhar ou se você não souber para onde ir ou por onde começar, comece com o amor.

3. Como você pode experimentar esse recurso?

Este é o primeiro passo para mudar o cérebro para melhor (resumido no processo CURA, na página 87). Devemos sentir o que queremos desenvolver. Observe todas as vezes que você já tem uma noção desse recurso ou de fatores relacionados. E pense em como você poderia criar tais experiências. Fique atento a qualquer tendência para ignorar, minimizar ou afastar seu senso desse recurso. Em vez disso, pense nessas experiências como nutrientes preciosos para sua mente.

4. Como você pode absorver essas experiências?

Este é o segundo e *necessário* passo de qualquer cura e crescimento duradouros. Mas é aquele que tendemos a esquecer. Portanto, mantenha esses neurônios disparando juntos para que tenham mais chance de se conectar. Permaneça com a experiência por um fôlego ou mais, sinta-a em seu corpo e sinta o que é gratificante nela. Você a está recebendo em si mesmo, sem se apegar a ela.

Essas duas etapas são tão simples e diretas que é fácil subestimá-las. Mas elas constituem o processo fundamental de aumentar as forças internas que o ajudarão a atender às suas necessidades com menos desejo desmedido e menos sofrimento. As características positivas que você desenvolver promoverão estados positivos, os quais poderá usar para reforçar suas qualidades — tudo em uma espiral ascendente.

LEITURA ADICIONAL

Awakening Joy (James Baraz) [*A alegria do despertar*, em tradução livre]

The Craving Mind (Judson Brewer) [*A mente desejosa*, em tradução livre]

O cérebro e a felicidade (Rick Hanson)

Nas palavras do Buda (Bhikkhu Bodhi)

There Is Nothing to Fix (Suzanne Jones) [*Não há nada para consertar*, em tradução livre]

Trauma-Sensitive Mindfulness (David A. Treleaven) [*Mindfulness sensível ao trauma*, em tradução livre]

Unlocking the Emotional Brain (Bruce Ecker et al.) [*Desbloqueando o cérebro emocional*, em tradução livre]

Quando tudo se desfaz (Pema Chödrön)

Por que as zebras não têm úlceras? (Robert Sapolsky)

SENTIR-SE SATISFEITO DESDE JÁ

Além de cultivar recursos específicos, você pode ter experiências em que as suas necessidades sejam atendidas, com uma sensação ampla de paz, contentamento e amor. Por causa do nosso tronco cerebral reptiliano, subcórtex mamífero e neocórtex primata/humano, eu penso nessa prática, brincando, como "acariciar o lagarto, alimentar o rato e abraçar o macaco". Quando você faz isso repetidamente, desenvolve uma sensação subjacente de suficiência — não uma perfeição, mas uma suficiência — de necessidades já atendidas, uma sensação de plenitude e equilíbrio já integrada ao corpo, ao núcleo visceral do seu ser. Para mim, parece meio mágico: por meio da internalização de experiências de necessidades atendidas, você se torna mais capaz de atender às suas necessidades com menos senso de desejo desmedido.

> Não há desgraça maior do que o descontentamento.
> Não há culpa maior do que o desejo de conseguir.
> Portanto, aquele que sabe quando basta,
> sempre tem o suficiente.
> (De fato! De fato!)
>
> Tao Te Ching

Sentir que suas necessidades são atendidas *o suficiente* geralmente traz algumas emoções positivas, cujos correlatos neurais podem ter efeitos muito positivos. Por exemplo, experiências de contentamento diminuem o estresse ao ativar o sistema nervoso parassimpático e diminuir a atividade do sistema nervoso simpático de lutar ou fugir. Sentir-se satisfeito também envolve *opioides naturais* que podem reduzir a dor, trazê-lo para o momento de prazer em vez de desejar desmedidamente um prazer futuro e ajudá-lo a se conectar com outras pessoas e suportar se separar delas. E pense no que está acontecendo em seu cérebro quando você se sente amado ou amoroso. A atividade da ocitocina aumenta, o que traz benefícios bem conhecidos para o vínculo com outras pessoas. Além disso, sua atividade intensificada parece calmante e reconfortante, diminuindo a ansiedade enquanto promove a abertura, a criatividade e a busca de oportunidades.

Portanto, procure esses pequenos caminhos, no fluxo da vida, para se sentir um pouco mais relaxado, protegido, forte e à vontade... e um pouco mais grato, feliz e bem-sucedido... e um pouco mais bem-cuidado e carinhoso e um pouco mais amado e amoroso. Um fôlego de cada vez, uma sinapse de cada vez, você pode gradualmente desenvolver um núcleo cada vez mais inabalável dentro de si. Quanto mais frequente e profundamente você fizer isso, maiores serão os resultados. Para uma prática formal disso, experimente a meditação que conclui este capítulo.

PAZ, CONTENTAMENTO E AMOR

Oferecerei uma variedade de sugestões para essa prática, mas, por favor, descubra o que funciona para você e, por fim, repouse sem palavras em um sentimento de paz, contentamento e amor. Tome essas experiências como seu objeto de meditação, absorvendo-as em si mesmo à medida que se absorve nelas. Você está repousando sua mente sobre o que atrai seu coração, permitindo-se voltar para sua verdadeira natureza.

Ao fazer essa prática, esteja atento aos avanços e retrocessos no senso de desejo desmedido, incluindo formas sutis de impulsividade, insistência ou pressão. Reconheça que o desejo tem a mesma natureza de tudo o mais na mente: mudando, feito de partes que vão e vêm devido a várias causas. Permita-se libertar de qualquer desejo e deixe-o desaparecer.

A MEDITAÇÃO

Entre neste momento... neste corpo... neste fôlego.

Paz: *Note que você está basicamente bem agora, que há ar suficiente para respirar, que você está basicamente bem... Permita-se sentir tão seguro quanto realmente está... Saiba que pode permanecer ciente de ameaças potenciais ao mesmo tempo que repousa em uma sensação de calma, força e tranquilidade... Liberando inquietação, preocupação... sentindo-se mais tranquilo... liberando a vigilância, a defesa, as muletas... Consciente de que qualquer desejo desmedido relacionado à segurança está desaparecendo... Abrindo-se para uma sensação de paz.*

Contentamento: *Lembre-se de uma ou mais coisas pelas quais você se sente grato... pessoas e lugares que aprecia... coisas que o fazem feliz... Já explorando a sensação de suficiência... Liberando a decepção... liberando a frustração... Reconheça que você pode perseguir objetivos sem ficar tenso... deixando de lado qualquer pressão ou impulsividade... Consciente de que qualquer desejo desmedido* *relacionado à satisfação está desaparecendo... Abrindo-se para uma sensação de contentamento.*

Amor: *Lembre-se de um ou mais seres de quem você gosta... que se preocupam com você... abrindo-se para sentir carinho, com compaixão, bondade ou amor pelos outros... abrindo-se para se sentir cuidado... calor e amor fluindo para dentro e para fora... Sabendo que você ainda pode buscar o amor enquanto sente uma plenitude de amor dentro de você... Abandonando qualquer sentimento de mágoa... ressentimento... inadequação... cada vez mais substituídos pelo repouso no amor... Liberando qualquer apego aos outros... deixando de lado qualquer sensação de necessidade de impressionar os outros... Consciente de qualquer desejo desmedido relacionado ao desaparecimento da conexão... Abrindo-se para um sentimento de amor.*

Voltando para casa: *Encontre um senso geral integrado de necessidades já atendidas... uma sensação geral de paz, contentamento e amor juntos... Permanecendo à vontade... recebendo o momento seguinte e, ao mesmo tempo, já se sentindo preenchido... Atento a qualquer desejo desmedido como sendo desnecessário... qualquer senso de desejo desmedido dispersando-se como nuvens finas sob a luz do Sol... desaparecendo... Você continua à vontade...*

BOA PRÁTICA

Escolha uma pessoa — pode ser um estranho passando na rua, alguém próximo a você ou até você mesmo — e esteja ciente de um pouco do que é doloroso, estressante, decepcionante, irritante ou prejudicial para essa pessoa — em outras palavras, seu sofrimento. Em seguida, escolha outra pessoa e assim por diante. Trata-se simplesmente de entender o sofrimento de uma forma sincera, não de ser oprimido por ele ou tentar consertá-lo.

Estabeleça uma sensação de força calma e de compaixão por si mesmo. A seguir, reflita sobre a vida que teve, especialmente na infância, e considere o que ainda pode ser suprimido ou minimizado, lá embaixo, no porão de sua mente. Considere também como você pode permitir que tudo o que afastou flua mais livremente na sua experiência. O que poderia ajudá-lo a fazer isso e quais seriam os benefícios?

Tente realizar uma ação simples, como pegar um copo, e observe essa experiência para ver o que *há* nela... e que *não* é sofrimento.

Quando sua mente estiver bem quieta, tente reconhecer nela um esforço contínuo e sutil para se agarrar ao que é passageiro.

Por um período — um minuto, uma hora, um dia —, observe o que é desagradável em suas experiências. Então observe o que é agradável. E então o que é relacional. Você também pode ter consciência daquilo que é neutro. Além disso, observe o que acontece *depois* que o tom hedônico surge na consciência. Você consegue estar com esse tom hedônico, ao mesmo tempo que executa algum tipo de ação hábil, sem ser atraído por alguma forma de desejo desmedido? Em outras palavras, você pode permanecer aberto à sua experiência e, ao mesmo tempo, *não* resistir ao que é desagradável, agarrar-se ao que é agradável e se apegar ao que é relacional? Se o desejo desmedido surgir, pode liberá-lo?

Identifique um recurso-chave psicológico que você gostaria de cultivar, como autocompaixão, senso de valor ou paciência. Em seguida, procure deliberadamente oportunidades para experimentar esse recurso; e quando estiver experimentando, desacelere para recebê-lo profundamente em si mesmo.

Todos os dias, reserve pelo menos alguns minutos para repousar em uma genuína sensação de paz... contentamento... e amor.

Parte Três

VIVENDO EM TODAS AS COISAS

SENDO A COMPLETUDE

*Flores na primavera, Lua no outono,
vento fresco no verão, neve no inverno.
Se não inventar nada na sua cabeça,
para você será uma boa estação.*
WUMEN HUIKAI

Na nossa exploração das sete práticas, passamos das três primeiras — estabilizar a mente, aquecer o coração e repousar em plenitude — para explorar quatro aspectos cada vez mais radicais do despertar. Embora essas próximas práticas — ser a completude, receber o agora, abrir-se para a totalidade e encontrar a atemporalidade — possam parecer fora de alcance, na verdade cada uma delas é perfeitamente acessível com algum foco e esforço. Por exemplo, o que chamo de "completude" inclui ruminar menos sobre preocupações e ressentimentos, aceitar-se plenamente e sentir-se completo como pessoa; esses benefícios são práticos e estão disponíveis para cada um de nós. No espírito de encorajamento do Buda, para ir o mais longe possível nesta vida em seu próprio caminho de despertar, vamos dar uma volta e ver o que acontece!

O TEATRO INTERNO

Alguns anos atrás, um dos meus vizinhos trabalhou na indústria cinematográfica fazendo efeitos especiais. Ele me mostrou um breve clipe de um de seus projetos, de uma baleia nadando debaixo d'água, e mencionou que os poderosos computadores de sua empresa trabalharam durante toda a noite para renderizar aquela bela cena. Pareceu-me notável que seu equipamento levasse muitas horas para criar alguns segundos de imagens que o cérebro poderia produzir a qualquer momento no teatro da imaginação.

O conjunto de circuitos desse teatro interno foi uma das principais evoluções do cérebro nos últimos milhões de anos. É uma capacidade extraordinária que ajudou nossos ancestrais a sobreviver e que, hoje, ajuda e enriquece nossa vida. Mas ele tem algumas desvantagens, e é importante aprender a usá-lo com sabedoria e não deixar que ele nos use.

REDES CORTICAIS DA LINHA MEDIANA

Imagine traçar um dedo do topo de sua testa ao longo do meio de seu crânio e de volta para onde ele começa a se curvar para baixo. As redes neurais abaixo do seu dedo, que correm ao longo da linha média das regiões superiores do seu cérebro, são vagamente divididas em duas seções:

- a rede na frente, que está envolvida na resolução de problemas, execução de tarefas e elaboração de planos.
- a rede de modo padrão (mencionada no capítulo anterior), que fica para trás e se espalha para ambos os lados, e que está envolvida com ruminação, devaneio e atenção errática.

Essas duas redes neurais estão envolvidas com *viagens mentais no tempo* e um forte senso de self. Nós as utilizamos para o que chamamos de *previsão afetiva*; *afetivo* é um termo psicológico que significa "relativo a humores, sentimentos e atitudes". Essa previsão envolve imaginar e avaliar diferentes cenários, como considerar como seria conversar com alguém de uma determinada maneira ou simplesmente se perguntar: "O que seria bom para o jantar hoje à noite?"

Faça uma pausa e pense em quanto tempo você gasta nas atividades mentais que se baseiam nessas redes neurais da linha mediana. Para a maioria de nós, é muito. Na prática, somos apanhados todos os dias em muitos minifilmes nos quais existe uma espécie de "eu" observando várias situações, pessoas, eventos... e muitas vezes um "eu" em relação a quem as coisas estão acontecendo... com muitos pensamentos e sentimentos sobre o espetáculo.

A evolução dessas redes intermediárias ajudou nossos ancestrais humanos e hominídeos a aprender melhor com o passado e a planejar o futuro. O modo padrão do cérebro parece ajudá-lo a se organizar — e às vezes só precisamos de uma pausa para sonharmos acordados, o que pode revelar conexões criativas e possibilidades otimistas. Esses recursos trouxeram muitos benefícios. Ainda assim, eles vêm com um preço.

Por exemplo, as redes da linha mediana possibilitam o pensamento autorreferencial depressivo: "Eu continuo fazendo besteira. Por que sou tão estúpido/feio/mal-amado?" E quando o modo padrão é ativado, sua mente pode vagar por todo o lugar. Estudos de pessoas aleatoriamente rastreadas em seus telefones celulares durante o dia indicam que a pessoa média divaga cerca de metade do tempo. Quanto mais a mente de uma pessoa divaga, mais ela tende a se inclinar negativamente em direção à ansiedade, ressentimento, arrependimento e autocrítica.

REDES CORTICAIS LATERAIS

Quando você muda para outro tipo de experiência — simplesmente estando presente no momento como ele é, sem julgar e avaliar, e com um senso de self menor —, a atividade nos córtices da linha mediana diminui, enquanto aumenta a atividade nas redes *laterais*, que ficam nas laterais da nossa cabeça. Essa mudança lateral inclui maior ativação da ínsula, que dá suporte à *interocepção*, o sentido das sensações internas do corpo e os "instintos".

Essas redes são ativadas principalmente em um lado do cérebro. Para uma pessoa destra, o lado esquerdo do cérebro é especializado no processamento sequencial — fazer as coisas passo a passo, parte por parte — e, portanto, em aspectos importantes da linguagem. Enquanto isso, o lado direito do cérebro é especializado no processamento holístico e *gestáltico* — tomando as coisas como um todo — e, desta forma, na imaginação e no raciocínio visual-espacial. Como consequência, as redes laterais da consciência do momento presente — com um maior senso de experiência como um todo — são mais ativas no lado do cérebro que realiza o processamento holístico, o lado direito para a maioria das pessoas. (Isso é alterado para muitos canhotos, mas a ideia geral é a mesma.)

Exploraremos maneiras de estimular e fortalecer as redes laterais para promover um maior senso de totalidade. Mas, primeiro, vamos considerar uma maneira fundamental pela qual as redes da linha mediana promovem uma sensação de fragmentação e sofrimento — e o que podemos fazer a respeito.

SENTINDO-SE DIVIDIDO

Quando nossa mente está focada em resolver problemas ou está divagando, a atenção continua mudando de uma coisa para outra. Por exemplo, suponha que enxergamos um biscoito. A imagem dele agora faz "parte" da nossa consciência. Em seguida, há o desejo de comer o biscoito — "*Eu quero biscoito!*" — que agora é uma segunda parte da consciência. Depois, vem o pensamento "*Ah, não, biscoitos têm glúten e calorias, não posso*" — e uma terceira parte agora está na mente. Mas então outra parte fala: "*Você trabalhou duro. Você merece esse biscoito. Está tudo bem...*" Partes que interagem com outras partes, muitas vezes em conflito umas com as outras. Esta é a *estrutura* da maior parte do nosso sofrimento: partes da mente lutando com outras partes. Pense em algo que o incomodou recentemente e considere algumas das partes dessa experiência e como elas se empurram e se puxam uma contra a outra. Por outro lado, à medida que aumenta a sensação de totalidade, essa divisão interna diminui e o sofrimento também diminui.

Nessa maneira comum de experimentar a nós mesmos — partes e mais partes —, é muito fácil afastar as partes que parecem vulneráveis, embaraçosas, "ruins" ou dolorosas. É como se a mente fosse uma casa grande com muitos cômodos, e alguns deles estão trancados por medo do que há dentro deles. Por mais compreensível que seja, isso gera problemas. Entorpecemo-nos para manter as portas trancadas. Mas quanto mais repressão, menos vitalidade e paixão. Quanto mais partes exilamos, menos nos conhecemos. Quanto mais nos escondemos, mais tememos ser descobertos.

Pessoalmente, quando cheguei à faculdade, parecia que a maioria dos cômodos da minha mente estavam fechados com tábuas. Ao longo dos anos, tive que trabalhar para me aceitar — *tudo* de mim, cada pedacinho, as partes assustadas, as partes raivosas, as partes inseguras. Por meio da prática do que Tara Brach chama de *aceitação radical* — incluindo aceitar *a si mesmo* —, você pode recuperar cada espaço em sua mente enquanto ainda age de maneira adequada. Na verdade, é abrindo essas salas que você pode administrar melhor o que quer que elas contenham. É como recorrer a duas das ferramentas tradicionais de cura de um médico: luz e ar. Para uma prática disso, consulte o quadro. Aceitar-se o ajudará a se sentir completo, e sentir-se completo o ajudará a se aceitar.

ACEITANDO-SE

Aceitar significa reconhecer que algo existe como um fato, quer você goste ou não, com um sentimento de abrandamento e entrega a essa realidade. Enquanto isso, você ainda pode se esforçar para mudar as coisas para melhor.

Escolha algo agradável, como uma xícara de que goste, e explore a sensação de aceitá-la. Faça o mesmo com algo que seja neutro para você, como um pedaço de carpete bege, e aceite. Em seguida, escolha algo levemente desagradável — talvez um ruído irritante — e permita-se aceitá-lo.

Saiba como é a aceitação. Seu corpo pode relaxar e a respiração pode aliviar. Pode haver pensamentos como "É assim que as coisas são... Eu não gosto disso, mas posso aceitar". Pode haver uma perspectiva sobre o quadro geral e as muitas causas de tudo o que você está aceitando. Pode ser útil imaginar amigos ou outras pessoas que estão com você e o apoiam enquanto enfrenta o que está aceitando. Esteja ciente da diferença entre um sentimento de aceitação, que geralmente tem uma calma, uma tranquilidade... e um sentimento de desamparo ou de derrota.

Escolha uma característica positiva sobre você, como uma habilidade ou boa intenção. Explore como é aceitar isso. Em seguida, escolha uma característica neutra, como o fato de estar respirando, e aceite-a. Em seguida, escolha algo que você acha que é levemente negativo sobre si mesmo e explore a aceitação disso. Aumente gradativamente o nível de desafio e fortaleça o "músculo" da autoaceitação.

Deixe as coisas borbulharem na consciência e explore como é aceitá-las, como: "Ah, uma dor na parte inferior das costas, eu aceito isso... sentimentos de ressentimento com alguém, aceite-os... a sensação de que dentro existe uma criança, olá, pequenino... algumas coisas assustadoras no porão, desejando que não estivessem lá, mas aceitando-as também..."

Procure coisas doces, admiráveis, apaixonadas, ternas e boas dentro de você e reserve um tempo para aceitá-las. Você pode se imaginar curvando-se a essas partes de si mesmo, acolhendo-as, agradecendo por elas e incluindo-as em tudo o que você é.

Em seguida, escolha algo, dentro de você, do qual você tem vergonha ou sente remorso e explore a aceitação. Comece com algo pequeno, sabendo que você pode assumir a responsabilidade por isso e agir com sabedoria. Imagine que a compaixão, a bondade e a compreensão estão tocando essas partes que são suas.

Deixe as paredes dentro de você suavizarem... Deixe tudo fluir naturalmente... Relaxe como um todo... sendo completo...

FAZENDO E SENDO

Em um sentido amplo, as redes mediais são para "fazer", ao passo que as redes laterais são para "ser". Os pesquisadores ainda não associaram cada uma das coisas indicadas no quadro a seguir à área mediana ou à lateral do cérebro. Contudo, em nós mesmos e nos outros, podemos reconhecer a agregação desses estados mentais em dois grupos bastante distintos:

"Fazer"	"Ser"
focado em uma parte do todo	consciente do todo; visão panorâmica
direcionado a objetivos	nada para fazer, nenhum lugar para ir
focado no passado ou no futuro	fincado no aqui e agora
abstrato, conceitual	concreto, sensorial
muita atividade verbal	pouca atividade verbal
tem crenças firmes	não sabe de nada, "vê tudo novo"
avaliador, crítico	não julgador, tolerante
perdido em pensamentos, atenção que vaga	presente com atenção plena
objeto autorreferencial destacado	objeto autorreferencial mínimo ou inexistente
sujeito autorreferencial destacado	sujeito autorreferencial mínimo ou inexistente
senso de desejo desmedido	senso de tranquilidade
sente-se fragmentado	sente-se inteiro

É claro que precisamos fazer e ser para abrir nosso caminho na vida. Dependendo do que o momento pede, podemos ir e vir entre eles e até mesmo amalgamá-los. No entanto, a escolarização, as ocupações, as tecnologias e os entretenimentos modernos são um estimulante repetitivo das redes da linha mediana, que os fortalece. A linha mediana e as redes laterais afetam uma à outra através da *inibição recíproca*: quando fica ocupada, uma suprime a outra. O supertreinamento da rede da linha média cria uma espécie de dominância na qual as experiências de ser — no presente como ele é, sem tentar ganhar ou resistir a nada — são frequente e rapidamente substituídas por formas de fazer.

Resumindo: muitos de nós, inclusive eu, seríamos beneficiados se melhorássemos em ser. Parece meio estranho, mas é verdade! Ok... *como?*

A SENSAÇÃO DE COMPLETUDE

Vamos explorar várias maneiras de fortalecer os fatores neurais que promovem uma sensação de completude. Assim, seremos mais capazes de repousar na força pacífica de simplesmente ser, sempre que quisermos. E também podemos ter uma sensação subjacente de ser enquanto fazemos uma coisa ou outra.

NA ZONA VERDE

A sensação de necessidades não atendidas tenderá a aumentar a atividade cortical da linha mediana, seja na resolução de problemas tensos, centrada na frente, ou na ruminação negativa na parte traseira. (*Ruminação* significa repetir as coisas vez após vez; é apropriado que a raiz dessa palavra esteja relacionada a uma vaca ruminando.) Por outro lado, quando estamos descansando em plenitude, há menos combustível para essas ativações da linha média e mais espaço para simplesmente ser. Somos mais capazes de tolerar a dor sem nos dividirmos para lutar contra ela e de desfrutar do prazer sem nos dividirmos para persegui-lo. Podemos permanecer no momento presente, sem necessidade de fazer uma viagem mental no tempo: isso agora, apenas isso, é completo e suficiente como é.

FOCO SENSORIAL

A resolução de problemas e a ruminação geralmente envolvem o *discurso interno* que se baseia em regiões dos *lobos temporais* do lado *esquerdo* do cérebro, se você for destro. A percepção sensorial — o cheiro de limão, o toque de algodão macio — é não verbal. Portanto, concentrar-se em sabores, toques, imagens, sons e cheiros acalma naturalmente a tagarelice interna do lado esquerdo do cérebro e essa fonte de atividade da linha mediana. Ao mesmo tempo, isso pode aumentar a atividade no lado *direito* do cérebro, potencialmente estimulando as redes laterais. Concentrar-se nas sensações internas que envolvem a ínsula, como a sensação de seu peito subindo e descendo enquanto você respira, é particularmente útil. Em vez de girar em uma cascata de pensamentos, podemos permanecer centrados em nosso corpo — o que adiciona o bônus de reduzir a reatividade emocional e o humor depressivo.

NÃO SABER

Desvincular-se da categorização, conceituação e avaliação também ajuda — todas estimulam a atividade da linha mediana. Por exemplo, ao ouvir o trânsito, você consegue reduzi-lo aos sons, sem rotulá-lo ou opinar sobre ele? Como é ver um pássaro e limitar-se a vê-lo?

Explore a "mente que não sabe", reconhecendo as coisas como elas são sem adicionar crenças ou expectativas a elas e deixando de lado a necessidade de ter certeza sobre tudo. Isso pode parecer um pouco perturbador no começo, mas depois você relaxa e percebe que pode mover um copo e até conversar com um amigo com a sensação de não saber. É como olhar o mundo através dos olhos de uma criança e receber seu frescor, sem colocar um véu de pensamentos sobre ele. Para onde quer que olhe, o mundo pode parecer novo novamente.

Além disso, você pode praticar o que poderia ser chamado de "mente que não prefere". Às vezes, precisamos reconhecer o que é útil ou prejudicial, mas na maioria das vezes podemos sair do quadro do certo/errado, bom/mau, gostar/não gostar, que colocamos acima da realidade como ela é. E é um alívio parar de fazer isso *consigo* mesmo. Parar de narrar suas ações com julgamentos e críticas e parar de tratar algumas partes de sua mente como se fossem ruins enquanto outras partes são boas.

Não há nada de errado com o pensamento em si, mas ele tende a afastar muito mais, ao mesmo tempo em que reforça a diferenciação e a preferência subjacentes ao desejo desmedido e ao sofrimento. À medida que você se envolve em atividades cotidianas — caminhar, dirigir, fazer compras, conversar com outras pessoas —, explore como é adicionar o mínimo possível a elas: não as rotular, não falar consigo mesmo sobre elas e não lhes atribuir significados. Isso não é o mesmo que resistir a pensamentos; é simplesmente não os alimentar e seguir.

DEIXE SUA MENTE SER

Quando estamos realizando tarefas ou simplesmente perdidos em pensamentos, há um esforço contínuo para conectar as coisas, para dar sentido a elas e controlá-las. O professor Tsoknyi Rinpoche disse que os pensamentos em si não são um problema — mas os problemas surgem quando tentamos colá-los uns aos outros. Considere esta instrução de meditação: "Deixe de lado o passado, deixe de lado o futuro, deixe de lado o presente e deixe sua mente em paz." Então, observe como é deixar as muitas coisas que aparecem na consciência irem e virem sem tentar conectá-las. Essa é uma mudança direcionada à recepção de experiências sem esforço. Por exemplo, fique atento à respiração e observe como "receber a respiração" é diferente de "tentar respirar". Na maioria das vezes, a nossa mente simplesmente não precisa estar tão agitada.

CONSCIÊNCIA GESTALT

O sentido das coisas como um todo envolve o lado direito do cérebro e acalma as atividades mentais das partes separadas de outras partes das redes neurais da linha mediana. Ver é um bom exemplo disso. Embora a visão de uma sala contenha muitas coisas, elas podem ser percebidas como uma cena inteira e unificada. Da mesma forma, você pode considerar sua mente como um vasto céu através do qual pensamentos e sentimentos semelhantes a nuvens estão passando. Quando se deparar com um problema, como um problema de relacionamento, pergunte-se: "Qual é o espaço maior em que isso está acontecendo? Qual é a visão mais ampla possível de tudo isso?"

Com seu corpo, você pode explorar estar consciente dele como um todo. Como um pequeno experimento, observe as sensações da respiração na frente do peito... na parte de trás do peito... então as duas ao mesmo tempo... e observe se essa consciência muda seu estado de espírito. (Para uma prática mais extensa, experimente a meditação do quadro a seguir.) Você também pode explorar a sensação do seu corpo como um todo enquanto se movimenta, como ao caminhar devagar ou praticar ioga.

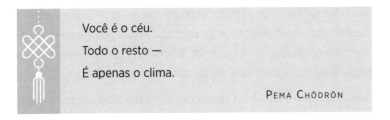

Você é o céu.
Todo o resto —
É apenas o clima.

PEMA CHÖDRÖN

TRANQUILIDADE

À medida que você se sente mais completo, sua mente fica mais tranquila. O ruído e a confusão desvanecem em segundo plano. A tranquilidade cresce — que é um dos sete fatores do despertar na tradição budista. E quanto mais você fica tranquilo, menos você se sente dividido contra coisas que são perturbadoras e, portanto, sente-se mais completo. O cultivo de uma tranquilidade genuína — não afastar nada, simplesmente descansar — é muito importante, especialmente em nosso mundo tão intranquilo. Por exemplo, o clássico *A atenção plena na respiração* (Majjhima Nikaya 118) sugere que "*inspiremos, tranquilizando o corpo; expiremos, tranquilizando o corpo... inspiremos, tranquilizando a mente; expiremos, tranquilizando a mente...*"

Você pode pensar em sua mente como um lago escuro. À medida que ele fica mais tranquilo, a sujeira gradualmente se instala. Isso revela a natureza pura da água da lagoa — nunca contaminada pelo que estava flutuando nela — e as belas joias que sempre repousaram em seu fundo.

UMA RESPIRAÇÃO DE CORPO INTEIRO

Encontre uma posição confortável na qual você possa ficar relaxado e alerta. Encontre uma sensação de força calma... deixando de lado a ansiedade desnecessária... percebendo que está basicamente bem agora... abrindo-se para a paz. Esteja consciente das coisas pelas quais é grato... sentindo gratidão, alegria... uma sensação de suficiência no momento, como ele é... abrindo-se para o contentamento. Encontrando cordialidade... compaixão e bondade... uma simples sensação de ser querido e amado... abrindo-se para o amor fluindo para dentro e para fora, descansando em plenitude...

Esteja consciente de várias sensações da respiração em todo o seu corpo... Concentre-se em seu peito, reconhecendo múltiplas sensações de respiração ali... Esteja consciente das sensações na frente do peito... nas costas... frente e costas ao mesmo tempo. Esteja ciente das sensações do lado esquerdo do peito... do lado direito... agora direita e esquerda ao mesmo tempo. Esteja ciente de seu peito como um todo enquanto respira... atenção ampliada para incluir todo o tórax... recebendo a sensação de seu peito como um todo enquanto respira.

Se o sentido do todo desaparecer, isso é normal, simplesmente tome consciência dele novamente. Focando na sensação, deixe o pensamento e a atividade verbal desaparecerem.

Dessa maneira, expanda gradualmente a consciência para incluir sensações de respiração no diafragma... e peito e diafragma ao mesmo tempo, como uma única experiência. Expanda para incluir sensações na barriga... e nas costas... sensações internas nos pulmões e no coração... as sensações da respiração no tronco como um todo, um único campo unificado de sensações experimentadas continuamente.

Inclua os ombros... braços e mãos... pescoço... cabeça... Esteja consciente da parte superior do corpo como um todo enquanto respira. Expanda ainda mais a consciência para incluir sensações nos quadris... pernas... e pés. Esteja consciente da parte superior e inferior do seu corpo ao mesmo tempo, como um todo, como uma única experiência contínua... Inclua todas as sensações do corpo na consciência... Permaneça como um corpo inteiro que respira.

Permanecendo como um corpo inteiro que respira, tornando-se mais tranquilo... deixando sons e pensamentos irem e virem, deixando-os sozinhos enquanto você descansa na sensação do corpo inteiro... não precisando entender nada, simplesmente repousando na respiração... um corpo inteiro respirando...

DESIMPEDIDO

O movimento natural do coração é abrir, deixar ir e amar — e liberar a tensão, o esforço, o desejo e o sofrimento. No entanto, esse fluxo natural pode ser bloqueado ou encoberto por certos sentimentos e desejos. Esses obstáculos são resultado do desejo desmedido e um combustível para ele. Eles envolvem uma parte da mente que está obstruindo outras partes. À medida que diminuem, a totalidade cresce; à medida que você desenvolve seu senso de totalidade, os obstáculos são reduzidos, assim como o desejo e o sofrimento. O Buda identificou cinco obstáculos em particular, e estar ciente deles é um passo importante no desenvolvimento de uma maior completude.

OS CINCO OBSTÁCULOS

Desejo sensual: Este obstáculo é a busca estressante de prazer duradouro em experiências passageiras. (Também pode ser abordado como a resistência estressante à dor; para simplificar, vou me concentrar em buscar o prazer.)

Má vontade: É a vontade de fazer mal, uma motivação para ferir e prejudicar. Inclui hostilidade, amargura e raiva destrutiva.

Fadiga e preguiça: É o peso do corpo e o embotamento da mente. Pode haver uma sensação de cansaço, até depressão e pouca motivação para a prática.

Inquietação, preocupação, remorso: É agitação mental e física. Há uma incapacidade de se acalmar, e uma preocupação ou outra invadiu a mente.

Dúvida: Não é um ceticismo saudável, mas uma desconfiança corrosiva do que você sabe ou no que poderia razoavelmente acreditar. Pode haver falta de convicção, pensamento excessivo, "paralisia pela análise". Este é um obstáculo poderoso, já que tudo pode ser posto em dúvida.

PRÁTICA COM OS OBSTÁCULOS EM GERAL

Esteja atento a eles. Os obstáculos são fenômenos mentais como quaisquer outros, com a mesma natureza de todos os demais: impermanentes, feitos de partes, indo e vindo devido às suas causas. Não precisamos dar a eles tanto poder. Eles são vazios de essência, como nuvens rodopiantes e não como tijolos, e reconhecer isso pode ajudá-lo a se sentir menos sobrecarregado por eles.

Não os alimente. Hábitos e reações podem surgir, mas você pode parar de reforçá-los. Esteja atento à ruminação e desligue-se dela. Não se junte ao obstáculo para impedir ou prejudicar a si mesmo.

Aprecie o que não está impedido. Concentre-se novamente no que pode ser benéfico, como um simples sentimento de gratidão. Esteja ciente de aspectos saudáveis, amorosos e despertos de si mesmo. Quando você está consciente deles, eles são naturalmente desobstruídos.

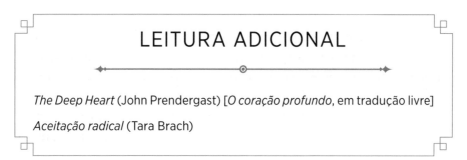

LEITURA ADICIONAL

The Deep Heart (John Prendergast) [*O coração profundo*, em tradução livre]

Aceitação radical (Tara Brach)

RECURSOS PARA OBSTÁCULOS ESPECÍFICOS

Estes são alguns recursos essenciais para cada um dos obstáculos.

Desejo sensual: Concentre-se em uma sensação de satisfação *já existente*, como gratidão, apreciação e contentamento. Além disso, quando quiser alguma coisa — talvez mais sobremesa ou um suéter novo —, esteja atento ao prazer que imagina sentir se conseguir. Em seguida, compare o prazer antecipado com o que você *realmente* sente quando consegue o que deseja. Na maioria das vezes, o prazer real é bom, mas não é tão bom quanto você imaginou. Somos enganados por nossas próprias mentes, que supervalorizaram as coisas. Eu penso nisso como o funcionamento de uma espécie de agência de publicidade interna que pode ter evoluído para motivar nossos ancestrais a continuar correndo atrás do próximo recurso: "*Vai ter um gosto tão bom!*" Portanto, seja realista sobre os prazeres que você realmente obterá ao realizar seus desejos e, então, poderá escolher como quiser.

Má vontade: Reconheça que o ressentimento e a raiva são um fardo para você, mesmo que sejam bons no momento. Esteja atento a quaisquer sentimentos de mágoa, medo ou queixa subjacentes à má vontade; concentre-se nesses sentimentos subjacentes e tente aceitá-los. Tenha compaixão por si mesmo em relação a tudo o que motivou a má vontade. Traga à mente as pessoas de quem você gosta e concentre-se em sentir compaixão e bondade para com elas... e também veja se pode sentir que elas cuidam de você. Em seguida, tente encontrar compaixão pela pessoa que tem sido um desafio para você.

Fadiga e preguiça: Descanse bastante. (Você também pode explorar a sensação de vigília que pode incluir cansaço ou confusão, simplesmente como uma experiência como qualquer outra.) Respire fundo algumas vezes, com inalações vigorosas, para ativar o ramo simpático estimulante do seu sistema nervoso. Ouça ou leia algo inspirador. Mova seu corpo, saia para a natureza, se puder, deixe-se animar pelo ar fresco.

Para superar a preguiça e fortalecer a motivação, você pode considerar a rara e fugaz oportunidade da sua própria vida. Certa vez, ouvi estas perguntas, feitas como uma reflexão da tradição tibetana: *Vou escapar da doença? Vou escapar do envelhecimento? Vou escapar da morte? Vou escapar de ser eventualmente separado, de uma forma ou de outra, de tudo o que amo? Vou escapar de herdar os resultados das minhas próprias ações?* Pessoalmente, penso em todos aqueles que me ajudaram — bem como em meus próprios esforços, nos anos anteriores — e desejo fazer bom uso das suas dádivas... e também fazer o que puder para enviar minhas próprias dádivas pelo tempo, tanto para os outros quanto para a pessoa que eu serei em um ano e no último dia desta vida. Isso não é mórbido, mas vem da gratidão e da alegria.

Você também pode imaginar as recompensas de qualquer coisa sobre a qual você gostaria de se motivar — como meditar mais ou ficar menos irritado com os outros —, antes de fazer, enquanto faz e depois de fazer. Tente sentir as recompensas (por exemplo, relaxamento, senso de valor) além de ter apenas uma ideia delas. Em seu cérebro, isso tenderá a associar recompensas antecipadas a ações específicas e o ajudará a formar novos hábitos bons.

Diga-me, o que você planeja fazer
com sua vida única, selvagem e preciosa?

Mary Oliver

Inquietação, preocupação, remorso: No geral, tente entender o que está fazendo com que você se sinta inquieto, preocupado ou com remorso. Identifique o que parece válido para você. Continue deixando de lado o que parece exagerado ou desnecessário. E faça um plano realista do que você poderia fazer com o que parece válido. Essas etapas são entediantemente óbvias, mas realmente funcionam.

A inquietação pode vir da sensação de que algo genuinamente importante está faltando em sua vida ou em suas práticas atuais. Houve momentos em que eu deveria ter ouvido mais o que minha inquietação estava tentando me dizer, em vez de "resistir", ano após ano, em um determinado trabalho ou prática espiritual. Considere também o seu temperamento; talvez você precise naturalmente de mais estímulo para se manter interessado e focado. Por exemplo, na meditação, você pode usar objetos de atenção mais atraentes, como gratidão ou contentamento.

A preocupação está relacionada à nossa necessidade de segurança. Faça o que puder para lidar com ameaças reais. Enquanto isso, tente ter sentimentos de relaxamento, determinação, segurança e tranquilidade sempre que possível. Ao internalizar essas experiências repetidas vezes, você desenvolverá uma sensação subjacente de força calma que o ajudará a se preocupar menos. Sempre que for pego em ruminação, pergunte a si mesmo se há algum valor nisso; caso contrário, tente desviar sua atenção gentilmente, mas com firmeza, para outra coisa.

O remorso está relacionado à nossa necessidade de conexão; culpa e vergonha são sentimentos relacionados. Esses são grandes tópicos e não poderei fazer justiça a eles aqui. Veja se é útil para você fazer o seguinte:

- Decida por si mesmo o que é realmente digno de remorso.
- Assuma a responsabilidade pelo que quer que isso seja.
- Permita-se experimentar e liberar gradualmente o remorso e os sentimentos relacionados.

- Seja claro sobre como deseja agir no futuro.
- Faça correções e reparos tanto quanto possível.
- Tenha compaixão por si mesmo.
- Explore o perdão a si mesmo.
- Tente ter uma noção do que *é* gentil, honrado e digno em você.

Dúvida: Esteja consciente da *proliferação mental*, pensamentos girando em todas as direções. Volte para o que é simples e inegavelmente claro: a experiência deste momento e as coisas que você sabe serem verdadeiras. No momento propriamente dito, não há o que duvidar, já que obviamente está aqui como está. Desvincule-se de análises, julgamentos e pensamentos excessivos. Permita-se ser incerto, esperar para ver, fazer as experiências da vida de uma forma ou de outra e observar os resultados.

SENTINDO-SE DESIMPEDIDO

Nesta meditação, exploraremos o sentimento centrado na consciência que está desimpedida de permanecer presente... centrado em um espírito de aceitação que está desimpedido de abrir mão... centrado em plenitude e equilíbrio, desimpedido da sensação de que algo está faltando, algo errado... em uma sensação de paz, contentamento e amor que não é impedida pelo medo, frustração ou mágoa... descansando e sendo levado por uma verdadeira natureza desimpedida... Aqui está:

Relaxe... estabilizando a mente... aquecendo o coração... Estabeleça e estabilize a consciência aberta e receptiva... desimpedido de permanecer presente... Encontre uma sensação de plenitude e equilíbrio... nada faltando, nada de errado... Abra-se para uma crescente sensação de paz, contentamento e amor... livre do medo, frustração ou mágoa...

Esteja ciente de qualquer má vontade... e deixe-a ir, repousando em sentimentos de segurança, compaixão e sendo amado...

Esteja ciente de qualquer desejo sensual... e deixe-o ir, repousando em uma sensação de bem-estar...

Esteja ciente de qualquer fadiga ou preguiça... e deixe-as ir, descansando em energia e clareza naturais e despertas... e descansando em um sentimento de suas próprias boas intenções e aspirações...

Esteja ciente de qualquer inquietação, preocupação ou remorso... e deixe-os ir, encontrando uma sensação de calma, segurança e sua própria bondade natural...

Fique atento a qualquer dúvida... e deixe-a ir, descansando no conhecimento claro do momento como ele é... confiando no que você sabe ser verdadeiro, como esta cadeira, esta respiração...

Sinta e confie em sua verdadeira natureza subjacente... uma vigília natural... bondade... paz... descoberto, desimpedido... inabalável, imaculado, sem tristeza e seguro...

SENDO A MENTE COMO UM TODO

O sentido mais amplo possível de totalidade é estar presente com a mente como um todo. Tudo está incluído neste todo: visões e sons, pensamentos e sentimentos, perspectivas e pontos de vista e a própria consciência. A mente como um todo está aparente todo o tempo, mas a maioria de nós não a experimenta como um todo, já que geralmente estamos preocupados com uma ou outra parte dela. Mas quando permanecemos como a mente como um todo, não há tensão. Pode haver dor, pode haver tristeza, mas quando nenhuma parte da mente está lutando com outras partes, não há desejo desmedido e não há sofrimento.

Indiviso, você se sente em paz. Os vários conteúdos da mente continuam mudando, então eles não parecem muito confiáveis. Mas a mente como um todo continua sendo a mente como um todo: é estável como é e, portanto, mais confiável. Imperturbável, você se sente em paz.

A CONSCIÊNCIA E O CÉREBRO

A consciência oferece um caminho direto para o sentido da mente como um todo. Como consciência é uma palavra complicada, com múltiplos significados, vamos começar esclarecendo-a. Primeiro, você pode estar *consciente* de algo, como o som de um carro ou uma sensação persistente de irritação após uma conversa tensa com alguém no trabalho. Como mencionei no Capítulo 3, os tipos de meditação nos quais você permanece continuamente consciente de algo específico — como as sensações da respiração — são chamados de práticas de atenção focada. Em segundo lugar, você pode praticar a consciência aberta, na qual observa experiências passageiras sem julgá-las ou tentar influenciá-las. Em terceiro lugar, você pode estar consciente da consciência, quando volta a consciência para si mesmo. Quarto, você pode permanecer como consciência, experimentando principalmente sua ampla receptividade e desvinculando-se de tudo o que passa por ela, com uma sensação crescente de simplesmente ser consciência. (Os dois primeiros tipos de consciência são relativamente diretos, enquanto os outros dois exigem mais prática.) Tanto na meditação quanto na vida diária, pode haver um movimento natural da atenção concentrada para a consciência aberta e para a permanência como consciência. Se algo o distrair — uma memória perturbadora, um som próximo —, depois de reconhecer isso, você pode restabelecer a atenção focada e gradualmente retornar à consciência aberta e, então, permanecer como consciência.

O primeiro tipo de consciência — consciência *de* alguma coisa — é comum entre os animais, mesmo aqueles com sistemas nervosos simples. A rã percebe uma mosca quando ela se move, e a mosca percebe a luz e a sombra caindo sobre seus olhos multifacetados. A rã ou a mosca não precisam estar conscientes ou ter um senso de identidade pessoal para estarem despertas e alertas e para reagir ao seu ambiente. *Como* exatamente o sapo está ciente da mosca — e como nós estamos cientes do sapo — ainda é uma questão espinhosa na ciência da consciência. No entanto, a neurobiologia subjacente da consciência está se tornando mais clara (embora muitas questões e controvérsias permaneçam, e este é um resumo simplificado). Informações rudimentares iniciais sobre um estímulo são processadas pelos "níveis inferiores" do sistema nervoso e enviadas aos "níveis intermediários" para processamento adicional, depois aos "níveis superiores", onde são representadas em substratos neurais que permitem o que Bernard Baars denominou de *espaço de trabalho global da consciência*.

Para usar a noção de espaço de trabalho como metáfora, imagine uma sala de reunião na qual diferentes partes do cérebro possam compartilhar informações de forma eficiente com outras partes. Por exemplo, sistemas perceptivos ("O que está acontecendo?"), salientes ("Isso importa?") e executivos ("O que devemos fazer?") podem manter uns aos outros informados. A representação da informação nesses *correlatos neurais da consciência* envolve coalizões fugazes formando-se entre muitos neurônios, junto com processos neuroquímicos relacionados. Estes são como redemoinhos físicos, em um fluxo neurobiológico, representando redemoinhos de informações que permitem redemoinhos de experiências.

Até agora, descrevi a consciência como um campo estático no qual ocorrem experiências, mas isso é apenas uma metáfora simplificadora. Uma vez que a base física da consciência é viva e muda continuamente, a própria consciência é dinâmica, com bordas e qualidades mutáveis. A consciência é um processo, não uma coisa; estamos "conscientizando". Em termos comuns da realidade, a consciência de um ser humano (ou de um sapo) é *condicionada*, o que significa que ocorre devido a causas, e não é algo que tenha uma existência própria absoluta e incondicionada.

>  Uma atitude de receptividade aberta, livre de qualquer meta ou antecipação, facilitará que a presença do silêncio e da quietude se revele como sua condição natural... A consciência retorna naturalmente ao seu não estado de potencial absoluto não manifesto, o abismo silencioso além de todo conhecimento.
>
> ADYASHANTI

PERMANECENDO COMO CONSCIÊNCIA

Como a consciência é inefável e impermanente, apegar-se a ela ou identificar-se com ela daria origem ao sofrimento. No entanto, enquanto você, ah, permanecer consciente disso, uma crescente sensação de permanência *como* consciência o atrairá naturalmente para a totalidade enquanto você se desvincula das muitas coisas — as partes e mais partes — que passam pela consciência. Uma vez que as experiências de "eu", "mim" e "meu" são apenas algumas dessas muitas coisas, permanecer como consciência também facilita o senso de self e, assim, reduz o sofrimento que vem de levar a vida tão para o lado pessoal.

Repousando na consciência, você pode gradualmente assumir algumas de suas qualidades. Uma vez que a consciência pode receber e reter qualquer coisa, ela nunca é manchada pelo que se move através dela e não tem arestas... você se torna mais aberto e espaçoso, puro e ilimitado. Além disso, a consciência é um campo de possibilidades que é *como* aquilo que pode ser totalmente incondicionado, transcendendo a realidade comum. Como veremos no Capítulo 9, "como" não é o mesmo que "é", mas permanecer como consciência pode ajudar a desenvolver uma intuição do que *realmente* poderia ser, em última análise, incondicionado. E você pode descobrir que o que parece ser apenas sua própria consciência é, em profundidade, algo transpessoal, vasto e atemporal.

À medida que continua dessa maneira, a aparente distinção entre a consciência e seu conteúdo desaparece gradualmente, e você percebe que esses são simplesmente aspectos de uma única mente. Então você permanece como a mente como um todo. Há um som… e há a consciência do som… e realmente existe simplesmente a mente como um todo. Não um sujeito separado dos objetos, não uma consciência separada dos seus conteúdos: uma unidade, não uma dualidade. Não dois, um.

SENDO INDIVISO

Encontre um sentimento de afeto… plenitude… uma sensação de paz… contentamento… ame… Esteja consciente das sensações da respiração… e gradualmente inclua todo o corpo… permanecendo como uma respiração de corpo inteiro.

Repousando o corpo todo, fique atento aos sons… e os inclua com sensações, como uma única experiência completa. Gradualmente inclua imagens com sons e sensações como um todo… inclua sentimentos neste todo… e pensamentos… e qualquer outra coisa na consciência, como uma única experiência completa.

Esteja consciente de testemunhar toda essa experiência… deixando-a passar diante de você no fluxo da consciência… Então, estabeleça-se na própria consciência… Deixe de lado o esforço e descanse em uma consciência clara e não conceitual… Deixe de lado os medos, deixe de lado as esperanças, deixe de lado o senso de self, se ele surgir… Deixe ir o que é passado… Deixe de lado o futuro… Deixe ir o presente enquanto ele passa…

Abra-se para o que é aparente… a consciência e seus conteúdos ocorrendo juntos como um único processo, a mente como um todo… Deixar a mente ser… Simplesmente sendo você mesmo como é mais plenamente… continuamente…

Seja a mente como um todo, com tudo incluído… toda uma mente se desdobrando…

Simplesmente seja… nenhum lugar para ir, nada para fazer, ninguém para ser… experiências acontecendo por conta própria… sendo despreocupado e aberto… liberando sua mente, deixando-a livre…

BOA PRÁTICA

Faça um pequeno experimento, durante uma hora, contando o número de "episódios" distintos em que sua mente entra em ruminação negativa. Não conte as vezes em que você está pensando em algo de forma deliberada ou em que sua mente está vagando agradavelmente. A contagem não precisa ser exata; o que importa é uma maior autoconsciência. Então você pode refletir sobre o que observou e o que gostaria de fazer a respeito.

Em momentos diferentes, concentre-se nas sensações enquanto se desconecta dos pensamentos; os pensamentos ainda podem surgir, mas não os alimente nem os siga. Você também pode incluir ouvir e ver, enquanto ainda se desconecta dos pensamentos. Deixe que esse modo de ser penetre em você para que possa recorrer a ele novamente.

Ao fazer uma atividade rotineira, como lavar a louça, explore o sentido de se aproximar dos objetos como se não soubesse o que são. Você estará vendo, segurando e movendo-os, mas sem raciocinar muito sobre eles. Você também pode trazer a "mente que não sabe" em outras partes do seu dia.

Ocasionalmente, mergulhe na sensação do seu corpo como um todo.

Escolha uma coisa que impeça a expressão do que é saudável, desperto e bom em você. A princípio, procure algo pequeno e concreto. Então, por um dia ou mais, concentre-se em se desvencilhar e não alimentar esse obstáculo... e aproveite o que é liberado como resultado. Você pode fazer isso com outros obstáculos também.

Na meditação, explore a consciência aberta e a permanência como consciência. Elas podem não vir naturalmente no início, mas virão com a prática.

Na meditação e em outros momentos, perceba a sua mente como um todo.

RECEBENDO O AGORA

O que alguém pode dar a você que seja maior do que o agora, começando aqui, bem aqui nesta sala, quando se virar?
WILLIAM STAFFORD

Um dos fatos mais notáveis da existência esteve sempre bem debaixo do nosso nariz.

É o Agora do momento presente: continuamente terminando e continuamente renovado. Radicalmente transitório, mas sempre duradouro. Assim como um único ponto em uma linha é infinitamente fino em termos espaciais, cada momento do agora é infinitamente fino em termos *temporais* — e ainda assim, de alguma forma, cada momento contém todas as causas do passado que comporão o futuro. É onde — ou melhor, quando — realmente moramos e, no entanto, mal conhecemos nossa própria casa. Cientificamente, a natureza do agora e do próprio tempo continua sendo um mistério. Na prática, porém, certamente é valioso descansar no momento presente. Como disse o cientista e monge budista Matthieu Ricard: "Devemos aprender a deixar os pensamentos surgirem e serem livres para partir assim que surgirem, em vez de deixá-los invadir nossa mente. No frescor do momento presente, o passado se foi, o futuro não nasceu e, se permanecermos em puro mindfulness e liberdade, pensamentos potencialmente perturbadores surgirão e desaparecerão sem deixar rastros."

Vamos explorar como aproveitar essa renovação.

A CRIAÇÃO DESTE MOMENTO

Sua experiência do momento presente é baseada na atividade de seu sistema nervoso naquele momento. Portanto, seria útil entender a base neural subjacente da experiência do agora. Então, na próxima seção, veremos como usar esse entendimento de maneira prática.

A FÍSICA DO AGORA

Seu cérebro e sua mente estão em um determinado estado a todo momento, e esses estados mudam com o tempo. Parece simples... exceto que ninguém sabe realmente o que é o *tempo* ou por que ele existe — e *agora* é ainda mais desconcertante. Os maiores cientistas do mundo não sabem ao certo por que existe um momento presente ou o que ele realmente é. É sempre agora, mas não está claro exatamente como o universo faz o tempo — ou como o tempo faz o universo.

Ainda assim, existem alguns bons palpites, e gosto desse do físico Richard Muller. Quase 14 bilhões de anos atrás, o big bang produziu um universo com quatro dimensões — três de espaço e uma de tempo — e *todas* elas têm se expandido desde então (a ênfase é dele):

> O Big Bang é uma explosão de *espaço-tempo* em 4D. Assim como o espaço está sendo gerado por [essa] expansão, o tempo também está sendo criado... A cada momento, o universo fica um pouco maior, e há um pouco mais de tempo, e é a essa vanguarda do tempo que nos referimos como *agora*...
>
> ... Por *fluxo* de tempo, entendemos a adição contínua de novos momentos, momentos que nos dão a sensação de que o tempo avança, na criação contínua de novos *agoras*.

Entendeu?! Eu ainda não. Pelo menos, não completamente. Mas ainda é inspirador imaginar que cada momento de nossas vidas está sendo construído na borda frontal da expansão do universo. Sem telescópios, não podemos ver a criação de um novo espaço, mas a cada fôlego podemos testemunhar a criação de um novo tempo. Se o palpite de Muller for verdadeiro, estamos sempre em criação.

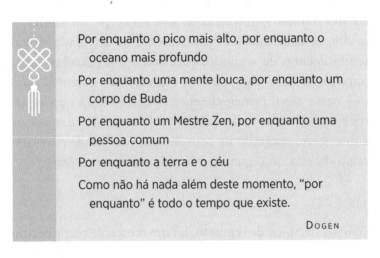

> Por enquanto o pico mais alto, por enquanto o oceano mais profundo
> Por enquanto uma mente louca, por enquanto um corpo de Buda
> Por enquanto um Mestre Zen, por enquanto uma pessoa comum
> Por enquanto a terra e o céu
> Como não há nada além deste momento, "por enquanto" é todo o tempo que existe.
>
> DOGEN

DESPERTAR

Para observar nosso universo espaço-temporal em expansão, o cérebro começa estabelecendo um estado de *vigilância*. Embora isso possa parecer estressante, o significado da raiz dessa palavra é "despertar", e esse é o sentido utilizado aqui. Suponha que você esteja tentando ficar atento ao que quer que possa acontecer a seguir — digamos que você esteja dirigindo com um amigo tarde da noite em uma estrada sinuosa que atravessa as montanhas. As redes neurais no hemisfério direito são ativadas para mantê-lo vigilante um quilômetro após o outro. E, de vez em quando, o *locus ceruleus* no tronco cerebral envia pulsos de norepinefrina por todo o cérebro. Esse neuroquímico estimulante é como se seu amigo dissesse: "*Ei, fique acordado!*"

Enquanto isso, sua atenção pode se concentrar em coisas específicas, como o que você está conversando com seu amigo. O foco sustentado deliberado utiliza a *rede de atenção superior* de ambos os lados do cérebro. Quando está no modo "fazer" discutido no capítulo anterior, particularmente durante tarefas direcionadas a objetivos, você geralmente está empregando essa rede superior.

ALERTA

Digamos então que ocorra algo novo: um animal começa a correr pela estrada à sua frente. Os fótons refletidos no corpo do animal pousam em seus olhos e desencadeiam uma cascata de atividade neural e, em cerca de um décimo de segundo, você começa a perceber que aconteceu alguma coisa, que algo *mudou*. No cérebro, sistemas perceptivos básicos — nesse caso, principalmente visuais — estão processando os primeiros e mais simples dados sensoriais brutos. Mas naquele primeiro flash de uma visão surgindo na consciência, você ainda não sabe exatamente onde ela está ou o que ela é ou o que fazer a respeito.

ORIENTAÇÃO

Nos próximos décimos de segundo, há um crescente reconhecimento de *onde* está localizado o que aconteceu. O cérebro tenta rapidamente descobrir: está perto ou longe? À medida que nossos ancestrais evoluíram, quanto mais próximas as coisas estavam, geralmente mais importantes elas eram como ameaça, oportunidade ou relacionamento. E dentro de um ou dois segundos, há um conhecimento crescente *do que* é essa coisa: uma sombra lançada pela lua — ou um animal vulnerável.

O processo de alerta e orientação envolve uma *rede de atenção inferior* que fica principalmente do lado direito do cérebro. Essa rede inferior é inibida pela rede de atenção superior quando estamos focados em coisas específicas. Mas quando algo novo acontece, ela se ativa e assume o controle da rede superior para "atualizar" o campo de consciência. À medida que a rede de atenção inferior se torna ativa, ela também silencia a rede de modo padrão; algo novo chegou para interromper qualquer devaneio ou ruminação.

Eles não lamentam o passado,
nem anseiam pelo futuro.
Eles vivem apenas no presente.
É por isso que seus rostos estão tão calmos.

SAMYUTTA NIKAYA 1.10

AVALIAÇÃO

Uma vez que se dá conta de que algo aconteceu, de onde isso aconteceu e do que isso é, você precisa começar a prestar atenção ao que isso *significa*. Pode ignorá-lo ou é relevante? É amigo ou inimigo? Há espaço para desviar dele? No primeiro segundo, a rede de saliência do cérebro — mencionada no Capítulo 5 — se envolve, destacando o que é relevante e começando a gerar um tom hedônico sobre isso, como a desagradável sensação de alarme ao ver um animal disparando na estrada na frente de seu carro.

AÇÃO

Enquanto você entra em ação, o sistema de controle executivo (também descrito no Capítulo 5) é acionado para direcionar seu comportamento imediato — digamos que você vire rapidamente para a direita para contornar o animal. Depois que a crise passa — ufa! — e você volta a conversar com seu amigo, a rede de atenção superior se reafirma enquanto a rede de atenção inferior se prepara para a próxima novidade.

TRAZENDO ESTA SEQUÊNCIA PARA SUA EXPERIÊNCIA

É notável o quanto pode acontecer em apenas alguns batimentos cardíacos. No exemplo da estrada e do animal, quatro grandes redes neurais foram envolvidas em alguns segundos. O cérebro é tão rápido que faz isso rotineiramente. Um evento com um animal é dramático, mas a maioria dos casos de alerta e orientação são pequenos, comuns e pacíficos. Por exemplo, você pode receber uma mensagem de texto, ouvir alguém falar ou fazer seu gato pular no seu colo. Ao sentar-se em meditação com a consciência aberta, você pode estar reconhecendo mudanças contínuas no fluxo de consciência. Pode observar o alerta e a orientação muitas vezes ao dia, em sua própria experiência, especialmente enquanto a sua estabilidade mental se fortalece. Tente fazer isso com novas sensações e sons surgindo na consciência, bem como com novos pensamentos e reações emocionais.

A consciência é como um para-brisa à medida que você avança no tempo — ou à medida que o tempo flui através de você — e o processo de alerta e orientação é a borda desse para-brisa. Ao passo que se torna mais consciente disso, poderá se aproximar cada vez mais, experimentalmente, da borda frontal do agora subjetivo. Isso é o mais próximo que a experiência comum chega da borda emergente do agora objetivo — e talvez do instante da criação de um novo tempo em nosso universo.

ESTAR AQUI AGORA

Fortalecer e estabilizar o despertar, alertar e orientar são maneiras poderosas de se permitir entrar e permanecer no momento presente — estar aqui *agora*, de forma constante. Na prática, isso nos aproxima dos primórdios da construção do fluxo de consciência pelo cérebro. É como se houvesse uma nascente saindo de uma montanha, água fresca borbulhando, e você estivesse continuamente presente com o primeiro surgimento do riacho ao ar livre.

Para o dia a dia, aqui vão algumas sugestões práticas para se manter no momento presente. Você também pode tentar a meditação no quadro a seguir.

DESPERTAR

Esta é uma ampla prontidão para receber o que vier a seguir. Esteja sentado em silêncio, meditando ou ocupado fazendo uma coisa após a outra, você pode estimular a vigília permanecendo consciente do ambiente maior. Como vimos no capítulo anterior, a percepção do todo — a sala ou prédio em que você está, o céu acima, o contexto geral — estimula as redes no lado direito do cérebro, e isso pode amparar a ativação de redes neurais que também estão do lado direito e que promovem a vigilância.

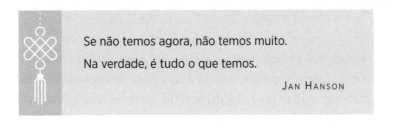

> Se não temos agora, não temos muito.
> Na verdade, é tudo o que temos.
>
> Jan Hanson

Se você começar a se sentir confuso ou aéreo, pode usar o sistema de norepinefrina para um pico de despertar. Por exemplo, lembre-se de algo que tenha uma sensação de intensidade, como a lembrança de uma época em que se emocionou. Inspire um pouco mais vigorosamente — ativando o ramo simpático do sistema nervoso — com uma sensação de empolgação. Se estiver sentado, seria útil sentar-se ereto, não rigidamente, mas como se uma corda invisível no topo de sua cabeça o estivesse puxando suavemente para o céu. Você pode explorar uma sensação semelhante de estar na vertical quando está de pé ou andando. A retidão no corpo sustenta a vigília na mente.

ALERTA

Note como é ser alertado por algo como o toque de um telefone ou a percepção inicial de alguém entrando na sala em que você está. Mais ou menos no primeiro meio segundo, haverá o simples conhecimento de que algo mudou, junto com informações sensoriais brutas e talvez uma qualidade de surpresa. Você também pode mudar do engajamento focado para o recebimento de algo novo: erga os olhos do que estiver fazendo, mude o ritmo para uma tarefa diferente ou experimente uma nova perspectiva. Quanto mais você se familiarizar com a experiência do alerta, mais será capaz de evocá-la sempre que quiser.

O alerta é como a sensação de ar fresco. Para promover essa *atualização* da consciência, seria útil cultivar a curiosidade, acolher a novidade e ser capaz de espanto e deslumbramento.

Na prática, *as sensações de completude e atualidade parecem se unir*. Neurologicamente, pode haver algumas razões para isso. A sensação de completude tende a reduzir a atividade nas redes corticais medianas que permitem a viagem mental no tempo, ajudando você a chegar ao momento presente. A rede de atenção inferior promove uma qualidade de consciência global receptiva, que é a essência da completude. As redes neurais laterais da totalidade e as redes de atenção inferiores do agora estão centradas no lado direito do cérebro, e a ativação de uma pode estimular a ativação da outra.

Há um ponto ideal em que você pode facilitar que duas coisas aconteçam ao mesmo tempo. Primeiro, relaxe, o que dá suporte a uma consciência aberta e receptiva. Em segundo lugar, fique atento à chegada do próximo momento. Essa combinação é lindamente resumida no lema da cidade de Barre, Massachusetts, que abriga dois grandes centros de meditação: Tranquilo e Alerta. Imagine passar os minutos e os dias da sua vida dessa maneira.

ORIENTAÇÃO

Esteja atento à fagulha de reconhecimento de onde e o que é o algo que vem logo após o alerta. É como ouvir um som na cidade e, em menos de um segundo, entender que ele vem do outro lado da rua e se trata de um ônibus saindo do meio-fio. Esse é o sentimento de orientação e, à medida que você se torna mais atento a isso, poderá descansar com mais estabilidade nessa sensação.

Às vezes, precisamos filtrar os sinais recebidos. Mas é muito fácil ser capturado mentalmente por uma lista interminável de tarefas. Se você, como eu, envolve-se em fazer cada vez mais, concentrando-se em uma coisa após a outra, tente envolver a rede de atenção inferior — alertar, orientar e vir para o presente —, o que o ajudará a descansar mais em ser. Você ainda poderá trabalhar e realizar tarefas. Se for arrastado pelo fazer, será difícil ter a sensação de ser; por outro lado, quando se sente fundamentado no ser, ainda poderá fazer muitas coisas, como preparar o jantar ou conversar com um amigo. Da mesma forma, quando estamos perdidos em pensamentos sobre o que foi ou pode ser, fica difícil nos sentirmos presentes no aqui e agora. Mas enquanto você se sentir centrado no momento, ainda poderá refletir sobre o passado e planejar o futuro. Com a prática, ser e fazer tornam-se cada vez mais entrelaçados, como vimos no capítulo anterior. O mesmo pode acontecer com alertar e orientar e com avaliar e agir. Mas, a princípio, a maioria de nós precisa treinar a mente e o cérebro para descansar mais no aqui e agora.

NO LIMITE DO AGORA

Encontre uma postura que seja confortável, ereta e estável. Talvez deseje manter os olhos abertos. Permaneça atento ao ambiente maior: a sala em que está, o todo do qual faz parte.

Esteja atento à sensação de vigília relaxada... permanecendo tranquilo e alerta. De vez em quando, veja como é sentar-se um pouco mais reto... inalar de forma mais vigorosa e completa... trazer à mente algo que possua um sentimento de empolgação.

Estabeleça uma sensação de alerta. Esteja ciente da "chegada" contínua das sensações iniciais da respiração... continuamente... Descanse na consciência da mudança das sensações... Desvincule-se de rótulos ou conceitos... Com uma sensação de tranquilidade, permaneça receptivamente presente.

Esteja ciente de uma chegada semelhante de sons... visões... pensamentos... Abra-se bem para o que quer que apareça a seguir... permitindo que o que venha a seguir seja inesperado... talvez encontrando uma sensação de admiração... prazer... Estar no limite, continuamente, de tudo o que está surgindo na consciência.

Estabeleça um senso de orientação. Observe o processo de reconhecer onde e quais são as sensações... onde e quais são os sons... qualquer outra coisa surgindo na consciência... Assim que reconhecer onde e o que é cada coisa, solte-a, deixando-a passar... sem avaliar nada ou precisar agir sobre isso.

Permaneça alertando e orientando... estando presente na atualização contínua da consciência... Um lugar tão pacífico: o presente...

AS PARTES DA EXPERIÊNCIA

Se um tear encantado — o cérebro — está continuamente tecendo o tecido da consciência, quais são os principais fios? Para uma resposta a esta pergunta, adaptei uma estrutura do Pali Canon que "desconstrói" o fluxo da experiência em cinco partes:

1. *formas*: visões, sons, sabores, toques, cheiros; processos sensoriais básicos
2. *tons hedônicos*: a qualidade do agradável, desagradável, relacional ou neutro
3. *percepções*: categorizar, rotular; identificar o que algo é
4. *formações*: um termo tradicional para todos os outros elementos da experiência, incluindo pensamentos, emoções, desejos, imagens e memórias; expressões de temperamento e personalidade; planejamento e escolha; e senso de self
5. *consciência*: uma espécie de campo (ou espaço) no qual ocorrem experiências

PARTES E MAIS PARTES

Cada uma dessas partes da experiência pode ser dividida em partes cada vez menores. Mesmo a consciência pode ser dividida, no sentido de se estar consciente de se estar consciente. Na verdade, você pode desconstruir sua experiência, reconhecendo que ela é inteiramente *composta*, feita de partes dentro de partes dentro de partes. Não se trata de mera análise conceitual. Quando se está atento aos muitos fios individuais que compõem a tapeçaria de cada momento, as experiências parecem mais leves e arejadas e menos substanciais e vinculativas. Você também vê como as pequenas partes de cada experiência estão mudando continuamente. Ao perceber repetidas vezes que não pode se apegar a nenhuma *parte* de nenhuma experiência, você gradualmente para de tentar se apegar às experiências em geral, aliviando assim uma fonte fundamental de sofrimento.

As partes de cada experiência vêm e vão devido a inúmeras causas — a maioria delas impessoais, originadas do mundo e do tempo —, sem nenhum cineasta mestre, dentro de sua cabeça, dirigindo cada cena. Quando você reconhece o espetáculo no teatro da mente dessa maneira, pode levá-lo menos para o lado pessoal e se sentir menos envolvido e, portanto, menos sobrecarregado por ele.

"Todas as coisas condicionadas são impermanentes."
Vendo isso com insight,
a pessoa se desencanta com o sofrimento.

DHAMMAPADA 277

ANTES DE SOFRER

Sua consciência de algo *novo* — como o telefone vibrando com uma nova mensagem de texto, uma pessoa virando uma esquina enquanto você caminha pela rua ou uma forte sensação em seu corpo — tende a se mover sequencialmente pelas quatro primeiras partes da experiência. Inicialmente, há o sentido mais básico de que "algo aconteceu" — forma —, seguido de onde e o que é — percepção — e o início do que isso significa sinalizado por seus tons hedônicos. Em seguida, vêm várias reações a essas três nas formações, que incluem afastar a dor e perseguir o prazer, pressão e estresse, ruminações e preocupações, e eu, eu mesmo e eu. Em outras palavras, *há pouco ou nenhum desejo desmedido, senso de self ou sofrimento nas três primeiras partes da experiência.*

Isso tem implicações enormes. Descansar, no sentido de alertar e orientar — enquanto se concentra principalmente nas formas e percepções —, minimiza seu envolvimento com as formações e o sofrimento nelas. É como se aproximar da velocidade do som, com toda a sua turbulência, e depois de passar por ela, entrar em um silêncio pacífico. Ao permanecer perto do agora emergente, você se moverá tão rapidamente para o futuro — ou o tempo passará tão rápido por você —, que não poderá "ouvir" o que passou atrás de você, então não precisará reagir a isso. Quando se está tão perto do limite emergente do agora, as coisas mudam rápido demais para que o maquinário do desejo desmedido e do sofrimento encontre tração.

Além disso, quando você se aproxima do presente, fica menos envolvido com o "desejo desmedido de se tornar". A base neurológica para isso é realmente interessante. O cérebro está continuamente fazendo previsões e comparando o que acontece com elas depois. Por exemplo, quando você pega um copo, seu cérebro antecipa quanto ele pesa para usar a quantidade adequada de força para levantá-lo. Em seguida, o feedback sensorial sobre o quanto ele realmente pesa é usado para ajustar seu esforço. Processos semelhantes de prever, experimentar e, em seguida, fazer novas previsões acontecem de várias maneiras, pequenas e grandes, como em conversas e relacionamentos.

É impressionante observar a produção contínua de expectativas em sua mente. É útil para o funcionamento regular, e é por isso que uma parte significativa do poder de processamento neural em seu cérebro, inclusive no *cerebelo*, é dedicada a ela. Mas isso também tende a nos manter vivendo em um futuro imaginado, e não no presente — o único lugar onde podemos nos sentir verdadeiramente amados e em paz —, o que faz com que nos decepcionemos quando as expectativas não são cumpridas. Ademais, esse processo de antecipação está vinculado à construção/invenção de um senso de self — o que acontecerá "comigo" — que pode levar à possessividade, ao desejo desmedido e ao sofrimento (discutido no próximo capítulo).

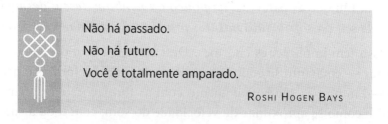

> Não há passado.
> Não há futuro.
> Você é totalmente amparado.
>
> ROSHI HOGEN BAYS

Com toda a certeza, às vezes é útil ter expectativas ou esperanças. Mas podemos nos perder no tornar-se. Então, por um minuto ou mais, veja o que acontece em sua experiência quando permanece no presente sem nenhuma expectativa: sem saber ou tentar prever o que acontecerá a seguir. Durante essa prática, também seria útil desvincular-se da ação deliberada, uma vez que as funções executivas e o *planejamento motor* estão intimamente envolvidos com o mecanismo de previsão. Para uma exploração mais ampla de tudo isso, experimente a meditação a seguir.

PARTES PASSANDO

Relaxe... estabilizando a mente... encontrando calor humano... uma sensação de plenitude... tornando-se ciente da respiração de todo o seu corpo... o sentido do todo se expandindo para incluir sons... e visões... e pensamentos... suavizando-se na completude... permitindo que você seja por inteiro.

Permaneça presente como um todo, reconhecendo que há muitas coisas na consciência... reconhecendo a sensação simples da forma, consciência nua de sensações, sons e visões... reconhecendo percepções do que as coisas são... reconhecendo tons hedônicos... reconhecendo formações de pensamentos e sentimentos... reconhecendo a consciência... tantas coisas no fluir da consciência...

Reconheça que essas partes da mente continuam mudando... deixe-as mudar... deixe que aconteçam sem nenhum esforço deliberado... está tudo bem... o processo mental continua... com inúmeras partes... sempre mudando...

Deixe ir continuamente... fique próximo do presente... abrindo mão de todas as partes... não há necessidade de rotular ou entender nada... o presente tão vívido... deixando de lado a expectativa... sem saber o que acontecerá a seguir... sentindo-se bem com isso... liberando-se de se tornar... o momento presente tão brilhante e vívido... permanecendo antes de qualquer pressão ou estresse...

Deixe de lado o passado e o futuro... deixando ir continuamente... vivendo na superfície do agora... permanecendo na quietude do agora... à medida que as mudanças passam por ele... ainda agora...

DESCANSANDO EM REFÚGIOS

Vir direto para o momento presente pode ser muito tranquilo. Mas também pode ser triste reconhecer a natureza efêmera de todas as experiências — mesmo as mais tocantes e importantes de todas. Pode parecer assustador observar a natureza composta da mente, semelhante a um mosaico, e ver como suas peças estão frouxamente coladas e continuam indo e vindo de maneira impessoal. As experiências podem parecer vazias de significado e valor. A sensação de ausência de alicerce pode se tornar desespero. Por que se preocupar se o chão continua caindo e tudo vira pó?

À medida que o reconhecimento da impermanência se aprofunda, seria útil conversar com professores que estão familiarizados com esse território, especialmente se você se sentir perturbado por ele. Além disso, aqui estão algumas maneiras de se sentir mais confortável com finais infinitos:

- Observe o *nascimento* infinito das próximas experiências.

- Permaneça consciente da vivência contínua do corpo, da respiração contínua, do coração ainda batendo. Concentre-se na sensação de que você está basicamente bem agora.

- Mexa seu corpo para intensificar o feedback proprioceptivo de que você ainda "continua sendo", na frase tranquilizadora do pediatra e psicanalista Daniel Winnicott. Tome pequenas ações deliberadas, como escolher mudar de posição na cadeira, e concentre-se no senso de livre-arbítrio: você pode ser ativo quando quiser, não está desamparado ou sobrecarregado e as funções executivas de sua mente (por exemplo, selecionar e iniciar a ação) ainda estão funcionando bem.

- Sinta a terra embaixo de você, ainda aqui, ainda sólida, ainda confiável. Por exemplo, esfregue ou bata os pés no chão ou dê uma caminhada. Adoro o conto popular sobre a noite do despertar do Buda, que diz que ele foi atacado por forças do mal e da ilusão, mas depois se abaixou para tocar a terra em busca de conforto e força.

- Desfrute de prazeres simples, como um bocado de comida ou um gole de água. Eles são naturalmente calmantes e tendem a acalmar os sistemas de resposta ao estresse do corpo. Concentre-se também em sentimentos básicos de afeto, talvez conversando com pessoas de quem você gosta.
- Utilize a prática de descansar na plenitude e abrir-se para a paz, contentamento e amor.

> Na verdade, estamos sempre presentes. Nós apenas nos imaginamos em um lugar ou em outro.
>
> HOWARD COHN

Também é útil ter uma noção de *refúgios* — coisas que lhe dão abrigo, combustível e inspiração —, tanto para se sentir confortável com a transitoriedade do momento presente quanto como um recurso em geral. Os refúgios podem ser lugares, pessoas e animais não humanos, experiências, ideias, práticas e forças espirituais. Por exemplo, a meditação é um refúgio para mim — assim como as lembranças do Vale de Yosemite, quando estou sentado na cadeira do dentista. Você pode encontrar refúgio nas habilidades, virtudes e outras qualidades saudáveis que cultivou em si mesmo.

Em especial, considere estes refúgios-chave:

- *Professores*: Lembre-se dos muitos professores que você provavelmente teve, pessoas que o tocaram, ajudaram e fizeram diferença em sua vida, talvez voltando no tempo, às fontes de uma tradição espiritual. Há também o sentido do "professor interior": um conhecimento interior, o despertar e a bondade no âmago de cada um e os melhores anjos de nossa natureza.
- *Ensinamentos*: Histórias, folclore e mitos, ética e parábolas, artes, ciência e psicologia e tradições espirituais ao redor do mundo podem oferecer sabedoria útil. E é sobre isso

que muitos ensinamentos tratam fundamentalmente: a própria realidade, do jeito que ela é — incluindo seus mistérios. Os fatos são um refúgio, mesmo que você deseje que eles sejam diferentes: eles oferecem uma base sólida, a talidade das coisas como elas são.

- *O Ensinado*: Este é o refúgio da boa companhia, da comunhão com outras pessoas que apoiam seu caminho e podem trilhá-lo com você. Inclui amigos com quem você pode conversar, comunidades formais, como a congregação de uma igreja, monásticos e outros que estão profundamente comprometidos, e a reunião mais ampla de pessoas — no mundo todo — com quem compartilha uma causa, credo ou prática comum.

LEITURA ADICIONAL

Be Here Now (Ram Dass) [*Esteja aqui agora*, em tradução livre]

Buddhism AND (Gay Watson) [*Budismo E*, em tradução livre]

Emptiness (Guy Armstrong) [*Vazio*, em tradução livre]

The Heart of the Universe (Mu Soeng) [*O coração do universo*, em tradução livre]

Refúgio verdadeiro: Encontrando paz e liberdade no seu próprio coração desperto (Tara Brach)

Você pode encontrar refúgios de diferentes maneiras. Uma abordagem comum é "ir até" ou "buscar" um refúgio como algo distinto de si mesmo. Você também pode reconhecer ou imaginar que *já está* lá, "permanecendo como" ou "sentindo-se em casa em" um refúgio. Pode simplesmente estar consciente de um refúgio ou pensar ou falar palavras como "Eu encontro refúgio em _____" ou "Posso permanecer como _____". Pode se lembrar da vida e das qualidades pessoais de um professor ou de outra pessoa que respeita, talvez com uma sensação inspiradora de estar seguindo seus passos. Pode haver uma ocasião específica em que você se refugia, como no início de uma meditação, e pode recorrer à sensação de refúgio de vez em quando, ao longo do dia. Também é poderoso focar os refúgios de maneira formal. Para praticar isso, experimente a meditação no quadro.

Quaisquer que sejam os detalhes, a *experiência* do refúgio é o que importa: a sensação de segurança, alívio e apoio. Você está se permitindo ter essa experiência e permanecendo com ela por alguns poucos fôlegos ou mais, absorvendo-a dentro de si, de modo que a sensação de vários refúgios seja gradualmente incorporada em seu sistema nervoso. Isso não é desejar refúgio ou se apegar a ele. É simplesmente abrir-se e receber em si mesmo aquilo que cura, que é saudável, estimulante e bom.

UMA MEDITAÇÃO SOBRE REFÚGIO

Encontre uma postura confortável e alerta. Esteja ciente da respiração e relaxe. Lembre-se de uma ou mais coisas que são refúgios para você: um amigo, uma xícara de chá, ler um bom livro, sua família, um animal de estimação, uma igreja ou templo ou admirar o mar. Aberto à sensação de estar com um refúgio, como conforto... segurança... proteção...

Permaneça com a sensação de refúgio... Você pode pensar consigo mesmo: "Eu me refugio em _____" ou "Eu permaneço como _____". Tenha a sensação de entrar no refúgio... e do refúgio entrando em você.

Explore sentir seus professores como refúgios... talvez alcançando indivíduos em particular... Esteja ciente também de um despertar e bondade naturais dentro de você e encontre refúgio nisso.

Explore o sentido dos ensinamentos como refúgios... o conhecimento na ciência... a sabedoria em diferentes tradições, talvez uma que seja particularmente significativa para você... sentindo-se amparado por bons ensinamentos e grato por eles... Considere a própria realidade como um refúgio... vindo

> *para descansar no que é... deixando-se entrar na talidade de cada momento... aceitando a verdade das coisas.*
>
> *Explore a sensação de boa companhia como um refúgio... pessoas que são companheiras de caminho... pessoas que se dedicam à prática... talvez comunidades das quais você faz parte... encontrando refúgio nelas... um senso de companheirismo com pessoas distantes e distantes.*
>
> *Como quiser, explore outras fontes de refúgio para você e concentre-se na experiência delas. Talvez atividades... cenários... natureza... forças espirituais... Permaneça com a sensação de refúgio... a sensação de força calma como um refúgio... amorosidade como refúgio... a consciência como um refúgio... uma sensação de santuário, proteção, apoio... descansando em refúgio...*

A NATUREZA DA MENTE E DA MATÉRIA

Um insight profundo sobre a *natureza* de todas as experiências pode nos libertar de nos apegarmos a elas e, assim, livrar-nos do sofrimento que esse apego causa.

Então, vamos explorar a natureza de nossas experiências e a natureza do cérebro que as possibilita. Esses tópicos podem parecer meramente, e aborrecidamente, intelectuais — portanto, é útil lembrar que eles abordam quem e o que *somos*. Além disso, a natureza da mente e da matéria é um refúgio profundo. As coisas mudam — e, assim, são fontes não confiáveis de felicidade duradoura —, mas sua natureza não. Perceber essa natureza — perceber a sua *própria* natureza — permite que você repouse nela, em paz.

> Nas formas mais profundas de insight, vemos que as coisas mudam tão rapidamente que não conseguimos nos apegar a nada e, por fim, a mente abandona o apego.
>
> Abrir mão traz equanimidade.
>
> Quanto maior o desapego, mais profunda a equanimidade...
>
> Na prática budista, trabalhamos para expandir a gama de experiências de vida nas quais somos livres.
>
> GIL FRONSDAL

QUAL É A NATUREZA DA MENTE?

A *mente* consiste nas experiências e informações representadas por um sistema nervoso. (Existem outras definições de mente, mas esta é a que foi usada neste livro.) A sua mente, a minha mente, a mente de todos, possui essas quatro características. Ela é:

1. *impermanente*: A consciência é um *fluxo*, um processo fluido de mudança. Mesmo algo aparentemente estático como uma dor no joelho possui qualidades dinâmicas. Assim que um momento de experiência surge, ele é substituído por outro. A mente, que é representada pelo sistema nervoso de determinado corpo, compartilha o destino desse corpo, que acabará por morrer.

2. *composta*: As experiências são compostas de muitas partes. Por exemplo, se você analisar uma preocupação, verá diferentes aspectos dessa experiência, como sensações, pensamentos, desejos e emoções. De modo mais generalizado, a informação no sistema nervoso sobre qualquer coisa deve ser distinta da informação sobre outras coisas.

3. *interdependente*: Nossas experiências existem e mudam em função de *causas*. Elas não ocorrem por conta própria. As causas que compõem a sua mente neste momento podem incluir o que você estava pensando há alguns minutos, sua história

pessoal, o estado do seu corpo e o fato de que um mosquito acabou de pousar na sua nuca.

4. *vazia*: As três primeiras características acima estabelecem a quarta característica, de que todas as experiências são "vazias" de qualquer essência permanente, unificada e autocausante. O fato de as experiências serem vazias não significa que sejam nulas. Pensamentos, alegrias e tristezas existem, mas de forma vazia. O fluxo de consciência existe ao passo que, ao mesmo tempo, está vazio. A mente, incluindo seus elementos inconscientes, está vazia.

Em resumo, é da natureza de qualquer experiência em particular e da mente em geral ser impermanente, composta, interdependente e vazia. Todas as experiências são iguais em sua natureza. Saber que a dor e o prazer possuem a mesma natureza o ajuda a não lutar contra um ou perseguir o outro. Tente fazer isso da próxima vez que estiver envolvido em algo doloroso ou prazeroso: reconheça a *natureza* dessa experiência e observe como isso suaviza e facilita seu relacionamento com ela.

QUAL É A NATUREZA DO CÉREBRO?

Como a mente é representada principalmente pelo cérebro, também seria útil entender sua natureza. Como a mente, o cérebro é:

1. *impermanente*: A cada dia, centenas de novos neurônios bebês nascem em um processo chamado *neurogênese*, enquanto outras células cerebrais morrem naturalmente. Há uma reconstrução contínua das conexões existentes entre as células e as estruturas dentro das células. Novas sinapses se formam, enquanto as menos usadas desaparecem. Novos tentáculos capilares — os minúsculos tubos que fornecem sangue aos nossos tecidos — crescem e alcançam regiões particularmente ativas para fornecer-lhes mais combustível. Neurônios individuais disparam, rotineiramente, muitas vezes por segundo. E os processos moleculares caem em cascata, como dominós, ao longo de um único milissegundo.

2. *composto*: O cérebro tem três partes principais: tronco cerebral, subcórtex e neocórtex. Essas partes contêm muitas

regiões menores, que fazem coisas diferentes. Ao todo, existem cerca de 85 bilhões de neurônios dentro da sua cabeça, além de outros 100 bilhões de células gliais de suporte. Esses neurônios estão conectados em uma vasta rede com várias centenas de trilhões de sinapses. E as estruturas microscópicas de células e sinapses podem ser divididas em partes cada vez menores.

> Interdependência significa que uma coisa pode surgir apenas na dependência de outras coisas.
>
> THICH NHAT HANH

3. *interdependente*: O que acontece em uma parte do cérebro é afetado pelo que está acontecendo em outras partes dele. A atividade neural interage com a atividade nas células gliais. O cérebro interage com o resto do sistema nervoso... que interage com o resto do corpo... que interage com o mundo... e assim por diante.

4. *vazio*: Com base nas três características acima, o cérebro está "vazio" de qualquer essência permanente, unificada ou autocausante. Ele existe — vazio.

Resumindo: encontramos as mesmas características da mente também no cérebro. Ele também é impermanente, composto, interdependente e vazio.

O PROCESSO MENTE-CORPO

Um pensamento e um neurônio são diferentes um do outro, e, ainda assim, sua natureza é idêntica. Mente e matéria, por dentro e por fora, são iguais em sua natureza. Há uma única natureza de tudo, expressa em todas as coisas.

Nesse corpo, seu cérebro está construindo a sua mente. (De maneira mais geral, o sistema nervoso, o corpo, a natureza e a cultura humana formam a mente; estamos nos concentrando no cérebro para simplificar, e porque a base física mais imediata da mente é o cérebro.) Ao mesmo tempo, como vimos no Capítulo 2, sua mente está construindo seu cérebro, já que a atividade mental mobiliza a atividade neural, que deixa traços físicos.

Às vezes é útil focar apenas a mente ou o cérebro. Ainda assim, são dois aspectos de um único processo unificado. Você é esse processo: uma pessoa com mente e corpo — cuja natureza é impermanente, composta, interdependente e vazia.

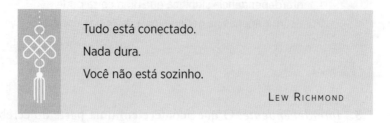

> Tudo está conectado.
> Nada dura.
> Você não está sozinho.
>
> LEW RICHMOND

FLUXO RODOPIANTE

Uma vez, eu e dois amigos descemos de canoa o Green River, em Utah, remando e flutuando por quatro dias antes de entrar no rio Colorado a caminho do Grand Canyon. Nunca havia passado tanto tempo em um rio e fiquei hipnotizado pelos redemoinhos que o atravessam. Alguns eram ondas estacionárias acima de uma rocha, outros eram turbilhões dos quais desviamos e muitos eram ondulações circulares transitórias na superfície. Eles eram todos dinâmicos e bonitos e uma metáfora profunda para muitas coisas. Amplamente definido, um redemoinho é um padrão de algo que é estável por um tempo e depois se dispersa. Uma nuvem é um turbilhão na atmosfera, uma discussão é um turbilhão em um relacionamento e um pensamento é um turbilhão no fluxo da consciência.

Certa tarde, vimos nuvens escuras de tempestade se acumulando ao longe, com faíscas de relâmpagos brilhando dentro delas, finalmente deixando cair uma torrente de chuva. Então uma cachoeira após a outra apareceu nos penhascos rochosos acima de nós, disparando para o rio, ele mesmo uma vasta espécie de redemoinho fluindo através de bancos de arenito vermelho-escuro formados pelos sedimentos mutáveis de mares antigos.

Alguns redemoinhos mudam mais lentamente do que outros. A tempestade passou em poucas horas, mas algumas das marcas que deixou no arenito podem durar milhares, talvez milhões, de anos. De minha canoa, vi correntes rodopiantes passando sobre rochas douradas polidas pelo tempo e, depois, uma folha carregada e, depois, uma mosca pousando na folha. Redemoinhos, em redemoinhos, em redemoinhos. Comparado com uma nuvem, seu corpo é um turbilhão lento. Ainda assim, a maior parte dos átomos existentes hoje desaparecerão em um ano e serão substituídos por novos.

Todas as nossas experiências se baseiam em redemoinhos de informação, representados por turbilhões de atividade neural. Os pensamentos são redemoinhos de mercúrio da mente e da matéria, ao passo que os vestígios que eles podem deixar na memória duram mais tempo — até que o próprio corpo-turbilhão desapareça. Todos os turbilhões eventualmente se dispersam. Seja na mente ou no rio Mississippi, todos os redemoinhos têm a mesma natureza: impermanentes, compostos, interdependentes e vazios.

Para funcionar, o corpo e a mente desse corpo devem tentar estabilizar o que está mudando, unificar o que é feito de partes e dividir o que está conectado. É necessário tentar, porém, falharemos de forma inevitável, contínua e comovente. Desejar desmedidamente ou apegar-se a qualquer turbilhão particular é, portanto, uma receita certa para o sofrimento.

Portanto, ame o redemoinho e seja a correnteza.

Permita-se entrar no fluxo maior de consciência, mergulhando na completude conforme exploramos. Deixe de lado os redemoinhos que passaram há um minuto... um ano e mais... e venha para o presente, recebendo o agora. E abandone cada novo redemoinho de experiência assim que ele surgir. Experimente a meditação do quadro e considere este ensinamento de Ajahn Chah:

>Se você se desapegar um pouco, terá um pouco de paz.
>
>Se você se desapegar muito, terá muita paz.
>
>Se você se desapegar completamente, ficará completamente em paz.

RODANDO

Descanse em seu corpo... aqui... e agora. Esteja ciente de que a respiração continua... as coisas continuam sendo...

Descanse em plenitude... permanecendo com a paz... contentamento... amor...

Esteja consciente das sensações... sons... pensamentos... a vinda reconfortante de uma experiência após a outra...

Em seguida, concentre-se nas experiências de um momento para o outro... deixando as coisas mudarem... Esteja ciente da impermanência... Saiba que você continua bem mesmo quando cada momento de consciência se dissolve em outra coisa...

Esteja consciente dos diferentes padrões de experiência que se movem através da consciência... redemoinhos de sensações que podem durar alguns poucos segundos ou mais... redemoinhos de sons que continuam por um tempo... redemoinhos de pensamentos e reações emocionais... deixando tudo continuar girando...

Esteja consciente da natureza desses redemoinhos de experiência: mutáveis, compostos de partes, interdependentes de tudo e vazios de essência... Saiba que essa é a natureza da mente e da matéria: impermanente... composta... interdependente... vazia...

Saiba que essa é a sua natureza... aceitando que é da sua natureza estar mudando... Aceite que é da sua natureza ser composto de muitas partes... que é da sua natureza ser o resultado, a cada momento, de uma vasta teia de causas... Aceite que é da sua natureza ser um processo aberto... Está tudo bem... Descansando em sua própria natureza... Sendo a sua natureza...

Descanse na natureza das coisas, mesmo quando as coisas se separam e passam... indo com o fluxo... deixando ir... Permanecendo como a natureza das coisas... Sendo sua própria natureza...

BOA PRÁTICA

Reconheça que tudo o que aconteceu há alguns minutos não está mais aqui. Foi-se. Seus efeitos podem durar, mas o que era realidade há alguns anos, dias ou mesmo segundos atrás não é mais realidade agora. Você pode explorar suas reações a esse reconhecimento. É alarmante? Triste? Libertador?

Também reconheça que tudo o que pode acontecer em um minuto ou em um ano não é real agora. Assimile isso como uma experiência, não apenas uma ideia. Abra-se para sentir que tudo o que teme ou espera no futuro não existe agora. Como você se sente?

Depois que algo surpreendente acontecer — pode ser tão simples quanto o toque da campainha —, rebobine o "filme" dos primeiros segundos após o ocorrido. O que aconteceu em sua mente durante aqueles segundos? Consegue reconhecer o alerta e a orientação no primeiro segundo? Consegue ver a avaliação e a atuação acontecendo? Esses aspectos da atenção podem acontecer tão rapidamente que parece que eles se sobrepõem, mas você ainda pode diferenciá-los.

Descanse deliberadamente no alerta e na orientação... sem precisar saber nem controlar nada... apenas recebendo o frescor do momento presente.

Refugie-se em uma ou mais coisas. Você pode fazer isso ao acordar, ao se deitar ou incorporá-lo em sua meditação.

Veja o que acontece quando você considera um relacionamento, uma situação ou você mesmo mais como uma nuvem do que como um tijolo. Em outras palavras, como um *redemoinho*: mudando, composto de partes e girando com base nas diferentes correntes que o atravessam. Como isso faz você se sentir?

ABRINDO-SE PARA A TOTALIDADE

*Aprender o estilo do Buda é
aprender sobre si mesmo.
Aprender sobre si mesmo
é esquecer-se de si mesmo.
Esquecer-se de si mesmo é perceber-se
como todas as coisas.*

DOGEN

Neste capítulo, exploraremos como liberar o senso de self e nos sentirmos mais conectados com tudo. Por um lado, esses tópicos podem parecer meramente intelectuais ou muito perturbadores por outro. Se você se sentir inquieto ou irreal, desacelere e concentre-se no que é tranquilizador e alicerçante: uma respiração mais completa, algo para comer, a sensação de estar com alguém que ama. Reserve um tempo para reflexão e insight. Continue voltando para sua própria experiência, para a simples sensação de como é ser você neste momento.

O PROCESSO PESSOAL

Quem sou eu?

Esta é uma das perguntas clássicas. Como podemos abordá-la?

O Buda ofereceu uma resposta a um homem chamado Bahiya, que viajou muito para encontrá-lo. Bahiya disse:

— Por favor, senhor, dê-me o ensinamento que trará bem-estar e felicidade em longo prazo!

Mas o Buda respondeu:

— Este não é o momento, Bahiya. Entrei na cidade para esmolar.

Depois que Bahiya implorou a ele mais duas vezes, o Buda disse o seguinte (de Udana 1.10):

— Bahiya, você deve se treinar assim:

"No que diz respeito a ver, haverá apenas ver. Na audição, apenas audição. Ao sentir, apenas sentir. Ao conhecer [por exemplo, pensar, sentir, lembrar], apenas conhecer. É assim que você deve treinar a si mesmo.

"Quando, para você, houver apenas ver no ver, apenas ouvir no ouvir, apenas sentir no sentir, apenas conhecer no conhecer, então, Bahiya, não haverá você em conexão com isso.

"Quando não há você em conexão com isso, não há você lá. Quando não há você lá, você não está nem aqui, nem além, nem entre os dois.

"Isto, apenas isto, é o fim do sofrimento."

A passagem conclui: *"Ao ouvir esta breve explicação do Dharma, naquele exato momento, a mente de Bahiya foi despertada."*

A PESSOA EXISTE?

Eu amo esse ensinamento por seu drama, simplicidade e profundidade. Como podemos entendê-lo e como podemos praticar com ele?

Claramente, *pessoas* individuais existem. O Buda existiu e, se acreditarmos no *sutta* acima, Bahiya também existiu. (Infelizmente, não muito tempo depois, Bahiya foi atacado e morto por uma vaca com um bezerro — que também existiram.) Assim como o Buda, nós podemos usar a linguagem convencional, tal como "eu" ou "você", para fazer referência a pessoas, a exemplo de quando ele disse *"Eu entrei na cidade"* ou *"Você deve se treinar assim"*.

Na minha metáfora do capítulo anterior, cada pessoa é seu próprio redemoinho ondulante. Enquanto as pessoas interagem, elas são distintas umas das outras, como diferentes ondas no oceano. As pessoas têm direitos e responsabilidades, e devemos tratá-las com decência e cuidado. Eu sou uma pessoa, você é uma pessoa e nós dois existimos.

> A abolição da presunção que eu sou —
> Essa é verdadeiramente a felicidade suprema.
>
> UDANA 2.1

EXISTE UM SELF?

Mas e quanto ao chamado *self*? Termos relacionados incluem *ego*, *identidade* e *eu*. A palavra *self* pode ser usada para a pessoa como um todo, mas quero usá-la de forma restrita, como o suposto ser interior que está olhando através dos nossos olhos. Estou focando o suposto self *psicológico*, e não a possibilidade de algo sobrenatural continuando de vida em vida, como uma chama passando de vela em vela até que não haja mais pavio ou cera.

Sinceramente, não sei se alguma coisa continua de vida em vida. Eu realmente tenho a sensação de algo profundo, dentro de mim, que é de alguma forma tanto específico para mim, quanto além de mim. Talvez esse também seja um redemoinho condicionado que acabará por se dispersar como todos os outros, mesmo os mais sutis. Quer isso aconteça, quer não, cada passo do caminho parece valer a pena, mesmo que culmine em um último piscar dessa chama.

Nesse caminho, não é que estejamos *buscando* um fim eventual da existência. Mas é útil estar *desencantado* com as falsas promessas, como na propaganda ou na expectativa de satisfação duradoura em experiências passageiras. Também é útil acordar dos feitiços lançados pela Mãe Natureza para manter seus filhos ansiosos para aumentar suas chances de sobrevivência — os feitiços que nos fazem pensar que as coisas serão mais dolorosas ou prazerosas do que realmente serão. À medida que despertamos, damos cada passo da prática por si só, não por aversão à vida. Nesse processo, há um desapego natural de tudo que alimenta as fogueiras da ganância, do ódio e da ilusão, e um repouso cada vez mais fácil na completude, no agora, na totalidade e na atemporalidade. E, eventualmente, esse descanso será tudo o que existe.

Enquanto isso, podemos examinar o aparente self psicológico. Este é um tópico importante, uma vez que a sensação de ser um self causa muito sofrimento, incluindo levar as coisas para o lado pessoal, tornar-se defensivo e possessivo. Quando o senso de self diminui, o bem-estar geralmente aumenta, com uma sensação de tranquilidade e abertura. Como colocou Anam Thubten: Sem self, sem problema.

O self psicológico é descrito de diferentes maneiras, em diferentes culturas. Neste livro, o termo *self* significa um suposto "eu" que está "dentro" de cada pessoa. Na vida cotidiana, tendemos a presumir que esse self está realmente presente em outras pessoas... assim como dentro de nós mesmos. Convencionalmente, pensamos nesse suposto self como tendo três características *definidoras*. Supõe-se que seja:

- *estável*: O self de hoje é o mesmo de ontem e de um ano atrás.
- *unificado*: Existe apenas um "eu" dentro da mente.
- *independente*: Coisas podem acontecer ao self, mas ele não é fundamentalmente alterado por elas.

Essas características definem o self aparente e são condições necessárias para que realmente exista um self. Mas será que são todas verdadeiras?

> O self não é algo em si mesmo,
> antes, nós criamos a sensação dele a
> cada momento.
>
> JOSEPH GOLDSTEIN

O SELF NA MENTE

Quando observamos nossa própria experiência, é surpreendente encontrar o *oposto* das três características definidoras de um suposto self:

1. *não estável* (isto é, impermanente): O "eu", no momento, continua mudando e, muitas vezes, há muito pouco senso de self.

2. *não unificado* (isto é, composto): Se o self fosse unificado, você poderia comandar cada pedacinho de si mesmo para parar de gostar de doces ou começar a gostar de falar em público. Existem múltiplos "eus", incluindo diferentes subpersonalidades e pontos de vista.

3. *não independente* (isto é, interdependente): O senso de self muda devido a diferentes influências, como redemoinhos e fluxos de desejo desmedido. Os vários "eus" também foram moldados por fatores internos e externos, como os da infância.

Em segundo lugar, ao observar a mente, podemos ver muitas referências a um suposto self completo que existe... em algum lugar... sempre fora de vista. Um "eu" completo é rotineiramente implícito em experiências de planejamento, resolução de problemas, devaneios e ruminação. Mas, por mais que tente, você nunca encontrará o suposto self completo em sua experiência real.

Terceiro, o senso de self costuma ser *acrescentado* às nossas experiências, e você pode estar atento a isso. Por exemplo, pode estar andando pela rua, apenas olhando em volta com pouco senso de self — e então, de repente, você vê, vindo em sua direção, alguém de quem você não gosta particularmente; dentro de um ou dois segundos, um senso de self muito mais forte pode começar a se desenvolver em sua consciência.

É perfeitamente possível que ocorra a visão, a audição, o sentimento e a cognição... sem adicionar um "eu" a eles. (Exploraremos isso na prática um pouco mais adiante.)

Quarto, há uma qualidade de subjetividade na maioria das experiências — uma consciência *de*, um testemunho *de*. O cérebro "indexa" os momentos da experiência para encontrar o que é comum a eles, e há uma inferência de que toda essa observação pressupõe que haja uma testemunha. Mas *a subjetividade não requer um sujeito*. Existe consciência, mas isso, por si só, não significa que existe um imutável *"alguém que"* está consciente. Olhe de novo e de novo, e você não encontrará esse alguém.

O "SELF" NO CÉREBRO

Agora vamos mudar de uma perspectiva subjetiva de *primeira pessoa*, que olha para as experiências de dentro para fora, para uma perspectiva objetiva de *terceira pessoa*, que olha para o cérebro de fora para dentro. Quando fazemos isso, também não conseguimos encontrar uma base estável, unificada e independente para um self no cérebro. Atualmente, existem muitos estudos sobre como a atividade em seu cérebro se correlaciona com diferentes experiências de "eu, eu mesmo e eu", como fazer uma escolha, reconhecer seu próprio rosto no meio de outras pessoas, decidir se uma palavra como "sensível" o descreve ou lembrar algo da infância. O que essa pesquisa revela é surpreendente.

As atividades neurais, que são a base das experiências autorrelacionadas, também são:

1. *não estáveis* (isto é, impermanentes): São transitórias e dinâmicas em todo o cérebro. Se fosse como uma árvore de Natal, as muitas luzes que indicam ativações autorrelacionadas estariam continuamente piscando.

2. *não unificadas* (isto é, compostas): Os correlatos neurais do sentido de self estão espalhados por todo o cérebro. Enquanto as ativações em certas áreas, como a rede de modo padrão, tendem a promover um senso de self, as ativações em outras partes do cérebro também fazem isso. Além disso, as muitas

áreas subjacentes a diferentes aspectos do senso de self também desempenham outras funções. Não existe um único lugar no cérebro que "constrói" o self. Somos todos únicos e, nesse sentido, especiais. Mas o self não é especial no cérebro.
3. *não independentes* (ou seja, interdependentes): essas ativações neurais são o resultado de fluxos de estímulos internos e externos e também dependem de processos e estruturas físicas subjacentes.

UM "SELF" É COMO UM UNICÓRNIO

Para resumir, nossas experiências de eu e meu — e suas bases neurais — são impermanentes, compostas e interdependentes. Em uma palavra, o self aparente é *vazio* (no sentido discutido no Capítulo 7). Isso, por si só, deve encorajar a iluminação sobre isso, e não o apego. Mas eu gostaria de levar isso um passo além.

Podemos ter experiências vazias de coisas que realmente existem, como cavalos. Só porque a *experiência* de um cavalo é vazia não significa que o cavalo não seja real. Mas também podemos ter experiências vazias de coisas que *não* existem, como imaginar um unicórnio. Se não há nenhuma criatura com as características definidoras de um unicórnio — um cavalo com um chifre longo e pontiagudo —, então, os unicórnios não são reais.

O suposto self é como um unicórnio, um animal mítico que não existe. Suas características necessárias e definidoras — estabilidade, unificação e independência — não existem nem na mente, nem no cérebro. O self completo nunca é observado na prática. A subjetividade não significa que haja um sujeito estável, aquele único — e sempre o mesmo —, com quem as coisas acontecem. E a sensação de ser ou ter um self não é necessária para a consciência — nem para abrir uma porta, nem responder a uma pergunta.

Perceber isso geralmente começa conceitualmente, e está tudo bem. Essas ideias destacam diferentes aspectos da sua *experiência*. Então você pode observar a mente e praticar com ela, tanto quanto o Buda disse a Bahiya para fazer. E, gradualmente, haverá uma sensação de conhecimento do que é verdadeiro. Houve um tempo em que isso me acompanhava até em casa depois de uma caminhada em um retiro. Enquanto eu analisava todos os muitos pensamentos, sensações e sentimentos surgindo na consciência, de repente ficou extremamente claro que tudo isso era muito complicado e muito rápido para qualquer ser criar ou controlar. Era um processo próprio, sem dono ou diretor. Fiquei pasmo, consternado, aliviado e inteiramente aberto.

> A profunda compreensão subjacente ao despertar do Buda... [é] que nem um self, nem algo pertencente a um self pode ser encontrado em nenhum momento, em nenhum lugar.
>
> BHIKKHU ANALAYO

PRATICANDO COM O SENSO DE SELF

O Buda encorajou a prática com o self aparente por meio da percepção da sua natureza vazia e por intermédio da liberação gradual da *identificação* ("esse sou eu"), *possessividade* ("aquilo é meu") e *orgulho* ("eu sou melhor que você, sou mais importante que você"). Ao explorar essas práticas, é normal sentir-se de cabeça para baixo e abalado. A primeira vez que esbarrei nessas ideias — e realmente me pareceu uma colisão — foi com o livro de Alan Watts, *The Book: On the Taboo Against Knowing Who You Are* [*O livro: Sobre o tabu contra saber quem você é*, em tradução livre]. Eu tinha 21 anos, estava em meu último trimestre na UCLA e, por um capricho, pensei que seria interessante aprender sobre a espiritualidade oriental. Por isso, eu tinha uma grande pilha de livros, com o dele no topo. Lembro-me de sentar do lado de fora para ler e ficar tão frustrado que o joguei no quintal. Parecia enervante e ameaçador. Mas depois de um tempo, eu o peguei de novo e, lentamente, fiquei mais confortável com o que ele dizia.

Quando encaramos a imprecisa insubstancialidade do aparente "eu", é fácil cair no medo da aniquilação, da morte e de nada além dela. Leve o tempo que precisar com essas práticas. Fique atento à continuidade tranquilizadora de ser uma pessoa: você ainda está respirando, ainda funcionando, ainda aqui, ainda bem. Avalie como é um forte senso de mim — muitas vezes tenso, contraído, com medo — e como é se abrir para simplesmente permanecer como uma pessoa inteira. Reconhecer o sofrimento em um e o conforto tranquilo no outro deixa claro por que você está praticando com o senso de self.

Como disse Jack Engler: "*Você precisa ser alguém antes de poder ser ninguém.*" É natural querer se sentir apreciado, querido e amado por outras pessoas. Tanto na infância quanto na idade adulta, absorver *fontes sociais saudáveis* — como sentir-se visto, compreendido e até querido — pode ajudá-lo a se sentir mais seguro e digno por dentro. Quando você se sente mais valorizado como *pessoa*, fica mais fácil deixar de tentar impressionar os outros ou obter sua aprovação. Também fica mais fácil lidar com rejeições ou críticas sem ficar muito chateado com elas.

Enfrentar um desafio — como sentir-se magoado por um membro da família — pode despertar um forte senso de self. Isso pode levar a um vaivém agitado entre você e os outros, no qual o senso de self deles também se intensifica. Então, com sorte, você adquire uma noção do que é de fato importante — e talvez eles também adquiram — e, eventualmente, há uma boa resolução. Depois disso, os limites entre mim e eu podem suavizar e se acomodar na completude de todos vocês — quem sabe com uma percepção de como você pode levar as coisas menos para o lado pessoal da próxima vez que algo semelhante acontecer.

Pensamentos, sentimentos, desejos etc., relacionados ao self, não são em si um problema. São experiências como quaisquer outras. Eles vêm e vão. Os problemas começam se você se *apega* a essas partes de si mesmo: tornando-as especiais, fazendo-as significar algo, defendendo-as, pensando que essas partes efêmeras e vazias são a sua essência estável. Achei muito útil reconhecer o self aparente e suas muitas partes como processos que mudam continuamente — na verdade, uma espécie de *selfinização* que se propaga pela consciência. Em vez de tentar se apegar a um self presumido, abra-se para o "processo da pessoa" que você realmente é, no qual pequenos redemoinhos de selfinização podem surgir... e ir embora. E para uma prática sustentada disso, experimente a meditação do quadro a seguir.

SELFINIZAÇÃO RELAXANTE

Esteja atento ao senso de self: suas idas e vindas e as causas dessas mudanças. Veja como é permanecer com pouco ou nenhum senso de self, mas ainda assim com consciência e tranquilidade. É útil relaxar e não se amarrar tentando ver "aquele" que está observando o senso de self. Permita que a subjetividade ocorra sem presumir um sujeito. Esteja consciente de ser uma pessoa em que a selfinização avança e retrocede.

Relaxe... encontre uma estabilidade de consciência... e esteja consciente da sua própria mente... Esteja atento ao senso de self aumentando e diminuindo... Esteja atento ao que acontece na consciência imediatamente antes de um aumento no senso de self: talvez algum tipo de desejo ou um pensamento sobre um relacionamento.

Explore a diferença entre dizer baixinho para si mesmo: "Existe respiração" em comparação com "Estou respirando"... "Há audição" em comparação com "estou ouvindo"... "Este pé está se movendo" em comparação com "Estou movendo meu pé"... "Há pensamento" ou "estou pensando"... "Existe saber"... "Eu sei"... "Existe consciência"... "Eu estou consciente"...

Relaxe cada vez mais no sentido de ser uma pessoa em que o sentido do eu ocasionalmente surge...

Quando uma sensação de "eu ou eu mesmo" surgir, esteja atento ao que isso implica, mas nunca revela totalmente... O self presumido completo já foi encontrado alguma vez?

Relaxe e deixe o processo da pessoa acontecer... abrindo-se amplamente para a totalidade... sendo uma pessoa pacífica, contente e calorosa... em que um sentido de "eu" pode ir e vir... Respirando confortavelmente, ainda bem, uma permanência pacífica... A respiração ocorrendo por conta própria, sem necessidade de alguém para dirigi-la.

Reconheça o sentido do "eu ou eu mesmo" simplesmente como uma experiência como qualquer outra... Reconheça que essas experiências de um

> *self aparente são todas vazias... Respirando confortavelmente, consciência contínua, permanecendo à vontade...*
>
> *Desvinculando-se do "eu"... ainda continuando como pessoa... estando bem... estando bem como pessoa sem precisar ser um self... Simplesmente sendo o que você é, uma pessoa completa no presente que está se revelando... na totalidade e no agora, uma pessoa acontecendo sem precisar de um "eu"... em paz...*

EXPERIÊNCIA ALOCÊNTRICA

Nesta seção, estou me baseando no trabalho de vários estudiosos, particularmente James Austin, professor de neurologia e praticante do Zen. Exploraremos a possível base neural do despertar, na qual o senso de self se dissolve enquanto o mundo brilha em radiante perfeição. E mesmo sem os fogos de artifício dessas experiências culminantes, místicas, não duais ou *autotranscendentes*, podemos gradualmente suavizar o senso de self e nos abrir mais para a interexistência com tudo o que existe.

PERSPECTIVAS EGOCÊNTRICAS E ALOCÊNTRICAS

Uma das características mais notáveis do nosso cérebro é que ele alterna rotineiramente entre duas formas diferentes de experimentar o mundo:

- *egocêntrica*: coisas conhecidas a partir da perspectiva pessoal e subjetiva de "meu corpo" ou "meu self"; o que as coisas têm a ver *comigo*; uma visão direcionada, muitas vezes estreita.
- *alocêntrica*: coisas conhecidas de uma perspectiva impessoal e objetiva; todo o cenário ou contexto por si só; menos senso de *"eu"*; uma visão ampla.

Essas perspectivas se baseiam no processamento visual-espacial relacionado aos nossos ambientes físicos. Mas elas podem ser estendidas a nossos relacionamentos, atividades, ao mundo como um todo — e, na verdade, a todo o universo. Os termos que as descrevem são neutros. *Egocêntrico* não significa egoísta ou arrogante, e *impessoal* não significa frio ou indiferente.

Normalmente, não percebemos a perspectiva alocêntrica porque ela opera principalmente em segundo plano. Ainda assim, na vida cotidiana, podemos observar cada uma dessas perspectivas indo e vindo em nossas mentes. Quando nossa situação muda, nosso cérebro também muda para a perspectiva alocêntrica por alguns momentos para atualizar a compreensão do ambiente total e, em seguida, retorna a uma perspectiva egocêntrica sobre o que quer que estejamos fazendo no momento. Se olhamos para algo que está perto de nós, ativa-se a visão egocêntrica, já que o que está perto de nós tende a ser mais relevante pessoalmente. Por outro lado, se olhamos para o horizonte ou para o céu, a perspectiva alocêntrica é ativada, pois o foco foi movido e saiu de nós mesmos em direção ao panorama geral.

Neurologicamente, o fluxo de processamento egocêntrico corre ao longo da parte superior do cérebro, através dos lobos parietais em direção ao córtex pré-frontal. Não por acaso, esse fluxo se baseia em redes neurais envolvidas com a sensação de "*eu* estou fazendo algo com coisas que estão separadas de *mim*", como o toque, a manipulação de objetos próximos a nós e a sensação somática de ser um corpo específico. Em segundo lugar, devido à sua localização e função, o fluxo de processamento egocêntrico provavelmente envolve a rede de atenção focada — discutida no Capítulo 7 —, que também corre ao longo da parte superior do cérebro. Em terceiro lugar, é provável que ele também envolva as redes corticais da linha média de "fazer", abordadas no Capítulo 6: tanto a parte da frente, orientada para a tarefa ("Eu estou resolvendo o problema"), quanto a parte de trás, do modo padrão ("Eu estou ruminando sobre alguém que me machucou").

Reserve um momento para refletir sobre esses três aspectos do egocentrismo (no sentido aqui entendido) e como eles se juntam muitas vezes ao dia. Por exemplo, ao pegar algo no armário, sua atenção pode se concentrar em uma peça de roupa específica enquanto você pensa no que fará ao usá-la. Tudo muito natural e útil. Ainda assim, *muita* selfinização pode acontecer nessas redes interconectadas.

Por outro lado, o fluxo de processamento alocêntrico corre mais abaixo e ao longo dos lados do cérebro, através dos lobos temporais e em direção ao córtex pré-frontal. Devido à sua localização, é provável que se conecte com a rede de atenção de alerta e orientação que corre ao longo do lado inferior direito do cérebro. E provavelmente interage com a rede lateral do modo "ser", que também fica do lado direito.

Para resumir um ponto muito importante: O modo "fazer", a atenção focada e a perspectiva egocêntrica estão conectados um ao outro tanto de forma prática quanto neurologicamente. Quando um desses sistemas autorreferenciais é acionado, ele tende a ativar os outros dois. Da mesma forma, o modo "ser", a atenção que alerta e orienta e a perspectiva alocêntrica também estão conectados entre si, tanto na prática quanto neurologicamente. *Assim, a completude, a atualidade e a totalidade dão suporte uns aos outros*. Por exemplo, entrar no agora deste momento tende a trazer consigo uma sensação de completude e conexão com o mundo mais amplo. Práticas que estimulam repetidamente e, portanto, fortalecem as redes laterais da completude, as redes de atenção do agora e as redes alocêntricas da totalidade trabalham juntas sinergicamente.

CULTIVO GRADUAL, DESPERTAR SÚBITO

Se você cultivar a completude, a atualidade e a totalidade, o que pode surgir?

Em todo o mundo, muitas pessoas dizem que tiveram experiências intensas e "incomuns" em um momento ou outro. Em particular, algumas pessoas descrevem uma sensação poderosa e extraordinária de estar imerso na realidade com pouco ou nenhum senso de self. Essas experiências autotranscendentes geralmente se desenvolvem rapidamente e, muitas vezes, repentinamente. Por exemplo, James Austin descreveu como isso aconteceu com ele. Ele estava visitando a Inglaterra após oito anos de prática Zen e, saindo do metrô de Londres, entrou em uma plataforma ferroviária:

Instantaneamente, tudo que você vê adquire três qualidades: Realidade Absoluta, Retidão Intrínseca, Perfeição Suprema... A sensação familiar de que *esta* pessoa está vendo uma cena comum da cidade desaparece numa fração de segundo. A nova maneira de ver prossegue de forma impessoal... Mais três temas indivisíveis penetram... em profundidades muito além do simples conhecimento: Este é o estado eterno das coisas... Não há mais nada a fazer... Não há absolutamente nada a temer.

Durante essa experiência, o que diabos estava acontecendo no cérebro dele? Ou no cérebro de outras pessoas durante experiências semelhantes?

É como se a rede egocêntrica simplesmente ficasse quieta. E, com isso, as redes do fazer e da atenção focada também se desprendem. Então, apenas a perspectiva alocêntrica está presente com seus companheiros da completude e da atualidade. Anteriormente, as perspectivas egocêntricas e alocêntricas exerciam inibição recíproca uma sobre a outra: como uma gangorra, quando uma desce, a outra sobe. Quando a perspectiva egocêntrica desaparece, isso pode liberar a perspectiva alocêntrica para avançar. Então, de acordo com Austin, "*todas as raízes da individualidade e das profundas angústias naturais de sobrevivência parecem ter desaparecido. Essa liberação aguda e inefável dos instintos mais profundos do medo primordial é especialmente libertadora.*"

Austin aponta como isso ocorre de maneira plausível. O *tálamo* é um painel central no subcórtex, e todas as entradas sensoriais, exceto o olfato, passam por ele. A consciência comum depende da informação que flui entre ele e o córtex. Normalmente, as partes superiores do tálamo estão continuamente "conversando" com regiões-chave do córtex que ajudam a construir o senso de self. Se esses sinais entre o tálamo e o córtex fossem bloqueados, o senso de self também poderia parar. E como o Buda disse a Bahiya: "*Quando não há você lá, você não está nem aqui, nem além, nem entre os dois. Isso, apenas isso, é o fim do sofrimento.*"

Como isso pode acontecer?

Vários tecidos próximos possuem neurônios liberadores de GABA que podem suprimir a atividade nas partes superiores do tálamo. Se, de repente, eles descarregassem altos níveis de GABA nessas partes do tálamo, isso poderia bloquear os principais caminhos pelos quais flui a corrente egocêntrica no fluxo da consciência. Por exemplo, a atividade reduzida nos lobos parietais está associada a um menor senso de self e a um maior sentimento de unidade e experiências místicas relacionadas. É como se um interruptor virasse e, então, houvesse uma experiência não dual de ser um com tudo, junto com as percepções e os sentimentos relacionados.

Além da história de Austin, seguem os exemplos de três outras pessoas:

> Um dia, sentei-me no topo de um penhasco com vista para uma praia e olhei para o abismo azul, e logo me vi completamente consumido pela vasta extensão de tudo o que existe. Senti profundamente a unidade e a atemporalidade com o universo. Parecia que uma energia consciente, fora da minha mente, estava passando por mim e, embora eu pudesse senti-la transformando meu próprio ser, a experiência parecia intocada pelo pensamento ou julgamento. Alguns dos maiores mistérios da vida foram respondidos nessa única experiência e permanecem sentidos e conhecidos até hoje.

> Durante um período de meditação [no retiro]... Eu dei tudo o que pude para não perder nenhum fôlego... [Então] os funcionários nos trouxeram chá e um biscoito. Recebi o chá e segurei a xícara em minhas mãos. Quando levei a xícara aos lábios e o chá entrou na minha boca, o mundo parou!... Na experiência, não havia o self. Sem nenhuma das minhas autorreferências habituais, era como se tudo tivesse parado.

> No instante em que me sentei [em meditação], o *koan* estava lá: *"Quem sou eu?"* Então, de repente, não havia nenhum limite para mim.

Fiquei tão chocado que realmente me levantei... Estava andando por aí, olhando as coisas, e não havia fronteira entre mim e qualquer outra coisa... Havia uma espécie de intimidade entre o interior e o exterior... Estava apenas andando neste mundo mágico de unidade.

INCLINANDO-SE PARA A TOTALIDADE

Essas experiências notáveis devem envolver processos neurais subjacentes. O bloqueio rápido de uma via-chave no tálamo pode ser apenas um deles. Ou a hipótese de Austin pode não ser verdadeira. Ainda assim, *algo* grande deve estar acontecendo no cérebro e provavelmente envolve as redes neurais da completude, da atualidade e da totalidade.

Despertares dramáticos acontecem quando acontecem, e não podemos forçá-los a acontecer. Mas *podemos* cultivar suas causas e condições. Muitas das pessoas que relatam uma profunda experiência autotranscendente tiveram uma base de prática pessoal significativa, e, muitas vezes, houve um período intenso de prática focada, como um retiro de meditação logo antes da experiência. Além disso, vale a pena fazer esse cultivo por si só. A sabedoria e a paz interior crescem à medida que os limites entre você e os outros diminuem, e você se sente mais conectado com tudo. Algumas pessoas falam de se sentirem acolhidas na natureza e em todo o universo. Você pode deixar de se ver como um ator isolado, às vezes lutando contra tudo, para sentir que tudo está se manifestando localmente como *você*. Na verdade, pode haver um sentido profundo de tudo como um todo único, a totalidade de uma única talidade.

> Vivemos na ilusão e na aparência das coisas.
> Existe uma realidade. Nós somos essa realidade.
> Quando você entende isso,
> vê que você não é nada.
> E sendo nada, você é tudo.
>
> KALU RINPOCHE

Você pode promover uma abertura para a totalidade de várias maneiras:

- Práticas de completude e de atualidade tendem a estimular a sensação de estar conectado com o mundo mais amplo.

- Descansar em plenitude também é um suporte poderoso. O desejo desmedido impulsiona a selfinização, de modo que, à medida que você entra na Zona Verde com sua equanimidade e bem-estar, o senso de self diminui naturalmente e o sentimento de abertura e conexão aumenta.

- A plenitude, a completude e a atualidade promovem a tranquilidade, que envolve os neurônios liberadores de GABA. Experiências repetidas de profunda tranquilidade, como na meditação regular, podem aumentar a atividade do GABA nos nódulos inibitórios do tálamo, talvez preparando-os para "apertar o botão" que poderia levar a uma imersão na totalidade.

- Uma vida mais simples, com menos realização de tarefas autorreferenciais, abre mais espaço para uma receptividade sem defesas e descontraída.

- Estar na natureza atrai a pessoa para o todo e, não por coincidência, a maioria dos locais para a prática contemplativa profunda são florestas, desertos, selvas ou montanhas.

- Austin aponta que alguns despertares ocorrem enquanto olhamos para o céu, o que naturalmente ativa o processamento visual alocêntrico. Práticas de olhar o céu com os olhos abertos ou ter uma sensação de espaço com os olhos fechados podem fortalecer esse circuito.

LEITURA ADICIONAL

The Book (Alan Watts) [*O livro*, em tradução livre]

"*Dreaming Ourselves into Existence*", *Buddhadharma* (Joseph Goldstein), outono de 2018 [*Sonhando até a existência*, em tradução livre]

No Self, No Problem (Anam Thubten) [*Sem self, sem problemas*, em tradução livre]

Selfless Insight (James Austin) [*Revelação abnegada*, em tradução livre]

Tao Te Ching (Lao Tzu, traduzido por Stephen Mitchell)

O PONTO DE VIRADA

Nós nos inclinamos e nos inclinamos — e então podemos tombar completamente. Em alguns casos, a transição para um senso de unidade parece não estar relacionada a nenhum evento externo. Grande parte da atividade cerebral é organizada em torno de processos referenciados internamente e, talvez, em algum lugar, uma espécie de dominó neural caia e inicie uma reação em cadeia transformacional. Mas muitos despertares envolvem algum tipo de surpresa. Por exemplo, em uma noite de luar no Japão do século XIII, a monja zen Mugai Nyodai carregava água em um velho balde feito de tiras de bambu. De repente, o vaso quebrou e ela teve um despertar. Gosto particularmente desta versão da iluminação dela, inserida no poema da escritora Mary Swigonski:

> Com isso e aquilo, tentei manter o balde unido
>
> e então o fundo caiu.
>
> Onde a água não se acumula,
>
> a Lua não habita.

Experiências de surpresa envolvem as redes de completude do cérebro, os aspectos de alerta da atenção e a perspectiva alocêntrica. Embora não possa treinar a surpresa em si — de outra forma, não seria surpreendente —, você *pode* desenvolver os traços relacionados da jovialidade, do deleite, do humor e do não saber. E assim você pode se tornar mais propenso a surpresas — e às portas que isso pode abrir.

Na próxima seção, exploraremos visões amplas que também podem apoiar sua abertura para a totalidade. Mas, primeiro, sugiro contemplar o que já cobrimos, com a prática do quadro a seguir.

PERMANECENDO ALOCENTRICAMENTE

Encontre uma posição que seja relaxada e estável. Firme a mente e aqueça o coração... sentindo-se em paz, contente e amoroso... as necessidades suficientemente atendidas no momento...

Sinta a tranquilidade se espalhando pelo seu corpo... uma calma profunda se espalhando em sua mente...

Esteja consciente de seu corpo como um todo... Abrindo os olhos para estar consciente da sala ou do espaço maior em que você está, obtendo uma percepção dele como um todo... seu olhar saindo de seu corpo, suavemente em direção ao horizonte... olhando acima do horizonte, abrindo-se para uma sensação do todo maior... Em seguida, permita que seu olhar relaxe e se mova para onde quiser, estando consciente de seu cenário como ele é... Sinta um conhecimento calmo e objetivo do cenário por si só...

Deixe seus olhos se fecharem, com uma sensação de amplitude de consciência... um céu da mente através do qual as experiências passam... Sinta-se à vontade e confortável... alerta e presente... no agora... no frescor do momento... aberto e sem limites...

Seja vasto... seja você mesmo... no limite frontal do agora, abrindo-se para tudo...

VISÕES AMPLAS

Até aqui, concentramo-nos no que somos *subjetiva* e *localmente*, em termos de nossas experiências momento a momento. Agora vamos explorar o que somos *objetiva* e *expansivamente*. À medida que sua visão se amplia, sua sensação de ser uma pessoa pode ir além da sua pele, alcançando nossa humanidade comum, a natureza em sua abundância e o universo como um todo.

Vou descrever várias visões que se complementam. Isso pode parecer meramente teórico, mas nossas visões moldam nossas experiências e ações. Quando você se move para o todo para olhar para si mesmo, obtém uma sensação crescente de ser *tudo* — expressando-se através de você. Como John Muir escreveu: "*Quando tentamos escolher qualquer coisa por si só, descobrimos que ela está ligada a tudo o mais no Universo.*"

A VISÃO DO VAZIO

Nós exploramos a natureza vazia de todas as nossas experiências, que carecem de qualquer estabilidade fundamental, unificação ou independência. Elas são redemoinhos no fluxo da consciência, girando e se dispersando.

Também exploramos a natureza vazia dos processos neurais, que são a base de nossas experiências. Quase tudo no universo físico é transitório, feito de partes e condicionado. Um próton, uma folha, um jantar e uma tempestade em Júpiter, que poderia engolir a Terra, são todos turbilhões no fluxo da materialidade. Nossa galáxia, a Via Láctea, é um redemoinho muito grande, mas ainda assim se fundirá em um redemoinho ainda maior — a galáxia de Andrômeda — daqui a vários bilhões de anos.

Processos mentais vazios e processos físicos vazios surgem e turbilhonam juntos, girando como dois aspectos distintos da totalidade padronizada do processo de uma pessoa. Enquanto você observa as ondas em uma praia, redemoinhos físicos em seu cérebro estão permitindo que os redemoinhos mentais vejam os redemoinhos físicos no mar. Tudo existindo e tudo vazio.

A VISÃO DA CULTURA

A mente de cada pessoa depende da mente dos outros. Por exemplo, sem experiências sociais durante a infância, nenhum de nós teria uma personalidade normal. Na vida diária, as ideias e atitudes de outras pessoas giram em nossas próprias consciências. Se incluirmos informações representadas fora do sistema nervoso como uma espécie de "mente" estendida, nossa mente é amplamente distribuída, aparecendo nas timelines do Facebook de amigos e armazenada em algum lugar na nuvem. Seus sentimentos e meus sentimentos, sua mente e minha mente: eles se misturam e, depois, fluem para a mente da próxima pessoa.

Thich Nhat Hanh escreveu:

> Você é uma corrente que flui, a continuação de tantas maravilhas. Não é um self separado. É você mesmo, mas também sou eu. Não pode tirar a nuvem rosa do meu chá perfumado esta manhã. E não posso beber meu chá sem beber minha nuvem.
>
> Eu estou em você e você está em mim. Se me tirarmos de você, então você não será capaz de se manifestar como está se manifestando agora. Se tirarmos você de mim, eu não seria capaz de me manifestar como estou me manifestando agora. Não podemos nos manifestar um sem o outro. Temos que esperar um pelo outro para nos manifestarmos juntos.

A VISÃO DA VIDA

É tão óbvio que é fácil ignorar e não sentir: cada um de nós é um animal vivo, resultado de quase 4 bilhões de anos de evolução biológica. A vida expressando-se em uma espécie particular; uma espécie que se expressa em um corpo particular. Nossos pais tiveram pais que tiveram pais... voltando eventualmente aos pais hominídeos há 1 milhão de anos... que tiveram pais primatas há 10 milhões de anos... que tiveram pais mamíferos há 100 milhões de anos... todo o caminho de volta para a primeira vida... do qual descemos em uma linha ininterrupta.

O corpo humano contém cerca de 40 trilhões de células, cada uma guiada por moléculas de DNA moldadas ao longo de bilhões de anos na forja da evolução. Ele também contém cerca de dez vezes mais micro-organismos. Para viver, abrigamos a vida e consumimos a vida. Somos a vida passando por nós enquanto passamos pela vida.

Mais de Thich Nhat Hanh:

> Não há fenômeno no universo que não nos diga respeito, desde uma pedrinha no fundo do oceano até o movimento de uma galáxia a milhões de anos-luz de distância...
>
> ... Todos os fenômenos são interdependentes...
>
> Nossa Sangha aspira viver em harmonia com a terra, com toda a vegetação e animais e com todos os nossos irmãos e irmãs. Quando estamos em harmonia uns com os outros, também estamos em harmonia com a terra. Vemos nosso relacionamento próximo com cada pessoa e cada espécie. A felicidade e o sofrimento de todos os humanos e de todas as outras espécies são a nossa própria felicidade e sofrimento. Nós inter-somos. Como praticantes, vemos que fazemos parte e não nos separamos do solo, das florestas, dos rios e do céu. Compartilhamos o mesmo destino.

A VISÃO DO UNIVERSO

Cada átomo em seu corpo, que é mais pesado que o hélio, foi feito dentro de uma estrela, geralmente quando ela estava explodindo. Carbono, oxigênio, ferro: tudo isso. Respire — e respire poeira estelar com poeira estelar. Esse corpo tem bilhões de anos.

> Percebemos, na física moderna, que o mundo material não é uma coleção de objetos separados; em vez disso, surge como uma rede de relações entre as várias partes de um todo unificado.
>
> FRITJOF CAPRA

Imagine as causas girando juntas para fazer este planeta e esse corpo e esse cérebro. As primeiras estrelas explodindo, novas estrelas e sistemas solares se formando e, eventualmente, um grande asteroide que atinge a Terra como uma bala, em uma janela de dez minutos, para limpar os nichos evolucionários que seriam preenchidos 65 milhões de anos depois por muitas criaturas diferentes, incluindo o primata inteligente que está lendo estas palavras.

O fluxo de consciência são redemoinhos de atividade mental e neural movendo-se através de um corpo. O próprio corpo é uma onda lenta através da espuma quântica. A mente flui para o corpo, o corpo para a mente e os dois juntos fluem para o universo enquanto ele se propaga de volta para você. Como diz o escritor e surfista Jaimal Yogis, *"todas as nossas ondas são água"*.

Saber disso pode ser apenas alucinante. Ou pode promover a sensação de ser uma expressão de uma vasta rede de causas, uma ondulação local de incontáveis fios na tapeçaria do universo. É inspirador e nos enche de humildade sentir que o que você está experimentando, a cada momento, está sendo construído por um cérebro, que está sendo construído por um corpo, que está sendo construído pela Terra, que está sendo construída por todo o universo.

A VISÃO DA TOTALIDADE

Indo além, você pode reconhecer a realidade como um todo — a totalidade —, tanto quanto pode reconhecer a mente como um todo. (Para uma prática disso, veja a meditação no quadro.)

A totalidade como totalidade é sempre totalidade. Tente entender isso como uma experiência alucinante, não apenas como um truísmo óbvio.

A totalidade como totalidade é imóvel, não se movendo. Todos os fenômenos mutáveis estão ocorrendo na totalidade que é imutável como totalidade.

Assim como não há problema na mente como um todo, não há problema na totalidade como um todo.

A totalidade como totalidade é uma base mais confiável para a felicidade duradoura do que quaisquer fenômenos mutáveis dentro dela.

Assim como você consegue ter uma noção da mente como um todo, veja se consegue ter uma noção da totalidade como um todo.

SÓ A TOTALIDADE

Relaxe... caloroso e à vontade... Sentindo o corpo inteiro respirando... permanecendo como a mente como um todo... Descansando agora... tranquilo e presente... Reconhecendo a natureza vazia das sensações da respiração...

Saiba que seu fluxo de consciência é afetado por outras pessoas... Simplesmente sinta este fato... sabendo que a sensação de ser você é moldada pela cultura humana...

Saiba que todas as experiências dependem de processos físicos, que sua mente depende da matéria... Esteja ciente da fisicalidade da respiração... das partes duras e das partes moles do corpo... Átomos fluindo para os pulmões a cada fôlego, entrando no sangue e se espalhando pelo corpo... átomos fluindo para o mundo... a sensação de respirar é resultado desses processos físicos...

Recebendo átomos de oxigênio de inúmeras plantas... expirando dióxido de carbono para elas receberem... respirando como parte de um vasto processo físico...

Sabendo que as expirações das plantas são alimentadas pela luz de uma bola de gás ardente... recebendo luz no corpo a cada fôlego... Sabendo que os átomos do seu corpo são muito antigos... que as estrelas tiveram que explodir para você estar aqui hoje...

Sabendo que sua respiração e seu corpo se misturam em processos que se estendem para o universo... deixando a imaginação e a consciência se abrirem totalmente para fora, sem limites... com espanto e admiração... intuindo a totalidade...

Relaxando nesse conhecimento... que este momento de experiência é o padrão local do universo...

Intuindo a totalidade... simplesmente a totalidade... sempre a totalidade... a totalidade permanecendo... apenas a totalidade... sendo tudo...

BOA PRÁTICA

Por uma hora, avalie a sensação de possuir coisas ("eu possuo isso"), identificando-se com pontos de vista ou grupos ("eu sou isso") e orgulho ("eu sou melhor que você, sou mais importante que você"). Avalie como são essas sensações. E considere o que estava acontecendo dentro ou fora de você para promovê-las.

Por mais uma hora, observe como você pode fazer várias coisas, como pessoa, sem muito ou nenhum senso de "eu".

Na meditação, fique atento ao ir e vir do sentido do "eu". Reconheça como esse senso de self possui muitos aspectos... que continuam mudando... devido a muitas causas. Reconheça como o self aparente é como uma nuvem, insubstancial, sem uma essência estável. Você também pode fazer isso em vários momentos ao longo do dia.

Quando você chegar muito perto do momento presente da experiência, observe que ninguém está comandando o show no limite emergente do agora. Está mudando tão rápido, que ninguém pode estar no comando de tudo.

Se você se sentiu rejeitado ou menor do que os outros, procure experiências genuínas de se sentir querido ou valorizado. Procure também oportunidades para reconhecer seu próprio valor e sentir sua bondade natural. Quando estiver tendo essas experiências, desacelere para ajudá-las a penetrar em você. Observe como aumentar seu senso de ser digno como pessoa realmente relaxa o senso de self.

Na meditação, explore como é reunir uma sensação de completude, de atualidade e de totalidade. Com a prática, elas podem se entrelaçar no pano de fundo da consciência enquanto você opera de maneira normal.

De vez em quando, reconheça o vazio na vida cotidiana. Por exemplo, um engarrafamento é vazio de (autocausação absoluta) essência. Situações, tarefas e interações também são vazias — assim como qualquer reação perturbadora a elas.

Explore a sensação de ser vulneravelmente dependente de muitas coisas, como pessoas, plantas e animais, medicina moderna, ar e luz solar e assim por diante. Analise o que pode parecer desconfortável sobre isso... e também o que pode ser muito favorável. Tenha uma noção de todas as coisas ondulando através de você, como você. Veja se consegue se sentir bem com isso. Fundamentalmente, você *é* as muitas coisas que se manifestam como você.

ENCONTRANDO A ATEMPORALIDADE

*As coisas aparecem e desaparecem
de acordo com causas e condições.
A verdadeira natureza das coisas não é nascer, nem é morrer.
Nossa verdadeira natureza é a natureza
do não nascimento e da não morte, e precisamos
tocar nossa verdadeira natureza para sermos livres.*
Thich Nhat Hanh

Chegamos ao último dos nossos sete passos do despertar, que é tanto o mais estável quanto o mais escorregadio sob os pés, sempre presente e a margem mais distante. As palavras podem nos ajudar a abordá-lo, mas elas se desfazem quanto mais nos aproximamos.

MENTE, MATÉRIA — E MISTÉRIO

É certo que a mente existe: estamos certamente tendo experiências, como ouvir, ver e sentir. De nossas experiências nós inferimos matéria, que estamos percebendo algo real, algo que existe por si mesmo — quer alguém perceba, quer não. Usando a mente, podemos estudar o mundo físico, a vida e sua evolução, o sistema nervoso e seu cérebro. A mente pode aprender sobre a matéria que está construindo a mente — o que confunde a minha mente!

Mente e matéria — até aqui, tudo bem. Esses são os fenômenos *naturais* que incluem informações e experiências imateriais, bem como matéria e energia materiais. Dentro da estrutura natural existem certamente muitas coisas estranhas e maravilhosas: alegrias e tristezas, esquilos e galáxias, Beethoven e zangões.

E... isso é tudo?

NIBBANA

Pelo que entendi, a busca do Buda era encontrar a felicidade mais sublime e a libertação mais radical do sofrimento. Uma crença comum de sua época era que algum aspecto de um indivíduo passava de uma vida para outra por meio de renascimentos; nesse contexto, o objetivo da prática pode ser acabar com o sofrimento nas vidas futuras, bem como nesta. Ele tentou um veículo após o outro, começando com uma vida privilegiada e seus prazeres, e depois saindo de casa para explorar disciplinas ascéticas e práticas meditativas cada vez mais sutis. Mas ele percebeu que as experiências que tinha com cada veículo não eram confiáveis porque todas eram *condicionadas* — causadas para entrar na existência — e, portanto, sujeitas a alterações quando suas causas mudavam. (Além de "condicionada", poderíamos dizer *fabricada, construída* ou *influenciada*, o que acrescenta nuances úteis.)

E assim ele continuou procurando, até encontrar o que não era condicionado. Imutável — não impermanente — e, portanto, uma base confiável para a felicidade e paz duradouras. Em uma palavra: nibbana. Como escreve Bhikkhu Bodhi:

> O que está além do ciclo de renascimentos é um estado incondicionado chamado Nibbana. Nibbana transcende o mundo condicionado, mas pode ser alcançado dentro da existência condicionada, nesta mesma vida, e experimentado como a extinção do sofrimento...

A realização do Nibbana vem com o florescimento da sabedoria e traz paz perfeita, felicidade imaculada e a quietude dos impulsos compulsivos da mente. Nibbana é a destruição da sede, a sede do desejo desmedido. É também a ilha de segurança em meio às furiosas correntes da velhice, doença e morte.

Na magistral antologia de Bhikkhu Bodhi, *Nas palavras do Buda*, ele reúne essas descrições de nibbana do Pali Canon. Eu gosto de deixá-las todas passarem por minha mente — e, às vezes, refletir sobre uma palavra específica:

- o não nascido, não envelhecido, sem doenças, imortal, sem tristeza, segurança suprema imaculada contra a escravidão
- a destruição da luxúria, ódio e ilusão.
- o incondicionado, não influenciado, imaculado, verdade, margem distante, sutil, muito difícil de ver, estável, não desintegrando, não manifesto, não proliferado, pacífico, sublime, auspicioso, seguro, destruição do desejo desmedido, maravilhoso, incrível, não aflito, desapego, pureza, liberdade, desprendimento, ilha, abrigo, asilo, refúgio, o destino e o caminho que leva ao destino.

Nibbana é um objetivo fundamental da prática budista:

> Ó construtor de casas, você é visto!
>
> Você não vai construir esta casa novamente.
>
> Pois seu toldo está quebrado e sua viga despedaçada.
>
> Minha mente atingiu o incondicionado;
>
> Eu alcancei a destruição do desejo desmedido.
>
> DHAMMAPADA 154

> Isso é pacífico, isso é sublime, ou seja:
> a quietude de todas as coisas compostas,

a extinção do desejo desmedido,

cessação,

nibbana.

ANGUTTARA 10.60

O nascido, tornado, produzido,

feito, fabricado, impermanente,

composto de envelhecimento e morte,

um ninho de doenças, perecendo,

nascido do desejo desmedido —

Isso é impróprio para o deleite.

A fuga disso,

calma, eterna, além da razão,

não nascida, não produzida,

o estado imaculado e sem tristeza,

a cessação dos estados de sofrimento,

a quietude das fabricações — bem-aventurança.

ITIVUTTAKA 43

FORA DO QUADRO NATURAL

Penso que podemos abordar o incondicionado de três maneiras. Primeiro, poderíamos praticar o "descondicionamento" *das* nossas reações que levam ao sofrimento, enquanto descansamos cada vez mais *em* uma consciência espaçosa imperturbável. Em segundo lugar, poderíamos explorar um estado mental extraordinário (geralmente o resultado de uma prática meditativa intensiva) *dentro da realidade comum*, na qual cessam todas as experiências condicionadas. Em terceiro lugar, nossa prática pode envolver algo que acreditamos ser verdadeiramente transcendental, além da realidade condicionada comum e fora da "estrutura natural". (Estou usando *transcendental* porque esse termo é menos específico e menos oprimido pelas associações problemáticas que alguns podem ter com palavras como "Deus".)

As duas primeiras maneiras de abordar esses assuntos não parecem muito controversas. Mas a terceira pode ser. Então vou reduzir o ritmo e tentar andar com cuidado aqui.

> Justamente porque existe um não nascido, não tornado, não feito, não fabricado... uma fuga do nascido, tornado, feito e fabricado é percebida.
>
> UDANA 8.3

Em minha experiência, algumas pessoas acham que não há sentido em praticar com referência a qualquer coisa transcendental. Suas razões incluem acreditar que nada transcendental realmente existe, ou que pode haver algo transcendental, porém incognoscível, ou que pode haver algo transcendental e conhecível, porém irrelevante para a prática. Outras pessoas acham que não há sentido em praticar *sem* referência a algo transcendental. Suas razões incluem acreditar que realmente existe um aspecto transcendental para a realidade máxima ou que mesmo que isso seja incognoscível, para eles é útil praticar em relação ao transcendental. Aprendi com professores em ambos os campos.

Estudiosos e professores discordam sobre as traduções e significados adequados das passagens acima e outras semelhantes do Pali Canon. Minha própria leitura dessas passagens indica que elas incluem referências a algo que é genuinamente transcendental. Mas posso estar errado sobre isso. E não importa o que os textos "realmente" signifiquem, o Buda e seus outros autores podem estar enganados.

Como professor, o Buda encorajou as pessoas a virem e verem por si mesmas o que consideram verdadeiro e útil. Bem, para mim, tanto a razão quanto a experiência dizem que a realidade comum não é tudo o que existe. Então eu abordo a questão de "O que significa ser incondicionado?" de todas as três maneiras mencionadas acima. Claro, você pode explorar este material da maneira que quiser. Neste capítulo, considerarei os aspectos naturais e possivelmente transcendentais da prática.

POSSÍVEIS CARACTERÍSTICAS DO TRANSCENDENTAL

Para começar, é importante distinguir entre o que pode ser *sobrenatural* — por exemplo, renascimento, seres espirituais, reinos cosmológicos — e o que pode ser *transcendental*: além de tudo o que é sobrenatural e eterno e, portanto, atemporal. Aqui, vou me concentrar no que poderia ser transcendental. As pessoas usam palavras diferentes para isso, como realidade máxima, consciências infinitas, Mistério, Alicerce ou Deus. Considerando apenas o budismo, existem muitos ensinamentos e desacordos sobre esses assuntos e muitos mais em outras tradições e filosofias. Vou simplificar, resumir e enfatizar as implicações para a prática.

Algo transcendental pode não existir. Mas se existe *de fato*, hummm, seria útil considerar e talvez até sentir suas possíveis características.

Primeiro, o transcendental poderia ser *incondicionado*, uma base de possibilidade atemporal que permite a realidade condicionada e limitada pelo tempo. O que sempre está um pouco antes do agora ainda não está condicionado. O que se torna condicionado, tanto na mente quanto na matéria, é determinado, definido, real, não livre. Tudo o que é transcendentalmente incondicionado é amplo e ilimitado. As coisas mudam, mas não o que é incondicionado. Por exemplo:

> Mova minha mente agora para aquilo que contém
> Coisas enquanto elas mudam.
> Wendell Berry

Pode haver uma quietude além de toda atividade e barulho:

> Quem
> É você? O silêncio
> De quem é você?
> Thomas Merton

Em segundo lugar, o que pode estar além da realidade comum pode ter uma qualidade de *consciência*. Como uma maneira de abordar essa questão, considere experimentos recentes sobre entrelaçamento quântico. Uma interpretação importante de seus resultados é que é necessária uma consciência observadora para a possibilidade quântica — uma partícula pode, de alguma forma, estar "para cima" e "para baixo" — para se tornar realidade (por exemplo, "para cima"). Se isso for verdade, talvez algum tipo de consciência deve estar entrelaçado no tecido subjacente do universo físico, em todos os lugares e sempre, para que o que é possível se torne o que é real, *agora*.

Em terceiro lugar, em seu sentido do transcendental, as pessoas às vezes falam de uma *benevolência* de longo alcance. Por exemplo, uma vez eu vi a porta da frente de uma casa pintada com DEUS É AMOR.

Quarto, alguns descrevem uma *paz sublime* no transcendental, ou qualidades relacionadas de bem-aventurança ou alegria. Essa paz é um atributo do transcendental ou o que as pessoas experimentam quando reconhecem o que é transcendental para elas? Talvez ambos, e talvez não importe.

Por último, alguns encontram uma qualidade de *pessoalidade*. Um Ser com quem alguém pode ter um relacionamento. Um Ser para amar, talvez adorar.

Essas são algumas das maneiras pelas quais as pessoas falam e dizem que vivenciam o transcendental. Vou me concentrar principalmente na primeira delas, a qualidade de ser *incondicionado*.

> Esta vida santa não é para ganho, honra e fama ou para obtenção de virtude, concentração, conhecimento e visão. Em vez disso, é essa libertação inabalável da mente que é o objetivo dessa vida santa, seu cerne e seu fim.
>
> MAJJHIMA NIKAYA, 30

VOLTANDO-SE PARA O TRANSCENDENTAL

A ciência não pode provar ou refutar a existência do transcendental. Eu amo a ciência e acredito que nosso mundo é muito melhor por causa dela. Mas, por mais poderoso que seja, o método científico tem limitações. Por exemplo, não pode provar que uma pessoa realmente ama outra. Algumas coisas, que são verdadeiras, a ciência não pode provar.

A prática de muitas pessoas foi alimentada por seu senso de algo transcendental. Se realmente existe um aspecto transcendental da realidade máxima, levá-lo em consideração pode ser importante para você. Tem sido importante para mim, e pratiquei dentro do quadro natural, em parte, para me tornar mais aberto ao que pode estar além dele.

Vamos considerar algumas maneiras de fazer isso.

ACALMANDO O CONDICIONADO

Somos atraídos para o que é condicionado quando nos sentimos distraídos, agitados ou assoberbados. Consequentemente, a sensação do que poderia ser incondicionado é auxiliada pela estabilização da mente, a primeira das sete práticas que exploramos.

Também somos atraídos para o que é condicionado quando nos sentimos solitários, ressentidos ou inadequados. Para resolver isso, adotamos a segunda prática do despertar, aquecendo o coração.

Sentir que algo está faltando, ou está errado, alimenta o desejo desmedido que impulsiona muita reatividade condicionada e estressante. Foi por isso que fizemos a terceira prática, descansando na plenitude.

Dividir-se internamente faz com que partes condicionadas lutem com outras partes. A quarta prática, sendo total, reduz esses conflitos internos e leva você a um espaço mental estável.

Quando você está preso no passado ou no futuro, provavelmente está pensando em uma coisa condicionada após a outra. A quinta prática, receber o agora, ajuda você a se aproximar do limite emergente de cada momento, antes que muitos sentimentos e desejos condicionados tenham tido tempo de tomar conta.

Sentir-se separado do mundo, com um forte senso de self, faz-nos levar para o lado pessoal os fenômenos condicionados da vida. Assim, exploramos a sexta prática, abrindo-nos para tudo, suavizando as fronteiras entre a pessoa que você é e todo o resto.

Embora cada uma das seis primeiras práticas de despertar tenha valor por si só, cada uma apoia as outras — e todas elas levam à sétima prática, encontrando a atemporalidade. Por exemplo, à medida que você se torna mais contente e pacífico, é natural se abrir para a mente como um todo e sentir como ela está flutuando em mil brisas dentro de uma vasta quietude imperturbável.

De fato, o sábio que está totalmente saciado
descansa à vontade em todos os sentidos;
nenhuma sensação de desejo adere àquele
cujo fogo esfriou, privado de combustível.
Todos os laços foram cortados,
o coração foi levado para longe da dor;
tranquila, a pessoa descansa com extrema
   naturalidade,
a mente encontrou seu caminho para a paz.

CULLAVAGGA 6.4.4

UM SENTIDO DE POSSIBILIDADE

A qualidade da incondicionalidade — possibilidade absoluta — poderia ser o atributo necessário primário do transcendental, distinguindo-o da realidade condicionada comum. Você pode imaginar e talvez sempre sentir essa possibilidade antes do momento presente. Pessoalmente, considero essa uma prática incrível. É como se você estivesse consciente do que é antes de agora... grande parte do tempo.

Você também pode estar consciente da possibilidade dentro do quadro natural. Isso é *como* a incondicionalidade transcendental e, portanto, uma maneira de ser lembrado dela. Por exemplo, uma folha de papel em branco pode representar infinitas possibilidades de imagens e palavras. A superfície de um rio pode ser modelada por uma variedade infinita de redemoinhos.

Em sua mente, você pode reconhecer que a consciência é efetivamente incondicionada no sentido *mental*, capaz de representar uma variedade infinita de experiências. À medida que sua mente fica mais estável, você pode até mesmo reconhecer uma espécie de espaço ainda não condicionado entre os ladrilhos — os sons, pensamentos, sensações, sentimentos etc. — do mosaico da consciência.

Você também pode imaginar e talvez sentir o zumbido de fundo do sistema nervoso, sempre ligado, sempre pronto para responder ao que quer que aconteça a seguir. Muita atividade neural nos substratos físicos da consciência não está, *naquele momento*, representando nenhuma informação. Esses neurônios continuam disparando para que estejam preparados para representar novas informações, novos sinais, novos condicionamentos. Os substratos neurais que não estão, naquele momento, representando informações são efetivamente incondicionados no sentido *físico*, prontos para serem condicionados. Eles fornecem um campo de ruído fértil — um espaço de possibilidades — que é livre para ser modelado por qualquer novo sinal.

A vida cotidiana oferece diversas oportunidades para um sentimento de possibilidade. Ao abordar tarefas ou situações, observe como é manter as opções abertas antes de restringi-las. Tantos gestos possíveis das mãos, tantos movimentos do corpo, tantas palavras diferentes que você pode dizer. Procure também a quietude, aquilo que não se move e por onde flui o movimento. Por exemplo, você pode encontrar a quietude profunda em seu ser, uma espécie de ponto central em torno do qual todos os movimentos mentais vêm e vão.

> ## LEITURA ADICIONAL
>
> *I Am That* (Sri Nisargadatta Maharaj, editado por Sudhakar S. Dikshit) [*Sou aquilo*, em tradução livre]
>
> *The Island* (Ajahn Passano and Ajahn Amaro) [*A ilha*, em tradução livre]
>
> *A filosofia perene* (Aldous Huxley)

UMA CONSCIÊNCIA MAIS PROFUNDA DO QUE A SUA

A sua própria consciência — e talvez a de um esquilo ou de outros animais — pode ser *como* uma consciência potencialmente transcendental. Portanto, a prática de permanecer como consciência pode aprofundar a sua intuição de uma consciência universal — e também o atrair até ela. Certa vez, eu estava contando ao professor Shinzen Young sobre meu senso de consciência "no fundo", que era muito diferente da minha consciência comum. Ele respondeu:

— Sim. E conforme a prática se desenvolve, pode haver uma mudança, e, em vez de observá-la, você se torna essa consciência mais profunda olhando para si mesmo.

Essa consciência mais profunda pode ser simplesmente um aspecto da mente natural e condicionada. Ou pode transcender a mente comum. Pessoalmente, eu experimento isso por intermédio dessas duas maneiras e sou inspirado pelo dito sânscrito *Tat tvam asi*: Tu és Aquilo.

Seja como for que você interprete, veja se consegue ter uma noção dessa mudança, mesmo que apenas por um momento. E então, com o tempo, você pode ter uma sensação mais consistente de uma vasta consciência impessoal como pano de fundo ou fundamento das suas experiências pessoais particulares. À medida que a consciência é necessária para que a potencialidade quântica se torne realidade, uma sensação de consciência transcendental pode ser especialmente acessível quando você entra no momento presente, descansando o mais próximo possível da borda emergente do agora.

VIVIDO PELO AMOR

Como vimos nos capítulos anteriores, o amor fluindo para dentro e para fora pode reduzir o desejo desmedido e o senso de self, o que, por sua vez, abre mais espaço para um maior senso do que poderia ser incondicionado. Além disso, se for verdade que Deus é amor, esse amor, a possibilidade e a consciência estão entrelaçados juntos no transcendental, e assim, seu amor pessoal pode ser *como* esse vasto amor transpessoal e, portanto, uma entrada nele.

Você pode explorar a sensação do seu amor se abrindo e se tornando sem fronteiras, infinito, ilimitado, irrestrito e incondicional. Por exemplo, um amigo meu foi monge no Sudeste Asiático por muitos anos, e eu perguntei a ele se havia conhecido alguém que fosse iluminado. Ele riu e disse que os padrões são altos por lá. Eles o observam por anos, e não basta ter um momento de luz branca para conseguir um programa de TV. Eu persisti, e ele disse, claro, havia algumas pessoas que eram reconhecidas como altamente, altamente desenvolvidas, talvez totalmente despertas. Eu perguntei:

— Como eles eram?

— Bem, de certa forma, eles sempre foram os mesmos — respondeu ele. — Sim, às vezes eles eram quietos e outras vezes falantes, às vezes brincavam e às vezes eram sérios. Mas dessa forma eles eram sempre os mesmos: se você os tratasse bem, eles o amavam, e se você os tratasse mal, eles ainda o amavam.

Esse tipo de amor não depende de condições; dessa forma, é incondicionado.

Você também pode intuir ou imaginar que o "seu" amor não é apenas *como* o amor transcendental, mas é, em certo sentido, um aspecto dele. As pessoas falam sobre um poço profundo de amor que não tem fundo, é inesgotável, fluindo para sempre. Você pode ter a sensação de um amor além do seu vivendo através de você.

>
> Deixe de lado o passado, deixe de lado o futuro,
> deixe de lado o presente.
> Indo além do tornar-se,
> com a mente liberada em todos os sentidos,
> você não passa novamente pelo nascimento e pela velhice.
>
> DHAMMAPADA 348

MOMENTOS DE DESPERTAR

Há um ditado: Momentos de despertar — muitas vezes ao dia.

É como se passássemos a vida envoltos em veludo preto, rodeados de luz. Cada momento de despertar faz um buraquinho no veludo que deixa entrar um raio de luz. Momento após momento, buraco após buraco, mais e mais luz flui. Eventualmente, o manto fica tão cheio de buracos que se torna transparente à luz que sempre esteve lá.

Você pode sentir isso em torno de alguns seres. Eles vivem neste mundo enquanto algo sobrenatural brilha através de seus olhos, palavras e ações.

Acredito que isso seja possível para todos nós. Podemos cultivar um senso de transcendência todos os dias. É como sentir que a sua "frente" está vivendo na realidade condicionada, enquanto as suas "costas" estão descansando no transcendental incondicionado. Um espaço de possibilidades e, talvez, de profunda consciência e amor. A sensação de ser um redemoinho na corrente da totalidade que flui ao longo das margens do incondicionado.

UM SENTIMENTO DE LIBERDADE

Estabelecendo estabilidade mental... sentindo-se amoroso... contente... e pacífico... Respeitando como um todo... Tranquilo e presente... Um senso de self pode ir e vir... Abrindo-se para a totalidade...

Intuindo ou imaginando um espaço de possibilidade no qual todas as coisas ocorrem... a possibilidade sempre pouco antes do que quer que aconteça... sempre ainda não condicionado... Relaxando e se abrindo para essa possibilidade...

Pode haver uma sensação de grande amplitude... uma sensação de quietude... Descansando na eternidade conforme o tempo passa... Acrescentando nada, fabricando nada... Nada grudando, nada pousando... Permanecendo nesta liberdade...

Se quiser, explore outros aspectos possíveis do transcendental... talvez a sensação de uma consciência mais vasta do que a sua... amor sem limites... tranquilidade sublime... benevolência para com você... Recebendo e permanecendo...

Uma sensação de permanência incondicionada... como fenômenos condicionados aparecem e desaparecem... permanecendo incondicionado...

REDEMOINHOS NO RIACHO

O processo de mover-se em direção ao que é incondicionado é, ele próprio, condicionado. Por exemplo, exploramos uma sensação crescente de estabilidade, amorosidade, plenitude, completude, atualidade e totalidade, e com a prática, eles se tornam mais profundamente enraizados, estáveis e confiáveis. Mas ainda estão condicionados. Mesmo o eterno agora e a totalidade de tudo são condicionados pelo big bang e pela natureza profunda subjacente do universo físico — seja lá o que for! E à medida que o que é incondicionado faz diferença para uma pessoa, esses efeitos devem envolver mudanças condicionadas no corpo e na mente da pessoa.

Como podemos entender esse encontro do condicionado com o incondicionado? O que poderia estar acontecendo quando os processos condicionados nos substratos neurais da consciência se tornam extremamente, talvez totalmente, silenciosos? E como esse silêncio pode ser uma abertura para o que pode estar além da realidade comum?

No que diz respeito aos mistérios que essas questões apontam, gostaria de oferecer as reflexões abaixo. Elas resumem, reúnem e desenvolvem os principais temas que estamos explorando.

◉ ◉ ◉

Os rios fluem e os redemoinhos giram.

Um rio é feito de moléculas, feitas de átomos, feitos de partículas quânticas que são o substrato do universo físico.

Os cientistas falam de uma "espuma quântica" através da qual passam redemoinhos de matéria e energia. Os padrões de matéria e energia mudam, mas seu substrato permanece o mesmo.

Redemoinhos são padrões *de* um rio. De forma similar, todas as formas de matéria e energia — de quarks a quasares, de microvolts a relâmpagos — são padrões *do* substrato do universo.

◉ ◉ ◉

Elétrons girando, dançarinos em uma boate, trânsito na rodovia, a vida de uma pessoa, luas e estrelas, aglomerados de galáxias e nosso próprio universo florescente, cercado de mistério — todos são redemoinhos na correnteza.

Todo redemoinho é composto de partes, dependentes de causas e impermanentes. Todos os redemoinhos se dispersam. Todos os redemoinhos estão vazios. Agarrar-se a redemoinhos é sofrimento.

◉ ◉ ◉

O substrato do universo permite uma variedade infinita de padrões, assim como um rio permite uma variedade infinita de redemoinhos. Redemoinhos modelam um rio momentaneamente, sem alterar sua capacidade de ser modelado. Da mesma forma, todos os redemoinhos de matéria e energia emergem, persistem e se dispersam sem nunca alterar a capacidade de seu substrato de gerá-los, retê-los e liberá-los.

Assim que um padrão se forma, suas múltiplas possibilidades convergem para uma única realidade. Seu substrato é um espaço de liberdade efetivamente infinita no qual as realidades emergem na não liberdade e depois desaparecem.

◎ ◎ ◎

É sempre agora. A duração do agora parece ser infinitesimalmente pequena. No entanto, de alguma forma, contém as causas do passado, que criarão o futuro.

A espuma quântica do substrato do universo é sempre rica em possibilidades.

Pouco antes do limite emergente do agora, pouco antes da potencialidade quântica se fundir na realidade, sempre ainda não está condicionado.

◎ ◎ ◎

A informação é uma redução da incerteza, um sinal contra um pano de fundo de ruído.

A informação é representada pela padronização de um substrato adequado. A informação da "Ode à Alegria" de Beethoven pode ser representada por uma partitura musical no papel, pulsações em alto-falantes estéreo e ativações organizadas em redes neurais.

A mente é a informação e as experiências representadas pelo sistema nervoso.

Os substratos neurais da consciência podem representar uma variedade infinita de experiências.

Toda experiência depende de uma breve coalizão dinâmica de muitas sinapses.

Uma experiência é um redemoinho de informações mapeadas para um redemoinho de atividade neural.

◉ ◉ ◉

Para que qualquer experiência surja, deve haver capacidade neural não utilizada para representá-la. O substrato da atividade neural ruidosa é fértil em potencial.

Leva apenas milissegundos para formar o conjunto coerente de sinapses que fundamentam uma experiência. Uma vez que um conjunto neural começa a existir, ele é condicionado e não livre. A experiência permanece o que é até que seu padrão sináptico se disperse, geralmente em um ou dois segundos. Então essas sinapses tornam-se disponíveis para representar novos turbilhões de experiências.

As experiências surgem e retornam a um campo de possibilidades infinitas.

◉ ◉ ◉

Há sempre alguma capacidade neural não utilizada, disparando ruidosamente e vibrando com as possibilidades. Ainda não padronizada, condicionada e não livre.

Na meditação, tornamo-nos cada vez mais íntimos dessa potencialidade neural. À medida que os sinais que se movem através dos substratos neurais da consciência se acalmam, tornamo-nos mais conscientes da capacidade incondicionada de representar a próxima experiência e menos envolvidos com qualquer experiência particular que surja e desapareça.

Assim, um campo de possibilidades para a mente pode ser observado diretamente. Do mesmo modo, um campo de possibilidades para o cérebro e para toda a matéria, no nível quântico, pode ser entendido intelectualmente e intuído imaginativamente — e talvez também conhecido diretamente, de alguma forma.

À medida que a prática contemplativa se aprofunda — junto com a virtude e a sabedoria —, nós nos tornamos cada vez mais conscientes e centrados na liberdade que existe antes das experiências.

Tornamo-nos conscientes de redemoinhos mentais/neurais surgindo e se dispersando — nenhum deles é uma base confiável para a felicidade duradoura.

Podemos permanecer na possibilidade mental/neural antes que os padrões sejam fixados a ela, como notas em um quadro de avisos.

Se realmente existem influências transcendentais, o espaço eterno de possibilidade, na vanguarda do agora, seria uma janela oportuna para a Graça.

◉ ◉ ◉

Os redemoinhos da matéria e os redemoinhos da mente têm a mesma natureza. Eles são impermanentes e compostos, e surgem e desaparecem dependendo de suas causas. Eles são padrões *do* seu substrato, que nunca mudam o substrato propriamente dito. No limiar do agora, eles emergem continuamente de um campo de possibilidades efetivamente incondicionadas.

Todo o universo e as nossas próprias experiências têm a mesma natureza. As estrelas acima, a grama e os vermes abaixo e as nossas experiências com eles são um em sua natureza.

As coisas mudam, mas a natureza delas não. As coisas não são confiáveis, mas a natureza delas é.

Na natureza das coisas, não há problema. Nada para agarrar e nenhuma necessidade de agarrar. Esta é a natureza de um copo, a mão que o segura e a visão da mão.

Sua natureza. Minha natureza. A natureza de todos ao seu redor. Todos na nossa vida. A natureza das árvores e dos pássaros, de cada planta e de cada animal. A natureza de cada gota de água, cada grão de areia. E a natureza de cada alegria, e cada tristeza, e a consciência pela qual elas passam.

Na vida cotidiana, como seria permanecer como a natureza da mente e da matéria sem se apegar a nenhum pensamento ou coisa?

◉ ◉ ◉

Muitas pessoas têm uma sensação de algo além desta realidade. Em meio a atividades comuns ou em momentos específicos, pode haver um sentimento de vastidão, mistério, presença, amor. E esse sentido pode ser intensificado por meio de práticas profundas encontradas nas tradições espirituais do mundo.

Como a prática profunda pode tornar uma pessoa mais consciente do que é transcendental?

Como exemplo, se o nibbana tem aspectos transcendentais, o caminho de e para ele pode nos ensinar muitas coisas. No Pali Canon, os passos em direção a ele podem progredir por intermédio de oito estados incomuns de consciência — os jhanas com e sem forma —, juntamente com percepções radicalmente penetrantes. Entendido dentro do quadro natural, o nibbana deve ter correlatos neurais. Mesmo que ele inclua aspectos transcendentais, os estados mentais que o precedem e o seguem também devem ter correlatos neurais.

Para resumir e adaptar as descrições dessas etapas, o primeiro jhana é acompanhado por atenção aplicada e sustentada, com êxtase e felicidade. No segundo jhana, há êxtase e felicidade, bem como clareza interior e concentração, e a atenção aplicada e sustentada diminui. No terceiro, há felicidade no corpo e permanência na equanimidade, ao passo que a felicidade desaparece. O quarto não tem euforia nem angústia, nem dor nem prazer, e a pureza do mindfulness devido à equanimidade.

Então, com o desaparecimento das percepções das formas, o indivíduo pode entrar nos jhanas sem forma e habitar na "base do espaço infinito"... "a base do infinito da consciência"... "a base do nada"... "a base da nem percepção, nem não percepção"... e cessação... e nibbana...

◉ ◉ ◉

Neste movimento através dos jhanas com forma e sem forma, pensamento, atenção focada, prazer e dor, percepção e até mesmo não percepção — tudo se dispersa gradualmente.

O coração continua batendo e as montagens continuam a se formar na arquitetura profunda do sistema nervoso. Mas nos substratos da consciência do cérebro, turbilhões de informações se separam, junto com as montagens neurais que os representam. Os sinais desaparecem, estágio por estágio, deixando apenas ruído fértil. Padrões condicionados e não livres se dispersam.

No ponto final, há principalmente, se não inteiramente, uma possibilidade mental e neural incondicionada. Outros caminhos e práticas, em outras tradições, também podem levar a esse ponto. Profundamente aberto, continuamente na emergência do momento presente antes do condicionamento, mergulhado no que é incondicionado... isso pode ser tão parecido *com* o transcendental que há uma abertura para ele. Livres da mente comum, poderíamos nos abrir para o que está além da realidade comum.

Por exemplo, Bhikkhu Bodhi escreve:

> Através da prática do caminho do Buda, o praticante chega ao verdadeiro conhecimento dos fenômenos condicionados, o que desativa a geração de *sankharas* (experiências compostas) ativos, pondo fim à construção da realidade condicionada e abrindo a porta para o Imortal, o *asankhata*, o incondicionado, que é Nibbana, a libertação final da impermanência e do sofrimento.

◉ ◉ ◉

Enquanto o transcendental pode ser atemporal, o tempo continua para o corpo. Eventualmente, redemoinhos de informação começam a se reunir novamente no fluxo neural da consciência. Pode haver insights profundos sobre a natureza da mente e talvez sobre a própria realidade.

Por exemplo, vale a pena ouvir novamente as palavras de Thich Nhat Hanh que abriram este capítulo:

As coisas aparecem e desaparecem de acordo com causas e condições. A verdadeira natureza das coisas não é nascer, nem é morrer. Nossa verdadeira natureza é a natureza do não nascimento e da não morte, e precisamos tocar nossa verdadeira natureza para sermos livres.

Minha própria convicção é que a mente e o universo têm a mesma natureza profunda, sendo emergentes, vazios e cheios de possibilidades. Dentro da realidade comum, esta é a nossa própria natureza, sempre. E nossa verdadeira natureza se abre em um vasto mistério.

Uma experiência é um redemoinho na mente, um corpo é um redemoinho na matéria e uma pessoa é um redemoinho na totalidade. Turbilhões em córregos.

As coisas surgem: flocos de neve e estrelas, pessoas e relacionamentos, alegrias e tristezas. E sempre passam. No entanto, os riachos pelos quais eles passam e a natureza desses riachos perduram.

A correnteza e sua natureza são nosso solo e refúgio.

Permanecendo como o fluir, descansando no incondicionado.

Como escreveu o mestre zen Hakuin:

> Apontando diretamente para a mente,
>
> veja sua própria natureza
>
> e torne-se Buda.

A VERDADEIRA NATUREZA

Que você aproveite a meditação que conclui este capítulo.

Relaxando... permanecendo agora como um corpo inteiro respirando... consciente de todo o espaço ao seu redor...

Constantemente presente enquanto acalma... sentindo compaixão e bondade... gratidão e contentamento... descansando à vontade...

Descansando no presente enquanto as sensações passam pela consciência... nenhum trabalho precisa ser feito... nada a cumprir... ninguém que você precisa ser...

Ao permanecer, reconheça a natureza da mente... com muitas partes... mudando continuamente... afetado por muitas coisas... sem uma essência fixa... vazia... Deixando-se ser a natureza da mente... na natureza da mente, não há problema... sendo sua natureza...

A mente ocorrendo na possibilidade incondicionada... em profunda quietude... dentro de uma vasta consciência...

Reconhecendo a natureza da água: mutável, muitas partes, afetada por muitas coisas, sem essência, vazia... A mesma natureza do seu corpo... a Terra... o Universo... Na natureza das coisas, não há problema...

Descansando na natureza das coisas... sendo a natureza das coisas... Todas as coisas acontecendo em possibilidade incondicionada... uma quietude profunda... uma vasta consciência...

Descansando em sua natureza... descansando na atemporalidade...

Sua verdadeira natureza é a natureza de todos os seres despertos...

Fique à vontade na verdadeira natureza...

BOA PRÁTICA

Reserve um tempo para refletir sobre o universo. Não há necessidade de ser um cientista, apenas esteja consciente de sua vastidão e de algumas das muitas coisas que ele contém, como as pessoas que você conhece, nossa Terra e o Sol, átomos e galáxias. Então pergunte-se: isso é tudo? Sua resposta pode ser "sim", "não", "não sei" ou "nenhuma das opções acima". Não importa qual seja a sua resposta, veja como é realmente admiti-la. Acreditar nela e enfrentar as implicações, sejam elas quais forem. Como sua resposta afeta ou poderia afetar sua prática diária?

Na meditação, ajude sua mente a ficar bem quieta. Então fique atento ao processo de fazer — fabricar, construir, condicionar — experiências. Parte disso é automático (embora isso também possa se tornar muito silencioso com a prática). Mas outras "fabricações" são adicionadas de forma mais deliberada, como reações a sons ou pensamentos. Esteja consciente desta adição. E então explore como é adicionar o mínimo possível — até mesmo nada. Qual é a sensação de fabricar, construir e condicionar para diminuir? Você consegue ter uma noção de como é não fabricar, construir ou condicionar? Pode haver uma sensação do que *não* é fabricado, construído ou condicionado em sua mente... e talvez de forma mais profunda e transcendental?

Olhe para uma folha de papel em branco. Reconheça que você pode desenhar ou escrever uma variedade infinita de formas sobre ela. De modo similar, reconheça que sua consciência pode conter uma variedade infinita de experiências. Assim, tenha uma noção do que é *efetivamente* incondicionado: um espaço de possibilidades infinitas. Esteja ciente desses espaços de possibilidade ao longo do dia. Por exemplo, da próxima vez que conversar com alguém, reconheça que seria possível dizer um número infinito de coisas. Você pode descansar nessa liberdade? E depois, dentro dessa liberdade, fazer escolhas sábias?

Esteja consciente da quietude. Pode ser tão simples quanto o espaço entre a inspiração e a expiração. Traga a consciência para o que é imutável dentro de você, ao seu redor e além de você. Olhe para o céu: as nuvens passam por sua quietude. Pode haver uma sensação de quietude dentro de você, mesmo que haja atividade ao seu redor. E quando todo o seu ser está quieto, ele pode parecer quieto, como um lago tranquilo.

Se quiser, explore uma intuição de algo além da realidade comum que é incondicionada... espaçosa... quieta... e atemporal. Você pode trazer uma sensação disso para sua experiência, muitas vezes ao dia?

Se você tem uma sensação de matérias sobrenaturais ou transcendentais além da realidade comum, reflita sobre como está se envolvendo com elas. Há algo que gostaria de adicionar ou alterar?

Se você tem um senso do transcendental, considere os aspectos dele que serviriam para se concentrar, como uma qualidade de possibilidade... conhecimento... amor... paz... benevolência para com você, pessoalmente...

Se você deseja se voltar para o transcendental, como seria se tornar mais disponível para ele, mais entregue a ele, mais vivido por ele? O que poderia liberar em sua mente ou suas ações para se tornar mais transparente para ele?

Parte Quatro

JÁ EM CASA, SEMPRE

A FRUTA COMO CAMINHO

*As coisas se desfazem.
Trilhe seu caminho com cuidado.*
DIGHA NIKAYA 16

Certa vez, conversei com o professor Steve Armstrong, que havia treinado como monge na Ásia. Eu perguntei se ele poderia me falar sobre nibbana. Ele olhou para mim atentamente, lançou um olhar distante e disse algo em que pensei muitas vezes desde então:

— É como se você vivesse em um vale profundo cercado por montanhas. Então, um dia, você está no topo do pico mais alto. A perspectiva é incrível. Ainda assim, você não pode morar lá. E então você volta para o vale. Mas o que viu muda você para sempre.

Nós temos explorado sete passos no caminho do despertar. Cada uma dessas práticas é uma espécie de despertar, cada uma apoia as demais e todas conduzem à felicidade máxima. E, algumas vezes, você pode ter tido vislumbres da vista do alto. Agora é hora de deixar as coisas se acomodarem dentro de você e se aprofundarem. Se ler este livro fosse como estar em um retiro de meditação, também seria natural começar a pensar em voltar para casa e no que você gostaria de levar de volta.

Espero que você leve essas sete maneiras de ser e praticar. Elas são valiosas em si mesmas. Faz bem estar atento e firme, com um coração bondoso, contente e em paz, sentindo-se completo no momento presente, conectado com tudo e aberto ao mistério. Cultivar essas qualidades em si mesmo ajudará os outros também. E são práticas poderosas que podem continuar a levá-lo às alturas. À medida que experimenta essas formas de ser, elas se desenvolvem em você. São *frutos* da prática, bem como *caminhos* de prática. No que ouvi dizer ser um ditado tibetano, podemos tomar a fruta como caminho.

Em especial, é útil considerar como aplicar o que exploramos aos relacionamentos, tarefas e prazeres da vida cotidiana. Começaremos com duas meditações, uma focada na gratidão e a outra em suavizar os limites das coisas dentro de você e entre você e o mundo mais amplo. Em seguida, veremos como você pode fazer sua própria oferenda na vida e, em seguida, terminaremos com sugestões práticas para apoiar sua prática e continuar em seu caminho pessoal de despertar nos próximos dias.

AGRADECENDO PELO QUE VOCÊ RECEBEU

Muito já foi oferecido a cada um de nós, incluindo ideias e métodos preciosos que foram desenvolvidos por outros, as dádivas da terra e da vida e o senso de sua natureza mais profunda e verdadeira. Com efeito, temos um trabalho simples: abrir espaço para o que nos foi dado. Essa maneira de ver as coisas diminui qualquer pressão para acertar ou segurar qualquer coisa. Você já recebeu muito e pode simplesmente deixar que isso penetre em você de maneira natural.

UMA MEDITAÇÃO SOBRE A GRATIDÃO

Venha para o presente, consciente do seu corpo, encontrando uma postura confortável e alerta...

Traga à mente algumas coisas simples pelas quais você é grato... como alimentos, flores, água fresca... Deixe a gratidão ser o foco de sua meditação... tornando-se absorto em gratidão... e absorvendo gratidão em si mesmo...

Tendo consciência da terra, das plantas e dos animais... oferecendo graças a eles... consciente da Terra como um todo, com gratidão... consciente da vastidão do espaço... da maravilha de existir... descansando em gratidão...

Traga à mente as pessoas da sua vida, do passado e do presente, por quem você é grato... sentindo uma gratidão calorosa...

Lembre-se de algumas coisas que você recebeu de seus professores... dos professores deles... sentindo-se grato por seus professores, de todos os tipos... sentindo-se grato pelas tradições de conhecimento e sabedoria que o ajudaram...

Agradecendo pelo que veio de suas práticas ao longo do tempo... apreciando alguns de seus benefícios para você e para os outros... sentindo-se grato pelos frutos da prática... grato pela chance de ter uma prática...

Consciente do que você praticou ao ler este livro... apreciando seus próprios esforços... apreciando firmar sua mente... aquecendo seu coração... descansando em plenitude... sendo completo... recebendo o agora... abrindo-se para a totalidade... encontrando a atemporalidade...

Seja grato por ver claramente... pela verdade...

Grato pela natureza máxima das coisas, seja o que for que isso signifique para você...

Grato por esta vida...

SUAVIZANDO AS ARESTAS

Para funcionar, precisamos fazer distinções: entre o chá e a xícara, nossos sentimentos e os deles, tristeza e felicidade. Mas nessas separações está uma semente de sofrimento: colocar um pensamento contra o outro, uma pessoa contra a outra. Embora possa haver muitas arestas, ainda podemos suavizá-las.

SUAVIZANDO GENTILMENTE

Relaxando... inspirando... expirando... inspirando, começando e terminando suavemente... expirando, começando e terminando suavemente... suavizando as arestas da respiração...

Suavizando as arestas das sensações na pele ao tocar a roupa, a terra, o ar...

Suavizando o coração... sensações do coração e do peito suavizando-se juntos...

Respirando... sendo... suavizando arestas... o processo do mundo e seu processo pessoal suavizando-se juntos...

Deixando a vida fluir através de você... sua vida fluindo para a vida... vida fluindo em sua vida... suavizando as arestas entre a sua vida e toda a vida...

Ar entrando, ar saindo... o mundo fluindo... fluindo para fora... as arestas se suavizando entre seu corpo e o mundo...

Suavizando as arestas dentro da mente... tudo se misturando... ainda bem... respirando e sendo...

A mente e o corpo se suavizando juntos... suavizando as arestas entre você e tudo o que é... tudo o que existe, fluindo através de você como você...

Suavizando as arestas entre você e tudo... entre tudo e você...

Suavizando todas as arestas...

Suavizando as arestas entre condicionado e incondicionado... entre o tempo e a eternidade...

Suavizando as arestas entre a consciência individual e uma consciência mais profunda...

O amor suavizando através de você... suavizando-se em um conhecimento, uma sabedoria, vindo através de você...

Suavizando todas as arestas... fluindo... suavemente... gentilmente...

FAZENDO A OFERENDA

Há um processo natural no qual você pega o que ganhou com a prática e oferece ao mundo. Para fazer isso, achei muito útil considerar vários temas.

COMPAIXÃO E EQUANIMIDADE

A compaixão abre o coração e traz atenção para os fardos e sofrimentos dos outros e de você mesmo. A equanimidade é a experiência disso, com sabedoria e paz interior. Com equanimidade, você pode caminhar uniformemente em terreno irregular e, como disse Howard Thurman, observar a vida com olhos serenos.

Nós exploramos muitas maneiras de fortalecer a compaixão e a equanimidade e, às vezes, ajuda focar em uma delas em particular. Por exemplo, se você tem muita estabilidade emocional, mas também algum desapego dos outros, pode querer trazer mais empatia e bondade para suas meditações e ações diárias. Por outro lado, você pode ser muito aberto aos outros, mas se sentir abalado pelas ondas de suas emoções e outras reações. Nesse caso, você pode se concentrar em acalmar e centrar. Você também pode reconhecer a natureza impermanente, interdependente e vazia de eventos e experiências, mesmo as piores de todas.

Esse equilíbrio de compaixão e equanimidade é importante quando olhamos além do círculo local de amigos e familiares. Estando consciente de tanto sofrimento e tanta injustiça no mundo, é possível comprometer-se ferozmente com o bem-estar dos outros e, ao mesmo tempo, estar em paz com o que é e o que será.

> Ensina-nos a nos importar e a não nos importar.
> Ensina-nos a ficar quietos.
>
> T. S. ELIOT

CUIDANDO DAS CAUSAS

Digamos que você gostaria de comer algumas frutas. Você pode pegar uma semente e plantá-la com cuidado. A semente se torna uma muda e depois uma árvore, e você pode regá-la e fertilizá-la, protegendo-a de pragas e podando-a com cuidado. O tempo vai passar, e você pode cuidar bem da sua árvore frutífera. Mas você não pode *obrigar* que ela lhe dê uma maçã.

Podemos cuidar das causas. Mas não podemos controlar os resultados. Saber disso pode trazer uma sensação de paz, já que muitos dos fatores que determinam o que acontece estão fora de seu controle. Também traz um senso de responsabilidade, já que cabe a você cuidar das causas que puder. Somos interdependentes e, ainda assim, cada um de nós deve fazer sua própria prática — e trilhar seu próprio caminho com cuidado.

Sob essa luz, existem causas para as quais você poderia se atentar de forma mais consistente em seus relacionamentos, saúde ou qualquer outra coisa que seja importante para você?

E você conseguiria se ajudar a ficar mais em paz com quaisquer que sejam os resultados, incluindo como os outros se sentem sobre você?

LEITURA ADICIONAL

Being Peace (Thich Nhat Hanh) [*Sendo paz*, em tradução livre]

Ecodharma (David Loy) [*Ecodarma*, em tradução livre]

Radical Dharma (Rev. Angel Kyodo Williams e Lama Rod Owens, com Jasmine Syedullah) [*Darma radical*, em tradução livre]

Standing at the Edge (Roshi Joan Halifax) [*Parado na borda*, em tradução livre]

Por exemplo, no âmbito do trabalho — incluindo construir um lar e criar uma família — é interessante e muito útil praticar a determinação e o entusiasmo — sem ficar estressado ou obcecado com isso. Este ponto ideal é a *aspiração sem apego*. Sonhando grandes sonhos, sendo "ardente, resoluto e diligente", como disse o Buda... ao mesmo tempo, sentindo-se à vontade por dentro, com a sensação de estar passando por um espaço maior de ser, e não tentando carregar cinco litros de tarefas em um balde de um litro.

Você pode encontrar um exemplo de como sente isso em sua própria vida? Ou pode enxergar isso em outra pessoa e imaginar como seria se você o experimentasse? Sabendo como é, pense em como poderia trazer essa atitude de esforço tranquilo e de determinação, sem pressão, para o seu trabalho. O que sustentaria esse modo de ser? Quais seriam os benefícios?

Muitos anos atrás, um amigo me contou sobre a primeira palestra formal que ele daria, como aspirante a sacerdote, em um templo zen. Eu havia lido no jornal que os sem-teto procuravam abrigo no templo, já que estava quente, e o provoquei dizendo que alguns na plateia poderiam não estar interessados propriamente na palestra em si. Ele gesticulou como se estivesse colocando algo aos meus pés e disse:

— Eu apenas faço a oferenda. Eu tento fazer o melhor que posso, mas o que vai além disso está fora do meu alcance.

Você pode estar atento às forças internas e externas que o levam à compulsão, talvez aos "deveria" que estão dentro de sua mente ou às pressões vindas de outras pessoas? Considere como poderia praticar com essas forças e gradualmente se desvencilhar delas.

Dessa forma, podemos trazer nossa prática para as tarefas e desafios da "vida real" — que darão frutos a cada passo do caminho.

NOSSAS OFERTAS COLETIVAS

Partindo do nível individual, podemos ver as contribuições feitas por grupos maiores de pessoas. Por exemplo, em meu centro de meditação local, Spirit Rock, há uma grande estátua de pedra do Buda atrás do refeitório, e gosto de imaginar que ela ainda estará lá em quinhentos anos, só que mais desgastada e coberta de líquen. Os ensinamentos e as práticas dele perduraram porque tratam da essência duradoura da mente e do universo. Ainda assim, ao longo dos anos, eles evoluíram para quatro formas principais, nas tradições do budismo Theravada, Tibetano, Zen e da Terra Pura. Da perspectiva das pessoas sentadas com essa estátua daqui a muitos séculos, o que elas poderão ver olhando para os nossos tempos? Além de seus problemas e conflitos, acredito que elas reconhecerão o surgimento de uma quinta grande forma de budismo nestes desenvolvimentos recentes:

- leigos com uma prática contemplativa sustentada e profunda.
- leigos como professores e líderes.
- a crescente inclusão de mulheres, pessoas não brancas e outros indivíduos historicamente marginalizados como professores e líderes.
- a ciência e respectivas práticas de saúde mental e física que informam o darma e são influenciadas por ele, com uma compreensão aprofundada da base física e incorporada do sofrimento, suas causas e seu fim.
- a aplicação eclética de perspectivas e práticas budistas em ambientes não budistas.

Podemos ter opiniões diferentes sobre se esses desenvolvimentos são uma coisa boa, mas eles são claramente uma coisa real. É inspirador, e uma lição de humildade para mim, ver como estamos plantando e cuidando dessas sementes juntos, inclusive de muitas maneiras que não são sobre o budismo em si. Estamos cocriando o futuro da prática e, de forma mais ampla, espero que estejamos plantando sementes para uma maior sabedoria e felicidade na humanidade como um todo e em seu relacionamento com toda a vida.

De formas visíveis e invisíveis, conhecidas e desconhecidas, pequenas e grandes, há uma oferta maior movendo-se através de todos nós. Para explorar isso ainda mais, você pode tentar a meditação do quadro a seguir.

OFERECENDO COM PAZ

Esta meditação é sobre imaginar suas oferendas nos dias vindouros, com a sensação de uma oferenda fluindo através de você com facilidade, e com aceitação e paz sobre quaisquer que sejam os resultados.

Chegando aqui e agora... consciente da respiração... consciente de sentimentos de paz... contentamento... amor... permanecendo à vontade...

Imagine oferecer um pedaço de fruta para alguém e ficar em paz, quer ela aceite, quer não... Tenha uma noção de como é fazer uma oferenda, enquanto aceita o que quer que aconteça...

Esteja consciente de algumas das coisas que você já oferece... o que você dá em sua casa, em seu trabalho, para outras pessoas, para outros seres vivos e para o mundo... talvez com uma sensação de vida movendo-se através de você para fazer essas oferendas... entregando-se a esta poderosa corrente e deixando-se levar por ela...

Talvez imagine novas ofertas... oferecendo com bondade e boas intenções... oferecendo com o conhecimento de que você não pode controlar completamente os resultados... Atente para o que acontecerá, deixando de lado o apego aos resultados...

Saiba como é falar e agir estando em paz, no âmago do seu ser... fazendo suas oferendas enquanto já se sente contente, amoroso e em paz...

Deixando a vida te levar junto... deixando a vida levar suas oferendas de forma natural e fácil para os outros e para o mundo...

INDO EM FRENTE

Diz-se que o Buda "foi em frente" quando entrou em seu caminho de despertar. Não é preciso tornar-se um monástico errante para apreciar o sentido de aspiração, dignidade e abertura para o mundo que está presente nesta frase.

GRATIDÃO A VOCÊ

Para começar, gostaria de expressar minha gratidão a você, leitor, por se envolver com este material, com suas demandas e desafios. Provavelmente não nos conhecemos pessoalmente, mas acredito que a prática de cada pessoa ajuda muitas outras, de maneiras visíveis e invisíveis, conhecidas e desconhecidas.

Obrigado!

SIMPLIFIQUE

Nós exploramos *muitas* ideias e métodos. É adequado deixá-los se acomodar e ver como eles afetam você ao longo do tempo. Podemos reconhecer a complexidade, enquanto agimos com simplicidade.

Se você ainda não está fazendo isso, considere se comprometer com algo contemplativo — talvez mindfulness na respiração, talvez uma oração — por um minuto ou mais todos os dias. Pode ser a última coisa que faz antes de sua cabeça encostar no travesseiro à noite, mas sempre que fizer isso, aproveite esse minuto — e talvez muitos mais.

Além disso, se quiser, escolha uma mudança simples para fazer e focar, e então persista. Por exemplo, se você ficar irritado, pode fazer uma pausa para respirar antes de falar. Ou acenda uma vela antes do jantar. Ou pare de beber álcool. Ou comece todas as manhãs renovando o compromisso com um propósito na vida. Ou traga alguns minutos de compaixão e bondade para sua meditação diária.

A qualquer momento, você pode estar consciente do sofrimento nele — o seu próprio e o dos outros. E consciente da felicidade que há nisso — tanto sua quanto deles. Com esta simples consciência, pode haver um abandono natural das causas do sofrimento e uma nutrição das causas da felicidade.

> Não sei muito sobre a existência de seres iluminados,
>
> mas sei que existem momentos iluminados.
>
> — Suzuki Roshi

O PRAZER NA PRÁTICA

Quaisquer que sejam suas práticas, é mais provável que você continue praticando se gostar delas. Portanto, procure o que é bom e significativo no que já está fazendo e talvez encontre coisas adicionais que sejam naturalmente prazerosas para você. Pergunte-se se tem feito algumas coisas de forma mecânica ou se elas se tornaram insípidas para você; veja se há maneiras de torná-las mais gratificantes. Está tudo bem abrir mão de algumas coisas para abrir espaço para outras que seriam mais proveitosas para você.

É bom trazer jovialidade, até prazer, para suas práticas. Veja se, às vezes, consegue se divertir com sua própria mente, seu zigue-zague, os truques que ela pode pregar, as surpreendentes aberturas repentinas. Eu levei muito a sério minha própria prática no passado. A prática é menos eficaz se for pesada e sombria na maior parte do tempo. Não há problema em se divertir com isso!

Tente praticar para o bem dos outros, assim como para o seu. Eles podem estar em seu coração enquanto você medita e age habilmente de diferentes maneiras ao longo do dia.

TENHA PERSPECTIVA

Pode confiar: você integrará seus insights e práticas em sua vida cotidiana. Conceda-se tempo. Proteja o que há de benéfico naquilo que cultivou. Confie em sua boa natureza. Confie na natureza profunda que todos compartilhamos.

Pergunte-se de vez em quando: preciso continuar prestando atenção nisso? Preciso ser impulsionado por isso? Preciso ser incomodado por essa pessoa? Esteja atento para não acelerar, pressionar a si mesmo e aos outros e transformar processos fluidos e semelhantes a nuvens em coisas estáticas semelhantes a tijolos.

Imagine ver um lago na montanha. Brisas e tempestades podem enviar ondas que se movem através dele, mas o lago, como lago, é imóvel. A mente é como um lago, cuja superfície é a consciência e cujas profundezas se abrem para a atemporalidade. Os ventos mundanos sopram e despertam pensamentos e sentimentos que ondulam por ela, mas eles eventualmente se acalmam e ela fica quieta novamente — e o tempo todo, o próprio lago está parado. À medida que você passa o dia, esteja consciente do espaço, da ausência de arestas e da quietude. Você pode abrir mão *de* qualquer ondulação específica e pode se desapegar *para* ser o que você sempre é: completo, presente, atencioso, pacífico e cheio de possibilidades.

Esteja consciente de seus anseios mais profundos e de seus objetivos mais elevados nesta vida. Deixe que *eles* o façam viver e o levem junto.

APROVEITE A JORNADA

É uma vida selvagem. Aqui estamos, em um pequeno planeta, girando em torno de uma estrela comum, na borda de uma galáxia e em meio a alguns trilhões de outras. Quase 14 bilhões de anos se passaram desde que nosso universo começou a existir. E aqui estamos agora. Incontáveis criaturas morreram para que pequenas melhorias em suas capacidades pudessem ser estabilizadas, por meio da evolução, em uma espécie cada vez mais complexa e, eventualmente, no que somos hoje. Tantas, tantas coisas já aconteceram. E aqui estamos.

É estranha, não é, esta vida? Você vive e ama e depois vai embora. A minha hora chegará, bem como a sua e a de todos. Enquanto isso, podemos ficar maravilhados com admiração e gratidão e comprometidos em aproveitar esta vida da melhor maneira possível, enquanto aprendemos o máximo que podemos e contribuímos o máximo que podemos a cada dia.

Ao longo do caminho, absorva o que há de bom, ajudando suas experiências benéficas a penetrarem e se tornarem forças duradouras por dentro, entrelaçadas no tecido do seu corpo. Ocorrem muitas oportunidades para esse cultivo consciente, até mesmo na vida mais difícil. Reconheça o que é saudável, útil e belo em você, nos outros e em tudo. Deixe que isso seja assimilado, tornando-se você.

Certa vez, perguntei ao professor Joseph Goldstein sobre uma experiência, enquanto me perguntava se eu estava no caminho certo. Ele ouviu, acenou com a cabeça e respondeu:

— Sim, é isso. — E então sorriu e disse: — Continue.

AGRADECIMENTOS

Gostaria de agradecer aos leitores que me deram um útil feedback, incluindo James Austin, James Baraz, Leigh Brasington, Annette Brown, Alisa Dennis, Andrew Dreitcer, Peter Grossenbacher, Forrest Hanson, Jan Hanson, Kathy Kimber, John Kleiner, Edward Lewis, Richard Mendius, Venerável Sanda Mudita, Stephanie Noble, Sui Oakland, Lily O'Brien, Jan Ogren, John Prendergast, Tina Rasmussen, Ratnadevi, Jane Razavet, John Schorling, Michael Taft, Marina Van Walsum, Stephanie Veillon, Roger Walsh e Jennifer Willis. Quaisquer erros que tenham sobrevivido ao escrutínio deles são inteiramente meus.

Sou grato aos meus professores, alguns dos quais foram listados no parágrafo anterior. Outros incluem Ajahn Amaro, Guy Armstrong, Steve Armstrong, Tara Brach, Eugene Cash, Christina Feldman, Gil Fronsdal, Joseph Goldstein, Thich Nhat Hanh, Jack Kornfield, Kamala Masters e Ajahn Succito. Também aprendi muito com Bhikkhu Analayo, Stephen Batchelor, Thanissaro Bhikkhu, Bhikkhu Bodhi, Richard Gombrich, Mu Soeng e Shinzen Young. E sou grato pelas linhagens e comunidades maiores que, por milhares de anos, vêm criando, protegendo e promovendo a sabedoria em todo o mundo.

Cientistas, estudiosos, clínicos e professores desenvolveram conhecimentos úteis sobre o corpo e a mente — incluindo a base neural do mindfulness, meditação, compaixão e gentileza e outros aspectos do despertar —, bem como aplicações para a prática. Há muitos mais do que posso citar, mas gostaria de prestar meus respeitos em particular a Bernard Baars, Richard Davidson, John Dunne, Bruce Ecker, Barbara Fredrickson, Chris Germer, Paul Gilbert, Timothea Goddard, Steve Hickman, Britta Holzel, Jon Kabat-Zinn, Dacher Keltner, Sara Lazar, Antoine Lutz, Jonathan Nash, Kristin Neff, Andrew Newberg, Stephen Porges, Jeffrey Schwartz, Shauna Shapiro, Dan Siegel, Ron Siegel, Evan Thompson, Fred Travis, David Vago, Cassandra Vieten, Alan Wallace, Mark Williams, Diana Winston, David Yaden — e à memória de Francisco Varela.

Agradeço aos participantes dos retiros de neurodarma que ministrei e aos meus colegas professores: Leslie Booker, Alisa Dennis, Peter Grossenbacher, Tara Mulay, Tina Rasmussen e Terry Vandiver. Também tenho gratidão especial por Sui Oakland, que organizou e administrou esses retiros, e por Kaleigh Isaacs, que produziu o programa online baseado neles. O Shambhala Mountain Center tem sido um lar lindo e sagrado para esses eventos. E de coração, um profundo obrigado a Judi Bell, Stuart Bell, Tom Bowlin, Daniel Ellenberg, Lee Freedman, Laurel Hanson, Marc Lesser, Crystal Lim-Lange, Greg Lim-Lange, Susan Pollak, Lenny Stein, Bob Truog e Lienhard Valentin por sua amizade e apoio ao expresso neurodarma!

Sou muito grato às pessoas que compareceram ao nosso Encontro de Meditação em San Rafael ao longo dos anos e, especialmente, aos nossos maravilhosos administradores, incluindo Tom Brown, Nan Herron, Sundara Jordan, Lily O'Brien, Laurie Oman, Rob Paul, Christine Pollock, Gabriel Rabu, Tarane Sayler, Bill Schwarz, Trisha Schwarz, Donna Simonsen, Mark Stefanski, Shilpa Tilwalli e Jerry White.

Verdadeiramente, este livro não teria sido possível sem minha agente, Amy Rennert, e seu apoio ao longo dos anos. Também sou muito grato à minha habilidosa e paciente editora da Penguin Random House, Donna Loffredo, bem como a toda a equipe de lá. Além disso, as pessoas que trabalham comigo na Being Well Inc. foram absolutamente fundamentais para dar vida a este livro; entre elas, Forrest Hanson, Michelle Keane, Sui Oakland, Marion Reynolds, Andrew Schuman, Paul Van de Riet e Stephanie Veillon.

Por último, e não menos importante, minha preciosa e maravilhosa esposa, Jan, que tem sido infinitamente encorajadora e prestativa com este livro — e mais profundamente durante toda a minha vida. Ela me ouviu lendo para ela à noite e me deu muitas sugestões úteis — e, essencialmente, sua fé em seu valor. Com todo o meu amor: obrigado.

NOTAS

EPÍGRAFO

VI **Itivuttaka 1.22**: De *Gemstones of the Good Dhamma: Saddhamma-maniratana* compilado e traduzido (para o inglês) pelo Ven. S. Dhammika. No website Access to Insight (edição BCBS), 30 de novembro de 2013, http://www.accesstoinsight.org/lib/authors/dhammika/wheel342.html.

CAPÍTULO 1: A MENTE NA VIDA

2 **A mente na vida**: Em inglês, este também é o título do excelente livro de Evan Thompson sobre o assunto, *Mind in Life: Biology, Phenomenology, and the Sciences of Mind*. É um grande êxito, e eu o recomendo muito. Veja também F. J. Varela et al., *The Embodied Mind: Cognitive Science and Human Experience*.

2 **"Se, desistindo"**: Tradução para o inglês de Gil Fronsdal em *The Dhammapada: A New Translation of the Buddhist Classic, with Annotations*. Shambhala, 2006, p. 75.

3 **inatingível para o restante de nós**: Pode haver indivíduos muito raros que têm uma transformação extraordinária e inexplicável, e depois vivem em um plano de realização exaltada. Mas esses casos são tão incomuns que são difíceis de usar como modelos do que podemos nos tornar.

3 **sete práticas do despertar**: Este é o meu próprio modelo e não a única maneira de falar sobre o despertar (ou palavras semelhantes) e suas causas. E essas sete práticas — que são formas de organizar e agrupar muitas ideias e métodos — não contêm todos os aspectos possíveis do despertar.

4 **iluminação ou despertar total**: Embora as pessoas possam ter "experiências auto-transcendentes" que as impulsionam ao cume, elas geralmente voltam para baixo, ainda que possam ser alteradas de alguma forma pelo que aconteceu com elas. O despertar total significa permanecer no cume. Veja Yaden et al., "The Varieties of Self-Transcendent Experience".

Estou me baseando principalmente no relato do despertar encontrado no Pali Canon e na tradição Theravada relacionada. Essas descrições dos estágios e resultados do despertar são geralmente psicológicas, e não místicas. Por exemplo, Bhikkhu Analayo refere-se ao despertar como "uma condição de liberdade mental completa e permanente". Analayo, *A Meditator's Life of the Buddha*, p. 46.

MIRANDO ALTO

4 **A neurociência é uma ciência jovem**: Para explorar as questões da comunicação da ciência do cérebro para o público em geral, veja a entrevista de Barry Boyce com os neurocientistas Amishi Jha e Clifford Saron aqui: https://www.mindful.org/the-magnificent-mysterious-wild-connected-and-interconnected-brain/.

4   **chegaram mais alto, na montanha:** Numerosos estudiosos exploraram a interseção da ciência do cérebro e da prática contemplativa profunda. Por exemplo, veja Gellhorn e Kiely, "Mystical States of Consciousness"; Davidson, "The Physiology of Meditation"; McMahan e Braun. (Eds.) *Meditation, Buddhism, and Science*; Wallace, *Mind in the Balance*; Wright, *Why Buddhism Is True*.

4   **respostas neurologicamente definitivas a essas questões:** Como a ciência continua adicionando novas informações, nunca haverá respostas neurologicamente definitivas — no sentido de *finais*. Mas se tivermos que dizer tudo sobre um tópico, antes de podermos dizer algo sobre ele, nunca seremos capazes de dizer nada. Inevitavelmente, o que sobra são questões de opinião: quanto precisa ser conhecido sobre algo antes que se possa dizê-lo? Quanta complexidade precisa ser adicionada para um relato adequado no contexto relevante? Pessoas diferentes responderão a essas perguntas de maneiras diferentes. Ao respondê-las aqui, tentei seguir três princípios: mencionar limitações ao conhecimento científico, ter muitas referências e concentrar-me em descobertas que destacam práticas plausíveis e úteis.

5   **mente oferecida pelo Buda:** Esta é a abordagem que conheço melhor e, claro, não é o único guia para os limites superiores do potencial humano.

5   **o Pali Canon:** Os ensinamentos do Buda foram transmitidos oralmente por vários séculos antes que um registro escrito sobrevivesse. A fonte primária para o que ele ensinou está no Pali Canon; páli é uma língua antiga muito próxima da língua usada no norte da Índia durante a época do Buda. Versões anteriores desses textos também foram encontradas em chinês e sânscrito. Para uma exploração útil da vida do Buda e comparações astutas dos primeiros textos sobreviventes, consulte Analayo, *A Meditator's Life of the Buddha*.

Nunca saberemos com certeza o que o Buda realmente disse. Este ponto também se aplica a alguns outros citados neste livro, como Milarepa, que viveu há mil anos. Numerosos estudiosos como Bhikkhu Bodhi, Thanissaro Bhikkhu, Stephen Batchelor, Richard Gombrich, Leigh Brasington e Bhikkhu Analayo examinaram os melhores registros históricos e textuais disponíveis, mas a imagem que eles esboçam é tanto esclarecedora, quanto inexata.

Poderíamos prefaciar declarações atribuídas a esses mestres antigos com algo como "diz-se que eles disseram" ou "ao longo dos séculos, muitas pessoas moldaram esses ensinamentos com suas próprias perspectivas historicamente contingentes, enquanto erros também se infiltraram", mas isso seria complicado. Simplesmente escrevo: "Fulano disse X" e espero que o contexto seja entendido e as palavras sejam julgadas por seu mérito.

5   **aplicando ideias e métodos-chave:** Fiz seleções do extenso Pali Canon e, ocasionalmente, de outras fontes, escolhi traduções específicas e, às vezes, adaptei-as para os propósitos deste livro; por favor, veja estas notas para os detalhes. Os estudiosos ainda discordam sobre a compreensão adequada desses textos antigos e, além disso, essa tradição se desenvolveu ao longo de mais de 2.500 anos. O que temos hoje, em todo o mundo, são extratos de um grande corpo de ensinamentos e comentários, interpretações desses extratos e aplicações em épocas e lugares específicos. Não existe um budismo "certo" e único. Espero que você considere o que digo em seus próprios termos, em vez de analisar se é "verdadeiramente" budista.

Se quiser, você pode explorar o budismo com centros de meditação, professores, websites e livros. Se eu pudesse recomendar apenas um livro como introdução ao budismo, seria *Satipaṭṭhana*, de Bikkhu Analayo, que trata das instruções fundamentais e abrangentes para a prática do Sutra Fundamentos do Mindfulness.

5 **Venha e veja por si mesmo**: *Ehipassiko*, em páli.

Em *After Buddhism*, Stephen Batchelor explora a diferença entre abordagens dogmáticas e pragmáticas para entender as reivindicações de verdade.

Uma Perspectiva Neurodarma

6 **O Buda não usou uma ressonância magnética**: Eu acredito que ele estava, de fato, totalmente desperto; como de costume, veja por si mesmo o que faz sentido para você. Eu o vejo como um professor humano — alguém que fez seu próprio trabalho e está apontando o caminho para os outros —, não como uma figura quase divina. Para mim, é a humanidade dele que torna seus ensinamentos mais confiáveis e convincentes. Atribuir declarações a ele lhes dá autoridade, mas para mim, aqui, como autoridade de conhecimento e exemplo pessoal.

6 **base *neural* desses fatores mentais**: Existem muitos artigos acadêmicos e livros sobre o estudo neurocientífico de experiências e práticas contemplativas, espirituais ou religiosas — incluindo críticas sobre a própria realização de tais estudos. Além de descobertas específicas sobre correlatos neurais de experiências e práticas, há considerações gerais de definições, metodologias e tecnologias de pesquisa, uso de drogas psicoativas, experiências patológicas, aplicações clínicas e questões filosóficas e teológicas mais amplas. Por exemplo, veja Newberg, "The Neuroscientific Study of Spiritual Practices", p. 215, e *Principles of Neurotheology*; Josipovic e Baars, "What Can Neuroscience Learn", p. 1731; Dietrich, *Functional Neuroanatomy*; Walach et al., *Neuroscience, Consciousness and Spirituality*; Jastrzebski, "Neuroscience of Spirituality"; Dixon e Wilcox, "The Counseling Implications of Neurotheology"; Weker, "Searching for Neurobiological Foundations"; Geertz, "When Cognitive Scientists Become Religious".

6 **"O darma — compreender"**: De "Your Liberation Is on the Line", *Buddhadharma*, março–maio de 2019, p. 77.

6 **descrições exatas delas**: A palavra *darma* tem múltiplos significados em diferentes contextos. Veja https://en.wikipedia.org/wiki/Dharma para saber mais sobre isso. Veja também Stephen Batchelor em *After Buddhism* (Capítulo 5, incluindo p. 119) para mais informações de como a palavra para verdade em páli, *sacca*, não é sinônimo de *darma*.

6 **Neurodarma é o termo**: De maneira mais ampla, pode-se dizer *biodarma*. Outros, além de mim, exploraram o que poderia significar aninhar ideias e métodos budistas em uma estrutura de causas e explicações naturais. Em um sentido geral, isso poderia ser chamado de *naturalização* do darma. Por exemplo, veja Flanagan, *The Bodhisattva's Brain*.

Outras variantes de –darma incluem: Loy, *Ecodarma*; Autor(es) não declarado(s), *Recovery Dharma*; Williams et al., *Radical Dharma*; Gleig, *American Dharma*.

8 **evitar a prática meramente intelectual**: Para um artigo notável sobre as limitações de uma explicação científica da iluminação, bem como a importância de reconhecer distinções em como a iluminação é definida em diferentes tradições, consulte Davis e Vago, "Can Enlightenment Be Traced?".

Um Caminho que Avança

8   **a existência de cada pessoa**: Minha opinião é que experiências, informações e matéria (que inclui energia; $E=mc^2$) existem e que a natureza dessa existência é impermanente, composta, interdependente e, portanto, "vazia" de existência *inerente*. Como veremos no Capítulo 7, as coisas (por exemplo, experiências, informações e matéria) existem... vaziamente. Só porque as coisas existem apenas em relação a outras coisas, não significa que elas não existam.

Sendo, mas Indo

9   **perfeição *inata***: Para uma excelente discussão dos aspectos-chave dessas duas abordagens, consulte Dunne, "Toward an Understanding of Non-dual Mindfulness".

9   **"Cultivo gradual... despertar súbito"**: Adaptado do mestre zen Chinul. Ouça também a palestra de Joseph Goldstein "Sudden Awakening, Gradual Cultivation" em www.dharmaseed.org.

9   ***No começo, nada aconteceu***: Adaptado de Ricard, *On the Path to Enligh-tenment*.

9   **"Na estrada longa e difícil"**: De *Call Me by My True Names: The Collected Poems of Thich Nhat Hanh*, Parallax Press, 2001.

9   **se acomoda em seu estado de descanso natural**: Quando não danificado por concussão ou derrame, nem alterado neuroquimicamente.

Deixando Ser, Deixando Ir, Deixando Entrar

10   **despertar envolve três tipos de prática**: Forrest Hanson e eu também escrevemos sobre isso em nosso livro *O poder da resiliência*.

Como Usar Este Livro

14   **"Permita que os ensinamentos entrem"**: Da introdução de *Understanding Our Mind: 50 Verses on Buddhist Psychology*, Parallax Press, 2002.

14   **exploração do que poderia ser *incondicional***: Minha exploração da sétima prática baseia-se, mas não se limita aos ensinamentos budistas, tanto no Pali Canon quanto na tradição Mahayana.

Incondicionado é uma tradução comum de *asankhata*, do páli, mas sua tradução correta está em disputa, e também pode ser traduzido como "não fabricado" (Thanissaro Bhikkhu; https://www.dhammatalks.org/suttas/KN/Ud/ud8_3.html) ou "não disposto" (Stephen Batchelor, em *After Buddhism*).

Quando escrevo *incondicionado* (distinto de como aparece em algumas citações), quero dizer no sentido implícito no contexto do meu texto, não como uma referência a uma palavra páli específica cujo significado exato e tradução adequada permanecem controversos.

15   **veremos o caminho que eu percorri**: Por exemplo, escolhi traduções específicas em inglês de termos-chave em páli, como *dukkha* ("sofrimento") e *piti* ("felicidade"), resumi certos textos em adaptações de traduções feitas por outros, e reordenei algumas listas. Tentei identificar essas escolhas, e você pode julgá-las por seus méritos (ou a falta deles); consulte outras fontes, incluindo aquelas que mencionei.

15   **muitas outras maneiras de falar**: Por exemplo, veja Gross, *Buddhism After Patriarchy*; a edição de setembro–novembro de 2019 da revista *Buddhadharma*; Weingast, *The First Free Women*.

15 **pontos sobre os quais eu escrevi em outro lugar**: Parte do material deste capítulo e do próximo baseia-se nestes ensaios: "Positive Neuroplasticity", em *Advances in Contemplative Psychotherapy*. (Eds.) Loizzo et al.; "Neurodharma: Practicing with the Brain in Mind", *Buddhist Meditative Praxis: Traditional Teachings and Modern Applications* (procedimentos da conferência), ed. K. L. Dhammajoti (Hong Kong: Universidade de Hong Kong, 2015), 227–44; "Mind Changing Brain Changing Mind: The Dharma and Neuroscience", *Exploring Buddhism and Science*, ed. C. Sheng e K. S. San; "Seven Facts About the Brain That Incline the Mind to Joy", *Measuring the Immeasurable: The Scientific Case for Spirituality* (Sounds True, 2008).

17 **internamente alicerçado e provido**: Por exemplo, em alguns caminhos de prática contemplativa intensiva — como os "Estágios da Percepção" descritos no Visuddhimagga, escrito no século V d.C. por Buddhaghosa (veja Buddhaghosa, *Path of Purification*) —, períodos de medo, miséria, desgosto e desejos de parar de praticar devem ser esperados como prelúdios necessários para um despertar mais profundo.

Portanto, é importante estar preparado para essas experiências por meio de recursos externos, como professores qualificados e comunidades de apoio, bem como recursos internos, como estabilidade mental, equanimidade, percepção da natureza "vazia" das experiências dolorosas e uma compreensão de seu lugar na jornada maior (veja A. Grabovac, "The Stages of Insight").

Embora a leitura deste livro não envolva treinamento contemplativo intensivo, qualquer processo de desenvolvimento pessoal traz riscos, especialmente para indivíduos mais vulneráveis. (Claro, *não* se desenvolver também traz riscos, como não adquirir habilidades que possam melhorar a capacidade de enfrentamento, ainda que esses riscos não sejam comumente mencionados.) Um risco não é uma certeza, mas para gerenciar os desafios que realmente surgem na prática, utilizamos recursos internos e externos, e o desenvolvimento de recursos internos é o foco principal aqui. À medida que a sua prática se aprofunda, se você se deparar com experiências perturbadoras, procure um professor experiente e talvez um terapeuta. Existem também bons livros com sugestões úteis, como Culadasa et al., *The Mind Illuminated*.

17 **depressão, trauma, dissociação ou processos psicóticos**: Lindahl et al., "The Varieties of Contemplative Experience". Willoughby Britton foi um pesquisador pioneiro nesse tópico, veja: https://vivo.brown.edu/display/wbritton#.

CAPÍTULO 2: O TEAR ENCANTADO

19 **"Não pense de forma leviana sobre o bem"**: Adaptado de uma tradução de Acharya Buddharakkhita, https://www.accesstoinsight.org/tipitaka/kn/dhp/dhp.09.budd.html.

19 **rede com diversas centenas de trilhões de nós**: Em meio a outras centenas de bilhões de células de suporte.

20 **é tecida por um tear encantado**: Hansotia, "A Neurologist Looks at Mind".

SOFRIMENTO E FELICIDADE

20 **há sofrimento**: Esta é a tradução comum da palavra páli *dukkha*; outras traduções incluem "estresse", "insatisfação" e "insuficiência".

21 **"A dor é inevitável, o sofrimento é opcional"**: Veja https://fakebuddhaquotes.com/pain-is-inevitable-suffering-is-optional/. Não consegui encontrar uma fonte específica para esse ditado.

21 **Ele tem uma fonte, o "desejo desmedido"**: Esta é a tradução usual de *tanha*, do páli; outras traduções são "apego" e "vinculação". Veja a abordagem de Stephen Batchelor a esses tópicos em "Turning the Wheel of Dhamma", começando na p. 18, em https://www.stephenbatchelor.org/media/Stephen/PDF/Stephen_Batchelor-Pali_Canon-Website-02-2012.pdf. Esta coleção de textos-chave do Pali Canon também é valiosa no geral.

21 **Quarta Nobre Verdade descreve um caminho**: Este é o Caminho Óctuplo da sábia (às vezes traduzida como "correta") visão, intenção, fala, meio de vida, ação, esforço, mindfulness e concentração.

21 **cumpre a promessa**: Como uma forma alternativa de pensar sobre as Quatro Nobres Verdades, o Buda foi descrito como uma espécie de médico que (1) reconheceu nossa doença, o sofrimento; (2) diagnosticou sua causa, o desejo desmedido; (3) identificou sua cura, a cessação do desejo desmedido; (4) receitou um curso de tratamento, o Caminho Óctuplo. Veja Analayo, *Mindfully Facing Disease and Death*, pp. 9–10.

21 **Essas quatro verdades**: Há uma variedade de abordagens para esses tópicos, incluindo se eles de fato são melhor enquadrados como "verdades". Para perspectivas provocativas e divergentes, veja https://tricycle.org/magazine/the-far-shore/ e https://tricycle.org/magazine/understand-realize-give-develop/. Em particular, leia *After Buddhism*, de Stephen Batchelor, um livro extraordinário.

É útil nos perguntarmos se declarações como "o desejo leva ao sofrimento" são melhor abordadas como afirmações de verdade a serem examinadas de forma abstrata ou como convites para investigação experimental. Se algo é realmente o caso (ou seja, verdadeiro), é claro que, muitas vezes, é relevante para a prática; a verdade de um oásis no deserto é relevante para procurá-lo se você estiver com sede. Ainda assim, a ênfase aqui está na própria prática. Para evitar repetições, não vou começar a maioria das minhas declarações com um incentivo para explorá-las experimentalmente, mas essa oportunidade está sempre implícita.

21 **"aquele que é feliz"**: Digha Nikaya 16, em vários lugares.

A Mente Natural

22 **vários bilhões de anos de evolução biológica**: As estimativas atuais são de que a vida está presente na Terra há pelo menos 3,5 bilhões de anos. Veja https://en.wikipedia.org/wiki/Earliest_known_life_forms.

22 **"As células cerebrais processam informações e se comunicam entre si de maneiras especiais"**: Kandel, *In Search of Memory*, p. 59. Veja também Grossenbacher, "Budhism and the Brain", 2006, p. 10: "*Um cérebro funciona em virtude da comunicação entre os neurônios e o processamento dinâmico de informações dentro dessa comunicação intercelular. A função principal de um neurônio é produzir sinais que influenciam a atividade de outras células.*"

23 **"... A sinalização elétrica representa"**: Kandel, *In Search of Memory*, p. 74.

23 **"... Todos os animais têm algum"**: Ibid., p. 108.

23 **seu quartel-general, o cérebro**: Meu foco no sistema nervoso e, em particular, no cérebro não pretende minimizar ou descartar o papel de outros aspectos do corpo ou da vida em geral. Muitos sistemas do corpo afetam o sistema nervoso. Por exemplo, o microbioma no

intestino e outros fatores gastrointestinais podem afetar o humor e outros aspectos da consciência. Alguns processos inflamatórios (por exemplo, envolvendo certos tipos de citocinas) também podem afetar o humor. Exatamente como o corpo, notadamente seu cérebro, faz as experiências de um ser humano — ou de um gato — não está claro. Continuam havendo perguntas difíceis e sem resposta. Veja Thompson, *Waking, Dreaming, Being*.

Os cientistas descrevem *correlatos* neurais das nossas experiências, mas mesmo esses não são precisamente compreendidos. Por exemplo, as estruturas e processos do cérebro são extremamente complicados, então a localização da função encontrada nos estudos é uma primeira aproximação difusa. É como ver uma imagem de fractais: quanto mais perto você olha, mais complexo fica. Para exemplos disso, veja Christoff, "Specifying the Self".

Além disso, grande parte do processamento de informações no sistema nervoso está ocorrendo sem que estejamos diretamente cientes disso.

23 **representando padrões de informações**: Tononi et al., "Integrated Information Theory", p. 450.
23 **uma questão em aberto**: Koch et al., "Neural Correlates of Consciousness", p. 307.
23 **o que o cérebro está fazendo**: Para uma amostra, veja Panksepp, *Affective Neuroscience*; Porges, *The Polyvagal Theory*; Decety e Svetlova, "Putting Together Phylogenetic and Ontogenetic Perspectives".
23 **dependem da atividade neural**: Certamente, as conexões entre a atividade neural e a atividade mental são complexas e difíceis de estudar. Para explorar algumas questões-chave, consulte Fazelpour e Thompson, "The Kantian Brain". De dois pioneiros nessas investigações, Francisco Varela e Evan Thompson, veja Varela, "Neurophenomenology: A Methodological Remedy"; Thompson, "Neurophenomenology and Contemplative Experience".

Basear-se na física quântica pode ser necessário para um relato completo da relação entre mente e cérebro, incluindo a possibilidade de que a consciência possa ter efeitos, ao nível quântico, nas interações entre os neurônios. Veja Schwartz et al., "Quantum Physics in Neuroscience and Psychology"; Tarlaci, "Why We Need Quantum Physics".

23 **tecido que se parece com tofu**: Crédito ao neurologista Richard Mendius por essa metáfora.
23 **em um fluxo de atividade neural**: Tononi et. al., "Integrated Information Theory", p. 450.

A Mente Mudando o Cérebro Mudando a Mente

24 *estados* **mentais úteis podem ser gradualmente programados**: Por exemplo, veja Ott et al., "Brain Structure and Meditation".

Mecanismos de Neuroplasticidade

24 **conexões sinápticas existentes**: Clopath, "Synaptic Consolidation"; Whitlock et al., "Learning Induces Long-Term Potentiation".
24 **excitabilidade de neurônios individuais**: Oh et al., "Watermaze Learning Enhances Excitability".
24 **(efeitos *epigenéticos*)**: Day e Sweatt, "Epigenetic Mechanisms in Cognition"; Szyf et al., "Social Environment and the Epigenome".
25 **formação de novas conexões**: Matsuo et al., "Spine-Type-Specific Recruitment"; Löwel e Singer, "Selection of Intrinsic Horizontal Connections".

25 **nascimento de novos neurônios:** Spalding et al., "Dynamics of Hippocampal Neurogenesis"; Kempermann, "Youth Culture in the Adult Brain"; Eriksson et al., "Neurogenesis in the Adult Human Hippocampus".
25 **atividade em regiões específicas:** Davidson, "Well-Being and Affective Style".
25 **remodelação de redes neurais específicas:** Martin e Schuman, "Opting In or Out".
25 **mudança das *células gliais*:** Underwood, "Lifelong Memories May Reside".
25 **neuroquímicos como a serotonina:** Hyman et al., "Neural Mechanisms of Addiction".
25 **aumento de *fatores neurotróficos*:** Bramham e Messaoudi, "BDNF Function".
25 **no *hipocampo* e no córtex *parietal*:** Brodt et al., "Fast Track to the Neo-cortex".
25 **"repetição de eventos":** Grosmark e Buzsáki, "Diversity in Neural Firing Dynamics"; Karlsson e Frank, "Awake Replay of Remote Experiences".
25 **armazenagem de longo prazo no *córtex*:** Nadel et al., "Memory Formation, Consolidation".
25 **coordenação do hipocampo e do córtex:** Sneve et al., "Mechanisms Underlying Encoding".
25 ***consolidação* geral em nível do aprendizado no córtex:** Paller, "Memory Consolidation: Systems".
25 **ondas lentas e movimento rápido dos olhos:** Hu et al., "Unlearning Implicit Social Biases"; Cellini et al., "Sleep Before and After Learning".
26 **um conceito tão simples quanto 2 + 2 = 4:** Alguns desses neurônios podem ser iguais, mas muitos serão diferentes.
26 **A mente tem seu próprio poder causal:** Tononi et al., "Integrated Information Theory", p. 450.
26 **a mente usa o cérebro:** Veja Siegel, *The Mindful Brain*. Dan é um autor e professor brilhante e prolífico. Veja também seus livros recentes, incluindo *Aware*.

Mudando o Cérebro com Meditação

27 **como o mindfulness e a meditação ajudam a transformar o cérebro:** Para uma revisão recente, veja Brandmeyer et al., "The Neuroscience of Meditation".
27 ***córtex cingulado posterior (CCP)*, parte de trás:** Creswell et al., "Alterations in Resting-State Functional Connectivity".
27 ***rede de modo padrão*:** Consulte também o Capítulo 6 sobre a rede de modo padrão.
27 **maior controle vertical sobre a *amígdala*:** Como acontece com a maioria das partes do cérebro acima do tronco cerebral, na verdade existem duas amígdalas, bem como dois hipocampos, córtices cingulados etc. Mas a convenção (confusa) é falar deles no singular, o que farei aqui.
27 **desencadeia a resposta de estresse neural/hormonal:** Kral et al., "Impact of Short- and Long-Term Mindfulness Meditation".
27 **cultivam mais tecido em seu hipocampo:** Hölzel et al., "Investigation of Mindfulness Meditation Practitioners".
27 **menos *cortisol*, o hormônio do estresse:** Tang et al., "Short-Term Meditation Training".
27 **camadas mais grossas de tecido neural:** Lazar et al., "Meditation Experience Is Associated".
27 **mais tecido na *ínsula:*** Ibid.
28 **hemisférios direito e esquerdo do cérebro:** Tecnicamente, os hemisférios esquerdo e direito do córtex.
28 **palavras e imagens, lógica e intuição:** Fox et al., "Is Meditation Associated with Altered Brain Structure?".
28 **recuperação extraordinariamente rápida:** Lutz et al., "Altered Anterior Insula Activation".

28 **atividade de ondas cerebrais gama**: Lutz et al., "Long-Term Meditators Self-Induce". A atividade aumentada de ondas gama é encontrada até mesmo durante o sono: veja Ferrarelli et al., "Experienced Mindfulness Meditators".

28 **grandes áreas do córtex**: Acredito que expressão "cortical real state" (grandes áreas do córtex) se origina do excelente livro de Sharon Begley, *Train Your Mind, Change Your Brain*.

28 **associadas ao aprendizado aprimorado**: Uhlhaas et al., "Neural Synchrony".

28 **mudança gradual, de uma autorregulação deliberada**: Josipovic e Baars, "What Can Neuroscience Learn?".

28 **pessoas que realizam a Meditação Transcendental**: Mahone et al., "fMRI During Transcendental Meditation".

28 **cristãos**: Newberg et al., "Cerebral Blood Flow".

29 **islâmicos**: Newberg et al., "A Case Series Study".

28 **meditações de compaixão e gentileza**: Hofmann et al., "Loving-kindness and Compassion Meditation".

28 **outras práticas**: Cahn e Polich, "Meditation States and Traits".

28 **pesquisa melhorará com o tempo**: Existem muitos tipos de meditação e ainda mais tipos de treinamento mental e, sem dúvida, encontraremos diferenças sutis em seus efeitos no cérebro. Outros fatores também devem desempenhar um papel, como o temperamento individual — talvez aqueles que são naturalmente mais calmos sejam atraídos pela meditação em primeiro lugar —, a comunidade, aspectos religiosos associados, a cultura e o propósito moral.

28 **regulação emocional e senso de self**: Hölzel et al., "How Does Mindfulness Meditation Work?".

28 **A prática contínua em longo prazo pode alterar**: Goleman e Davidson, *Altered Traits*.

28 **gratidão, relaxamento, gentileza**: Por exemplo, veja Baxter et al., "Caudate Glucose Metabolic Rate Changes"; Nechvatal e Lyons, "Coping Changes the Brain"; Tabibnia e Radecki, "Resilience Training That Can Change the Brain"; Lazar et al., "Functional Brain Mapping"; Dusek et al., "Genomic Counter-Stress Changes".

28 **nossa mente toma a forma**: Ouvi isso do professor James Baraz, que o adaptou do Majjhima Nikaya 19: *"Tudo o que alguém pensa e pondera com frequência, isso se tornará a inclinação de sua mente."*

28 **nosso cérebro toma a *sua* forma**: Inclusive nas conexões entre os neurônios e o vai e vem de neuroquímicos.

28 **daquilo em que repousamos a nossa atenção**: McGaugh, "Memory".

CAPÍTULO 3: ESTABILIZANDO A MENTE

35 **Entrando em um rio**: Adaptado das traduções de John Ireland (https://www.accesstoinsight.org/tipitaka/kn/snp/snp.2.08.irel.html) e Thanissaro Bhikkhu (https://www.dhammatalks.org/suttas/KN/StNp/StNp2_8.html).

35 **Sutta Nipata 2.8**: *Sutta* em páli é o equivalente a *sutra* em sânscrito: um texto, muitas vezes com significado religioso.

O Poder de Concentração

36 **virtude**: Às vezes traduzida como moralidade ou moderação.

36 **virtude, sabedoria — e concentração**: Em páli: *sila, panna, samadhi*. Baseamo-nos nesses pilares da prática no momento em que precisamos deles e também os desenvolvemos ao longo do tempo.

36   **foco de laser que promove insights libertadores**: Estou me concentrando aqui em um aspecto do samadhi; outros aspectos incluem a purificação de tendências problemáticas, a intensificação de qualidades mentais benéficas em formas cada vez mais destiladas e estados incomuns de consciência.
36   **o fio da faca é o insight**: *Vipassana*, em páli.
36   **o poder da vara é a concentração**: Também conhecida como *samatha*, em páli, que significa a permanência calma que estabiliza, unifica e concentra a mente.
36   **conhecidas como *jhanas***: Essa descrição resumida é adaptada das traduções de Andrew Olendzki, http://nebula.wsimg.com/bb54f2da6f46e24d191532b9ca8d1ea1?AccessKeyId=EE605ED40426C654A8C4&disposition=0&alloworigin=1), Bhikkhu Bodhi, *In the Buddha's Words*, e H. Gunaratana, "A Critical Analysis of the Jhānas in Theravāda Buddhist Meditation", dissertação de doutorado, American University, 1980 (http://www.buddhanet.net/pdf_file/scrnguna.pdf).

Existem algumas controvérsias sobre as traduções adequadas de palavras-chave e é útil considerar outras traduções, como as de Leigh Brasington (http://www.leighb.com/jhana_4factors.htm), Shaila Catherine (http://www.imsb.org/wp-content/uploads/2014/09/FiveJhanaFactors.pdf) e Bhikkhu Analayo (Analayo, *A Meditator's Life of the Buddha*).

Em particular, Brasington e outros argumentam que o termo "atenção aplicada e sustentada" (para *vitakka* e *vicara*, em páli) poderia ser melhor traduzido como "pensamento e exame".

37   **os jhanas são descritos em termos psicológicos**: Como fenômenos psicológicos, presumivelmente eles têm correlatos neurais. Por exemplo, Leigh Brasington oferece suas hipóteses aqui: http://www.leighb.com/jhananeuro.htm.
37   **até a "cessação"**: Leigh Brasington (comunicação pessoal) apontou prestativamente que a mesma palavra inglesa para cessação é usada para múltiplos significados e aplicações no Pali Canon. Meu significado para isso, aqui, é o fim, a cessação da consciência comum, que permite uma espécie de transição para o nibbana.
37   **orientação de professores experientes**: Para saber mais sobre os jhanas, recomendo os retiros e os livros de Leigh Brasington, Tina Rasmussen e Stephen Snyder, Shaila Catherine e Richard Shankman.
37   **muitos dias em isolamento**: Normalmente, também sobre uma base sólida de prática meditativa.

Atenção Inquieta

38   **"Nós vivemos no esquecimento"**: Thich Nhat Hanh, *Understanding Our Mind: 50 Verses on Buddhist Psychology*. Parallax Press, 2002, cap. 42, p. 208.
39   **"mente de macaco"**: Uma metáfora tradicional.

Cultivo

39   **Cultivo**: Esta seção é um resumo do material amplamente discutido em meu livro, *O cérebro e a felicidade*.
40   **o que resiste dentro de nós**: Desde as antigas histórias educativas até as pesquisas psicológicas atuais, o cultivo de recursos internos, como paciência e apego seguro, tem sido altamente valorizado. Por exemplo, o Buda incentivou o desenvolvimento desses *fatores do despertar*: mindfulness, investigação, energia, bem-aventurança, tranquilidade, concentração e

NOTAS 231

equanimidade. Nenhum deles é fantasioso ou metafísico, e cada um é algo que você pode desenvolver com o tempo.

40 **O treino sistemático**: Dalai Lama e Cutler, *The Art of Happiness*, p. 44.

APRENDENDO NO CÉREBRO

40 **Experimentar o que gostaríamos de desenvolver**: A maior parte do aprendizado começa com uma experiência, como um pensamento, percepção (incluindo sensações), emoção, desejo ou senso de ação.

40 **transformar estados temporários em características duradouras**: Para obter um exemplo desse processo no treino da atenção plena, veja Kiken et al., "From a State to a Trait".

40 **pouco ou nenhum ganho duradouro**: Em um estudo, a resposta *média* a uma intervenção pode ser significativamente maior do que a mudança média no grupo de controle, enquanto muitas pessoas no grupo de intervenção ainda não obtiveram ganhos mensuráveis. Ou a taxa de conversão de estados para características pode permanecer estável mesmo quando os estados experimentais estão melhorando. Por exemplo, nas últimas décadas houve muitas novas ideias e métodos em psicoterapia, mas não há uma tendência clara de melhores resultados terapêuticos e, de fato, alguns sinais de declínio. Veja Johnsen e Fribourg, "The Effects of Cognitive Behavioral Therapy"; Carey et al., "Improving Professional Psychological Practice".

O VIÉS DA NEGATIVIDADE

41 **produto da evolução em condições difíceis**: Rozin e Royzman, "Negativity Bias, Negativity Dominance"; Vaish et al., "Not All Emotions"; Hamlin et al., "Three-Month-Olds Show".

41 **resíduos emocionais e somáticos**: Baumeister et al., "Bad Is Stronger Than Good".

41 **sensibiliza a amígdala e enfraquece o hipocampo**: Harkness et al., "Stress Sensitivity and Stress Sensitization"; Load, "Beyond the Stress Concept".

42 **quando atingimos a outra margem**: Esta é uma metáfora central no budismo; veja Majjhima Nikaya 22.

CURANDO-SE

42 **"aprendizado incidental"**: Tal como referido no trabalho de Barbara Fredrickson e outros em sua teoria de ampliar e construir emoções positivas. Veja Fredrickson, "The Broaden-and-Build Theory"; Kok e Fredrickson, "Upward Spirals of the Heart".

Este trabalho é inovador e muito útil. Só estou apontando que o efeito de construção é geralmente descrito como (1) uma espiral ascendente de estados benéficos que levam a outros estados benéficos, em vez do desenvolvimento de traços psicológicos duráveis, ou (2) a aquisição de características por meio de processos não deliberados e incidentais.

42 **material negativo pode parecer assustador**: Pode ser necessário envolver material negativo em versões do passo CURA para uma cura completa do trauma. Muitas vezes, isso é feito da melhor forma por se trabalhar com um profissional licenciado.

43 **conversão em memória de longo prazo**: Ranganath et al., "Working Memory Maintenance Contributes".

43 **aumenta os sinais que ela envia ao hipocampo**: Packard e Cahill, "Affective Modulation".

43 **mudança duradoura na estrutura ou função neural**: Talmi, "Enhanced Emotional Memory"; Cahill e McGaugh, "Modulation of Memory Storage".

43 **agradável ou tenha significado**: Como perspectiva, considere a lição de Bhikkhu Analayo: "*Tipos saudáveis de felicidade não precisam ser evitados, pois podem apoiar o progresso para o despertar... Alguns tipos de prazer são obstrutivos, mas outros não. O critério decisivo não é a natureza afetiva de uma experiência particular, mas suas repercussões saudáveis ou prejudiciais.*" (Analayo, A Meditator's Life of the Buddha, p. 83).

43 **se move para o armazenamento de longo prazo**: Madan, "Toward a Common Theory for Learning"; Sara e Segal, "Plasticity of Sensory Responses"; McDonald e Hong, "How Does a Specific Learning?"; Takeuchi et al., "The Synaptic Plasticity and Memory Hypothesis"; Tully e Bolshakov, "Emotional Enhancement of Memory".

43 **sensível ao que é benéfico**: Por exemplo, algumas pessoas são particularmente afetadas por influências ambientais positivas. Essas diferenças individuais podem ser parcialmente *adquiridas* — e não devidas apenas a fatores genéticos hereditários, inatos — por meio de treinamento mental ou de outras experiências. Para uma revisão recente, veja Moore e Depue, "Neurobehavioral Foundation of Environmental Reactivity".

43 **"Mantenha um ramo verde"**: Isso é atribuído a Lao Tzu, ou simplesmente descrito como um provérbio chinês, mas não consegui encontrar uma fonte específica.

44 **Bhikkhu**: um termo páli para monge.

44 **Analayo**: Analayo, A Meditator's Life of the Buddha, p. 29.

Encontrando o seu Lugar

44 **que podia criar *memória de lugar***: Quiroga, "Neural Representations Across Species".

44 **sair para a vida a partir dessa base segura**: O termo "base segura" tem significados específicos na teoria do apego; aqui, estou usando o termo de forma mais ampla.

Cinco Fatores para Estabilizar a Mente

FUNDAÇÕES DA PRÁTICA

47 **praticar pelo bem dos outros, além do seu**: De maneira mais formal, pode haver uma "dedicação de mérito" da prática. Por exemplo, veja https://www.lionsroar.com/how-to-practice-dedicating-merit/.

47 **objeto específico de atenção**: Às vezes chamado de "âncora" de atenção.

48 **consciência aberta**: Às vezes chamada de "monitoramento aberto".

48 **experimentando a consciência propriamente dita**: A professora Diana Winston chama isso de "consciência natural". Veja Winston, *The Little Book of Being*.

49 **atividade neural nessas áreas reduzirá**: Também mencionado no Capítulo 1.

ESTABELECENDO INTENÇÃO

50 **à expiração quando estiver expirando**: Esta e algumas das minhas outras sugestões são adaptadas do Sutta Anapanasati (Mindfulness da Respiração).

50 **vulnerável à *fadiga da força de vontade***: Gailliot et al., "Self-Control Relies on Glucose".

RELAXANDO SEU CORPO

51 **cortisol e a *adrenalina***: Benson e Klipper, *The Relaxation Response*.

PERMANECENDO CALOROSO

52 **neuroquímico *ocitocina***: Denominado hormônio quando exerce efeitos fora do sistema nervoso.

52 **quando nos sentimos amados ou próximos de outros**: Como menciono no próximo capítulo, o aumento da atividade da ocitocina também pode promover sentimentos e ações de proteção em relação a "nós" que podem alimentar a rejeição ou a agressão a "eles".

52 **amígdala pode ter um efeito inibidor**: Os efeitos da atividade da ocitocina na amígdala são complexos. Por um lado, veja Meyer-Lindenberg, "Impact of Prosocial Neuropeptides"; Huber et al., "Vasopressin and Oxytocin Excite"; Liu et al., "Oxytocin Modulates Social Value Representations". Por outro lado, observe uma possível distinção entre os efeitos em crianças em comparação com os adultos: Kritman et al., "Oxytocin in the Amygdala".

52 **fluxos de ocitocina aumentam no córtex pré-frontal**: Kritman et al., "Oxytocin in the Amygdala".

52 **sensação de ansiedade costuma diminuir**: Sobota et al., "Oxytocin Reduces Amygdala Activity"; Radke et al., "Oxytocin Reduces Amygdala Responses".

52 **parte da resposta de *"ternura e amizade"***: Taylor, "Tend and Befriend Theory".

SENTINDO-SE GRATO E ALEGRE

54 **regiões externas superiores do córtex pré-frontal**: D'Esposito e Postle, "The Cognitive Neuroscience of Working Memory".

54 **Elas têm uma espécie de portão**: Braver e Cohen, "On the Control of Control"; Braver et al., "The Role of Prefrontal Cortex".

54 **um pico capaz de abrir o portão será menos provável**: Este mecanismo neurológico pode ser uma razão pela qual a felicidade e o êxtase são listados como elementos do primeiro e segundo jhanas, com a felicidade continuando no terceiro jhana. Os jhanas envolvem grande estabilidade mental. Na verdade, felicidade e bem-aventurança são considerados *fatores* dos jhanas, ajudando-o a ter acesso a eles. A atenção aplicada e a atenção sustentada também são fatores do jhana, assim como a unicidade da mente. Em uma prática regular de meditação, você certamente pode cultivar a felicidade e a atenção aplicada e sustentada e, com a prática, pode potencialmente experimentar a bem-aventurança e a unicidade da mente. Esses fatores em si não são os jhanas, mas, por experiência, posso dizer que a sensação deles é boa e que ajudam a estabilizar a mente.

CAPÍTULO 4: AQUECENDO O CORAÇÃO

57 **"Com boa vontade"**: Esta é uma parte do Metta Sutta (Sutta Nipata 1.8) fraseada de forma diferente, que é apresentada mais detalhadamente abaixo.

58 **"Ninguém é sábio"**: Adaptado das traduções de Acharya Buddharakkhita https://www.accesstoinsight.org/tipitaka/kn/dhp/dhp.19.budd.html e Thanissaro Bhikkhu https://www.dhammatalks.org/suttas/KN/Ud/ud8_3.html.

58 **compaixão, bondade e felicidade**: Juntamente com a equanimidade, estes são os quatro *Brahmaviharas* (às vezes chamados de Imensuráveis), que são as moradas de seres exaltados e estão disponíveis para todos nós, com a prática.

58 **desenvolver compaixão e bondade**: Birnie et al., "Exploring Self-Compassion"; Boellinghaus et al., "The Role of Mindfulness"; Fredrickson et al., "Positive Emotion Correlates".

58 **Redes relacionadas, mas distintas**: Mascaro et al., "The Neural Mediators of Kindness-Based Meditation"; Engen e Singer, "Affect and Motivation Are Critical".

59 **regiões cerebrais que ajudam a produzir experiências de prazer físico**: Lieberman e Eisenberger, "Pains and Pleasures of Social Life"; Eisenberger, "The Neural Bases of Social Pain".

59 **estimular centros de recompensa neural**: Incluindo o *núcleo caudado* e o *corpo estriado ventral*, nos *gânglios da base* no subcórtex. Para uma boa revisão deste tópico, veja Tabibnia

e Lieberman, "Fairness and Cooperation Are Rewarding". De modo mais generalizado, veja Decety e Yoder, "The Emerging Social Neuroscience".

59 **redes que sustentam a dor física**: Lieberman e Eisenberger, "Pains and Pleasures of Social Life"; Eisenberger, "The Neural Bases of Social Pain".

59 **desenvolvidos no sistema nervoso**: Lippelt et al., "Focused Attention, Open Monitoring"; Lee et al., "Distinct Neural Activity".

59 **córtex orbitofrontal:** Outras áreas incluem o corpo estriado ventral. Veja Engen e Singer, "Compassion-Based Emotion Regulation".

59 **rostos de estranhos e seus próprios rostos**: Trautwein et al., "Decentering the Self?".

59 **sustentam os sentimentos de empatia com os outros**: Leung et al., "Increased Gray Matter Volume".

Compaixão e Bondade

59 **compaixão é desejar que os seres não sofram**: Uma definição mais completa de compaixão, como eu quero que ela signifique aqui, envolve empatia pelo sofrimento, benevolência para com esse sofrimento e um desejo de aliviá-lo, se possível. Para um histórico, veja Gilbert, "The Origins and Nature of Compassion Focused Therapy".

59 **desejar que eles sejam felizes**: Salzberg, *Lovingkindness*.

BOA VONTADE

60 **desejo saudável**: *Chandha*, em páli.

60 **Partes diferentes do cérebro lidam com o *gostar***: Berridge e Kringelbach, "Pleasure Systems in the Brain".

UM DOCE COMPROMISSO

60 ***metta* como "bondade"**: Muitas vezes traduzida como "bondade amorosa". Para uma tradução completa deste importante sutta, Sutta Nipata 1.8, de dezenove (!) fontes com curadoria de Leigh Brasington, veja http://www.leighb.com/mettasuttas.htm. Essa seção do sutta é adaptada de traduções deste site, particularmente por Bhikkhu Bodhi e Thanissaro Bhikkhu.

UMA REVELAÇÃO ENOBRECEDORA

62 **Verdades Daqueles Que São Nobres**: "Understand, Realize, Give Up, Develop: A Conversation with Stephen Batchelor, Christina Feldman and Akincano M. Weber", Tricycle, setembro–novembro de 2017, https://tricycle.org/magazine/entender-realizar-dar-desenvolver/.

62 **ações intencionais de pensamento, palavras e realizações**: Gombrich, *What the Buddha Thought*.

62 **Quatro Verdades *Enobrecedoras***: Bhikkhu Analayo faz uma observação semelhante sobre o potencial "enobrecedor" dessas verdades. Veja Analayo, *A Meditator's Life of the Buddha*, p. 143.

62 **da resiliência, dos relacionamentos saudáveis e da prática espiritual**: Por exemplo, veja Sin e Lyubomirsky, "Enhancing Well-Being". É claro que cutucar a mente — abrir mão do que é doloroso e prejudicial e deixar entrar o que é prazeroso e benéfico — é apenas parte da prática. Na maior parte do tempo, estamos simplesmente deixando acontecer.

BONS DESEJOS PARA TODOS

63 **alguém que seja desafiador para você**: Às vezes chamado de pessoa "difícil". Uma amiga apontou que esse termo pode significar que alguém é inerentemente difícil e me incentivou a usar essa outra terminologia, que adotei.

63 **"Felizes de fato vivemos"**: Adaptado de uma tradução de Acharya Buddharakkhita, https://www.accesstoinsight.org/tiptaka/KN/dhp.15.budd.html.

A Alegria da Ausência de Culpa

65 **seu filho Rahula foi praticar**: Há uma significativa história de fundo. Pelo que sabemos, o homem que se tornou o Buda cresceu no norte da Índia há cerca de 2.500 anos. Quando ele tinha perto de 29 anos, sua esposa, Yasodhara, deu à luz seu primeiro filho, e, nessa época, ele partiu para se tornar um asceta errante. Não há como contornar isso: o caminho de prática do Buda começou ao deixar sua família. Podemos considerar isso em termos de nossos padrões modernos e das normas da época do próprio Buda. Eu o vejo como alguém que lutou e fez escolhas, e isso humaniza e enriquece minha percepção de seus ensinamentos.

65 **Como explica o sutta**: Majjhima Nikaya, 61.

66 **"Para conquistar... uma percepção profunda"**: Palmo, *Reflections on a Mountain Lake*, p. 45.

66 **"Que eu seja afetuoso"**: Larry Yang, de "In the Moments of Non-Awakening", *Buddhadharma*, março–maio de 2019, p. 95. Mudei um pouco da pontuação e da formatação para dar ênfase.

66 **complexo do nervo vago**: Porges e Carter, "Polyvagal Theory and the Social Engagement System".

66 **têm origem no *tronco encefálico***: Especificamente, na medula.

67 **controle maior de nós mesmos**: E, como vimos no capítulo anterior, a cordialidade também aumenta a atividade da ocitocina, que ajuda a acalmar as reações baseadas no medo.

68 **"Há aqueles que não percebem"**: De uma tradução de Acharya Buddharakkhita, https://www.accesstoinsight.org/tipitaka/kn/dhp/dhp.01.budd.html.

SEM PREJUDICAR OS OUTROS — E A NÓS MESMOS

70 **regras práticas do Caminho Óctuplo**: Eu as adaptei e resumi a partir de várias passagens do Pali Canon. Elas são estruturadas como treinamentos que realizamos, em vez de mandamentos cuja violação seria pecado.

COMO PREJUDICAMOS A NÓS MESMOS

69 **então se faça a primeira das perguntas a seguir**: Essas perguntas são organizadas em torno da ação sábia, com a admoestação adicional contra a mentira nos cinco preceitos.

UM CORAÇÃO GENEROSO

69 **como substituir um tom duro**: Thich Nhat Hanh desenvolveu essa abordagem de maneiras belas e poderosas, com seus Cinco Treinos de Mindfulness. Veja https://www.learnreligions.com/thich-nhat-hanhs-five-mind-fulness trainings-449601.

70 **cujos traços agora estão entrelaçados no nosso DNA**: Por exemplo, veja Trivers, "Evolution of Reciprocal Altruism"; Bowles, "Group Competition, Reproductive Leveling".

70 **"Se as pessoas conhecessem"**: Tradução para o inglês de John Ireland, https://www.accesstoinsight.org/tipitaka/kn/iti/iti.1.024-027.irel.html.

70 **ser um pouco mais generosos**: Claro, isso não significa cair no altruísmo patológico, dando de maneiras que sejam prejudiciais a si mesmo ou promovendo dependências inadequadas nos outros. Por exemplo, veja Oakley et al., *Pathological Altruism*.

Autocompaixão

71 **experimentar coisas novas e ser ambicioso**: Para revisões e sugestões práticas, veja Bluth e Neff, "New Frontiers"; Neff e Dahm, "Self-Compassion: What It Is"; Neff, *Self-Compassion: The Proven Power*; Germer, *The Mindful Path to Self-Compassion*; Allen e Leary, "Self-Compassion, Stress, and Coping"; Germer e Neff, "Self-Compassion in Clinical Practice".

71 **levar as coisas para o lado pessoal**: Veja o notável trabalho do Professor Paul Gilbert, criador da Terapia Focada na Compaixão, incluindo "Introducing Compassion-Focused Therapy" e *Compassion Focused Therapy: Distinctive Features*.

71 **senso de *humanidade comum***: Que foi enfatizado por Chris Germer e Kristin Neff.

71 **"Tem uma rachadura"**: Leonard Cohen, "Anthem", *The Future*, Columbia Records, 1992.

UMA PRÁTICA DE AUTOCOMPAIXÃO

73 **programa da Autocompaixão Consciente**: Veja https://centerformsc.org/.

Omitindo nada

74 **tipicamente com vários membros**: Hill et al., "Co-residence Patterns in Hunter-Gatherer Societies"; Boyd et al., "Hunter-Gatherer Population Structure".

74 **capacidade maior de transmitir seus genes**: Para uma discussão de como a seleção natural na evolução poderia operar no nível de grupos sociais, veja Wilson e Wilson, "Rethinking the Theoretical Foundation of Sociobiology".

74 **nos últimos milhões de anos**: Dunbar, "The Social Brain Hypothesis"; Lieberman, *Social*.

DOIS LOBOS

75 **parafraseando uma parábola**: Para obter uma fonte, veja https://www.firstpeople.us/FP-Html-Legends/TwoWolves-Cherokee.html. Por outro lado, veja https://crossingenres.com/you-know-that-charming-story-about-the-two-wolves-its-a-lie-d0d93ea4ebff. Como não consegui estabelecer uma origem clara, apresentei essa parábola de forma simplificada e sem atribuição específica.

75 **características que às vezes são úteis**: Por exemplo, consulte o ensaio do Dalai Lama "Don't Let Hatred Destroy Your Practice", em *Buddhadharma*, março–maio de 2019, pp. 58–71, extraído do Dalai Lama, *Perfecting Patience: Buddhist Techniques to Overcome Anger*, trans. Thubten Jinpa. Shambhala, 2018.

75 **inclusive por forças sociais sistêmicas**: Veja Owens e Syedullah, *Radical Dharma*.

75 **norepinefrina para ser gratificante para nós**: Angus et al., "Anger Is Associated"; Bersani e Pasquini, "The 'Outer Dimensions'".

75 **ambas as pessoas se queimam**: Tirado de Buddhaghosa, Path of Purification, IX 21.

75 **Eu-Tu e Eu-Isso**: Martin Buber, *I and Thou*.

EXPANDINDO O CÍRCULO DOS "NOSSOS"

76 **gerar suspeita e hostilidade em relação a "eles"**: De Dreu et al., "The Neuropeptide Oxytocin Regulates Parochial Altruism"; De Dreu et al., "Oxytocin Motivates Non-cooperation"; De Dreu, "Oxytocin Modulates Cooperation".

76 **"Como a Terra nos dá comida"**: "Journeys: What About My Retreat?", Buddhadharma, dezembro–fevereiro de 2013. Veja também https://www.lionsroar.com/journeys- what-about-my-retreat/.

76 **mais gratificantes, trataremos os outros melhor**: Veja Preston, "The Rewarding Nature of Social Contact"; Hung et al., "Gating of Social Reward".

CAPÍTULO 5: DESCANSANDO NA PLENITUDE

80 **"Quando tocada pelos costumes do mundo"**: Adaptado das traduções de Thanissaro Bhikkhu (https://www.dhammatalks.org/suttas/KN/StNp/StNp2_4.html) e Piyadassi Thera (https://www.accesstoinsight.org/tipitaka/KN/snp/snp.2.04.piya.html). Os "costumes do mundo" referem-se a ganhos e perdas, elogios e críticas, prazer e dor, status e perda de status (também chamados de "oito ventos mundanos", às vezes com outras palavras).

80 **grande fonte de muito do nosso sofrimento**: Stephen Batchelor apontou que o sofrimento pode causar desejo desmedido. (Veja *After Buddhism*.) Por exemplo, se estou sofrendo a dor da rejeição, posso compreensivelmente desejar conforto e amor. A consciência atenta de como as experiências de estresse ou transtorno emocional promovem o desejo desmedido é muito útil. O desejo desmedido e o sofrimento alimentam um ao outro de maneiras circulares. Este capítulo se concentra em como o desejo desmedido leva ao sofrimento.

80 **quatro *tarefas***: Estou me baseando e adaptando partes do Samyutta Nikaya 56.11, bem como perspectivas de Thanissaro Bhikkhu, https://www.accesstoinsight.org/lib/study/truths.html; *After Buddhism*, por Stephen Batchelor.

No Porão da Mente

QUANDO VOCÊ ERA PEQUENO

80 **totalmente formado antes do nascimento na maioria dos bebês**: A amígdala (tecnicamente, as duas amígdalas) se torna anatomicamente madura por volta do oitavo mês de desenvolvimento de um feto. Veja Ulfig et al., "Ontogeny of the Human Amygdala".

81 **por volta do terceiro aniversário**: Para uma revisão completa, veja Semple et al., "Brain Development in Rodents and Humans".

81 ***memórias episódicas***: Também denominadas "memórias autobiográficas".

82 ***comportamentos de fuga*, como retraimento ou congelamento**: Esta característica de desenvolvimento é invertida no cérebro de muitas pessoas canhotas, mas os efeitos são os mesmos. Veja Schore, *Affect Regulation and the Origin of the Self*.

82 **sistema nervoso estava especialmente vulnerável**: Semple et al., "Brain Development in Rodents and Humans".

82 **o corpo lembra**: Veja Rothschild, *The Body Remembers*.

82 ***desvio espiritual***: Welwood, "Principles of Inner Work".

82 **tipos de psicoterapia e práticas de autoajuda**: Abordagens clínicas para lidar com a dor psicológica incluem a Dessensibilização e Reprocessamento por Movimentos Oculares (EMDR), desenvolvida por Francine Shapiro, e outras formas de *estimulação bilateral*, a Terapia Focada na Compaixão de Paul Gilbert, a Experiência Somática de Peter Levine e a Terapia de Coerência de Bruce Ecker. A Associação Americana de Psicologia desenvolveu "diretrizes de prática clínica" para o tratamento do transtorno de estresse pós-traumático (TEPT); você pode vê-las aqui — https://www.apa.org/ptsd-guideline/ — juntamente com links para recursos para indivíduos e famílias. Práticas pessoais (às vezes adaptadas para o

trabalho clínico) incluem o Foco, de Eugene Gendlin, o mindfulness sensível ao trauma, de David Treleaven, e a TIMBo yoga criada por Sue Jones.

ACALMANDO E SUBSTITUINDO O SOFRIMENTO

83   **etapa Associe no processo CURA**: O método geral resumido, na etapa Associe, é usado em ambientes clínicos e em práticas de desenvolvimento pessoal e pode ser adaptado para diferentes necessidades e situações.

83   **janela de reconsolidação**: A duração da janela de reconsolidação não é exata, mas parece ser inferior a seis horas. Veja Nader et al., "Fear Memories"; Alberini e LeDoux, "Memory Reconsolidation". Para aplicações clínicas, veja esta excelente revisão: Ecker, "Memory Reconsolidation Understood".

83   **voltando ocasionalmente o foco apenas para o material positivo**: Estou resumindo, aqui; para obter detalhes, consulte as referências logo acima e o material sobre links em meu livro *O cérebro e a felicidade*.

A Vida é Sofrimento?

86   ***Todas as coisas condicionadas estão sofrendo***: Em páli: *Sabbe sankhara dukkha*.

87   **"Todas as experiências humanas são sofrimento"**: Podemos generalizar isso para incluir qualquer animal com sistema nervoso.

88   **pelo ganho de cada novo momento que surge**: Bhikkhu Analayo também ofereceu uma crítica às afirmações genéricas de que todos os elementos da consciência estão sempre sofrendo. Veja Analayo, *A Meditator's Life of the Buddha*, cap. 16.

As Causas do Desejo Desmedido

90   **"Assim como uma árvore abatida cresce novamente"**: Tradução para o inglês de Gil Fronsdal em *The Dhammapada: A New Translation of the Buddhist Classic, with Annotations*. Shambhala, 2006, p. 88.

TRÊS CAUSAS DO DESEJO DESMEDIDO

90   **vínculo baseado na insegurança**: Veja https://en.wikipedia.org/wiki/Attach-ment_theory.
90   **língua do budismo primitivo**: Para detalhes, veja https://en.wikipedia.org/wiki/Pali.

TRÊS TIPOS DE PRÁTICA

92   **incluindo gênero, classe e história**: *Não* estou tentando criticar o papel do monasticismo em si no budismo. Sou profundamente grato às linhagens monásticas que mantiveram o budismo vivo por 25 séculos, assim como aos monges e monjas que foram meus professores.

92   **não deixe nada de fora da sua prática**: Ouvi isso descrito como um ditado zen, mas não consegui encontrar uma fonte.

92   **"Qualquer êxtase sensual no mundo"**: Tradução para o inglês de Thanissaro Bhikkhu, https://www.dhammatalks.org/suttas/KN/Ud/ud2_2.html.

DESEJO DESMEDIDO INCORPORADO

92   **macacos, ratos e lagartos**: Estou resumindo uma grande quantidade de material aqui. Para informações úteis, recomendo os artigos de Kent Berridge, Terry Robinson e Morten Kringelbach. Por exemplo, veja Berridge e Robinson, "What Is the Role of Dopamine?"; Berridge et al., "Dissecting Components of Reward"; Kringelbach e Berridge, "Neuroscience of Reward, Motivation, and Drive".

92 **As causas mais fundamentais do desejo desmedido**: É claro que as práticas de reconhecimento são extremamente úteis, e vamos nos basear muito nelas em capítulos posteriores.

93 ***evitam** danos, **aproximam-se** de recompensas e se **apegam** aos outros*: Essas três formas de atender às nossas necessidades — evitar, aproximar, apegar — também podem ser enquadradas como retirar, entrar, ficar; prevenir, promover, persistir; destruir, criar, preservar.

93 ***tronco cerebral reptiliano, subcórtex mamífero***: Os limites anatômicos e funcionais entre essas três partes do cérebro são inerentemente difusos, e onde são marcados pode ser um tanto arbitrário e controverso. O subcórtex, como estou usando este termo, inclui a amígdala, o hipocampo, os gânglios da base, o tálamo e o hipotálamo. Além do hipotálamo, as outras partes do subcórtex vêm em pares, uma de cada lado do cérebro. Partes relacionadas do cérebro incluem a ponte, na parte superior do tronco encefálico, e a área tegmental ventral no topo da ponte. Às vezes, outros termos são usados além de subcórtex, mas essa palavra ainda é amplamente usada; por exemplo, veja Keuken et al., "Large Scale Structure-Function Mappings".

93 ***neocórtex primata/humano***: Para contexto e detalhes, veja, por favor, o Capítulo 3 do meu livro *O cérebro e a felicidade*.

UM EQUILÍBRIO SAUDÁVEL

93 ***rede de saliência***: Os principais elementos da rede de saliência incluem a ínsula anterior e o córtex cingulado dorsal anterior no neocórtex; a amígdala e o *núcleo accumbens* no subcórtex; a área tegmental ventral no topo do tronco cerebral. Para as localizações: *anterior* = frontal; *posterior* = traseiro; *dorsal* = superior; *ventral* = inferior; *medial* = meio; *lateral* = lado. Veja Seeley et al., "Dissociable Intrinsic Connectivity Networks"; Menon, "Salience Network".

93 ***rede de modo padrão***: Os principais elementos da rede de modo padrão estão centrados no córtex pré-frontal medial, córtex cingulado posterior, pré-cúneo e hipocampo. Veja Raichle et al., "Default Mode of Brain Function"; Vago e Zeidan, "The Brain on Silent". Observe que essa rede às vezes é chamada de "rede de estado de repouso" ou "rede intrínseca".

93 ***rede de controle executivo***: Os principais elementos da rede de controle executivo incluem o córtex pré-frontal dorsolateral e o córtex parietal posterior lateral. Veja Habas et al., "Distinct Cerebellar Contributions".

TONS HEDÔNICOS

94 **tons hedônicos**: Em páli, esses são os *vedana* das experiências, comumente traduzidos como "tons de sentimento", embora não estejam relacionados com a emoção em si.

94 **na psicologia moderna**: Por exemplo, veja Laricchiuta e Petrosini, "Individual Differences in Response to Positive and Negative Stimuli".

94 **base neural da dor e do prazer**: Boll et al., "Oxytocin and Pain Perception"; Shiota et al., "Beyond Happiness".

GERENCIANDO NECESSIDADES ATRAVÉS DO DESEJO DESMEDIDO

94 **modo *reativo*, ou Zona Vermelha**: Stephen Batchelor refere-se à "reatividade" como sinônimo de desejo desmedido em *After Buddhism* (p. 121).

95 **de uma forma ou de outra**: Robert Sapolsky usou essa frase em seu livro clássico sobre estresse, *Why Zebras Don't Get Ulcers*.

95 **nos preocupar com o futuro**: Veja o próximo capítulo sobre os córtices da linha média e o modo "fazer".

95 **esgota e abala ainda mais o corpo e a mente**: E pode gradualmente prejudicar o julgamento e a autorregulação ao enfraquecer as conexões no córtex pré-frontal. Veja Datta e Arnsten, "Loss of Prefrontal Cortical Higher Cognition".

ADMINISTRANDO NECESSIDADES SEM O DESEJO DESMEDIDO

96 **sua própria preparação para o despertar**: Para um grande resumo da vida do Buda, baseado em seleções bem traduzidas do Pali Canon, incluindo a referência a experiências que não invadem a mente e permanecem (no Majjhima Nikaya 36), veja https://www.accesstoinsight.org/ptf/buddha.html.

97 **sofrimento na Terceira Nobre Verdade**: Veja https://www.stephenbatchelor.org/media/Stephen/PDF/Stephen_Batchelor-Pali_Canon-Website-02-2012.pdf, p. 18.

97 **"De quem é a mente que, firme como uma rocha"**: Tradução para o inglês de Thanissaro Bhikkhu, https://www.dhammatalks.org/suttas/KN/Ud/ud4_4.html.

Vivendo na Zona Verde

97 **louvor e crítica, fama e calúnia**: De Anguttara Nikaya 8.6.

97 **"primeiras flechas"**: Às vezes traduzido como "dardos"; Samyutta Nikaya 36.6.

DESENVOLVIMENTO DOS PONTOS FORTES EM GERAL

98 **liberdade de *escolher* a nossa resposta**: Esta frase está vagamente relacionada a um ditado atribuído a Viktor Frankl: "*Entre o estímulo e a resposta há um espaço. Nesse espaço está nosso poder de escolher nossa resposta. Em nossa resposta está nosso crescimento e nossa liberdade.*" Mas, na verdade, vem de Stephen Covey, que pensou ter lido em um livro de Frankl. Veja https://quoteinvestigator.com/2018/02/18/response/#note-17978-8.

98 **Fundamentos do Mindfulness**: The Satipatthana Sutta, Majjhima Nikaya 10, que também pode ser traduzido como onde o mindfulness deve ser "estabelecido".

98 **observar a dor com atenção**: O mindfulness à dor física não é uma cura milagrosa, mas muitas vezes pode ajudar, especialmente com os efeitos colaterais emocionais. Veja Hilton et al., "Mindfulness Meditation for Chronic Pain". Para ferramentas práticas, veja o trabalho de Vidyamala Burch e Toni Bernhard.

98 **rotular as experiências para si mesmo**: Também chamado de "notar".

98 **acalma a amígdala**: Creswell et al., "Neural Correlates of Dispositional Mindfulness"; Burklund et al., "The Common and Distinct Neural Bases"; Torrisi et al., "Advancing Understanding of Affect Labeling".

DESENVOLVENDO PONTOS FORTES COMPATÍVEIS COM AS NECESSIDADES

99 **recursos específicos para necessidades específicas**: Esse é um breve resumo. Para uma abordagem sistemática, aplicada a diferentes situações, consulte *O cérebro e a felicidade* e *O poder da resiliência*.

SENTIR-SE SATISFEITO DESDE JÁ

101 **reptiliano**: Estou usando *reptiliano* de forma vaga. O tronco cerebral começou a evoluir antes dos primeiros répteis.

101 **mamífero**: Também estou usando *mamífero* de forma vaga. Alguns répteis têm estruturas neurais semelhantes às do subcórtex dos mamíferos. Veja Naumann et al., "The Reptilian Brain"; Pritz, "Crocodilian Forebrain".

- 102 **"Não há desgraça maior"**: Traduzido para o inglês por Xiankuan (Donald Sloane), comunicação pessoal. Veja seu excelente livro *Six Pathways to Happiness: Mindfulness and Psychology in Chinese Buddhism*, vol. 1, Outskirts Press, 2019.
- 102 **efeitos muito positivos**: Para uma revisão fundamental, veja Fredrickson, "What Good Are Positive Emotions?".
- 102 **sistema nervoso simpático de lutar ou fugir**: Para uma revisão de benefícios para o sistema nervoso autônomo, incluindo o controle do estresse, veja Kreibig, "Autonomic Nervous System".
- 102 *opioides naturais*: Shiota et al., "Beyond Happiness".
- 102 **podem reduzir a dor**: Sneddon, "Evolution of Nociception in Vertebrates".
- 102 **desejar desmedidamente um prazer futuro**: Berridge e Kringelbach, "Pleasure Stems in the Brain".
- 102 **suportar se separar delas**: Burkett et al., "Activation of µ-Opioid Receptors"; Schweiger et al., "Opioid Receptor Blockade"; Eisenberger, "Attachment Figures Activate".
- 102 **benefícios bem conhecidos para o vínculo com outras pessoas**: Shiota et al., "Beyond Happiness".
- 102 **calmante e reconfortante, diminuindo a ansiedade**: Veja a discussão sobre a ocitocina no Capítulo 3, "Cinco fatores para estabilizar a mente". E veja Sobota et al., "Oxytocin Reduces Amygdala Activity"; Radke et al., "Oxytocin Reduces Amygdala Responses".
- 102 **busca de oportunidades**: De Dreu et al., "Oxytocin Enables Novelty Seeking".

CAPÍTULO 6: SENDO A COMPLETUDE

- 107 **"Flores na primavera"**: Wumen Huikai, em Judy Roitman, "Six Facts About Kong-ans", *Buddhadharma*, setembro–novembro de 2018, p. 85.

O Teatro Interno

REDES CORTICAIS DA LINHA MEDIANA

- 108 **vagamente divididas em duas seções**: Essas duas redes são distintas e estão inversamente correlacionadas uma à outra: quando a atividade em uma aumenta, a atividade na outra diminui. Veja Josipovic, "Neural Correlates of Nondual Awareness".
- 108 **resolução de problemas, execução de tarefas e elaboração de planos**: Mullette-Gilman e Huettel, "Neural Substrates of Contingency Learning"; Corbetta et al., "The Reorienting System of the Human Brain". A porção frontal da rede da linha média também se baseia em aspectos da "rede de controle executivo" (discutida no capítulo anterior) que estão nas laterais do córtex pré-frontal.
- 108 **forte senso de self**: Farb et al., "The Mindful Brain and Emotion Regulation"; Northoff e Bermpohl, "Cortical Midline Structures and the Self"; Brewer et al., "What About the 'Self' Is Processed?".

  Além de suas ativações nas porções do "modo padrão" de retaguarda do córtex da linha média, o senso de self também surge quando as porções frontais desse córtex, orientadas para a tarefa, estão ativas. Veja Christoff et al., "Specifying the Self".
- 108 **"relativo a humores, sentimentos e atitudes"**: https://www.lexico.com/en/definition/affective.
- 109 **ajudá-lo a se organizar**: Raichle, "The Restless Brain".

109 **conexões criativas e possibilidades otimistas**: Smallwood e Andrews-Hanna, "Not All Minds That Wander Are Lost".

109 **eles vêm com um preço**: Por exemplo, a *"inquietação frenética da viagem mental no tempo que é característica da atividade diária no cenário pós-moderno"*. (No primeiro parágrafo da seção Discussão, Vago e Zeidan, "The Brain on Silent".

109 **"Por que sou tão estúpido/feio/mal-amado?"**: Farb et al., "Minding One's Emotions"; Cooney et al., "Neural Correlates of Rumination".

109 **vagar por todo o lugar**: Christoff et al., "Experience Sampling During fMRI".

109 **divaga cerca de metade do tempo**: Killingsworth e Gilbert, "A Wandering Mind".

109 **mais ela tende a se inclinar negativamente**: Ibid.; Vago e Zeidan, "The Brain on Silent".

REDES CORTICAIS LATERAIS

109 **enquanto aumenta a atividade nas redes *laterais*, que ficam nas laterais da nossa cabeça**: Farb et al., "Attending to the Present"; Brewer et al., "Meditation Experience Is Associated".

109 **sensações internas do corpo e os "instintos"**: Craig, "How Do You Feel?".

Sentindo-se Dividido

111 ***aceitação radical***: Brach, *Radical Acceptance*.

Fazendo e Sendo

113 **redes mediais são para "fazer"**: O termo *fazer* é particularmente adequado quando as redes frontais da linha média estão ativas, uma vez que são acionadas quando estamos trabalhando em tarefas. Veja Josipovic, "Neural Correlates of Nondual Awareness". "Fazer" é mais flexível quando aplicado às redes traseiras do modo padrão, embora ainda estejamos ocupados em devaneios ou ruminações.

113 **área mediana ou à lateral do cérebro**: Por exemplo, as atividades mentais na coluna "fazer" não se correlacionam inteiramente com ativações neurais próximas à linha média. Veja Christoff et al., "Specifying the Self".

113 **dois grupos bastante distintos**: Muitos outros também distinguiram entre ser e fazer, desde antigos mestres como Lao Tzu (veja Xiankuan, *Six Pathways to Happiness*) até estudiosos e terapeutas atuais, como John Teasdale e Zindel Segal (*The Mindful Way Through Depression*); Marsha Linehan (*Cognitive-Behavioral Treatment of Borderline Personality Disorder*); Stephen Hayes (*The Act in Context*).

113 **objeto autorreferencial destacado**: Vamos explorar o self aparente, em profundidade, no Capítulo 8.

A Sensação de Completude

FOCO SENSORIAL

115 **lado *esquerdo* do cérebro**: Isso é inverso para muitas pessoas canhotas.

115 **Concentrar-se nas sensações internas**: Farb et al., "The Mindful Brain".

115 **reduzir a reatividade emocional e o humor depressivo**: Farb et al., "Minding One's Emotions".

NÃO SABER

115 **limitar-se a vê-lo?**: Isso ecoa o Bahiya Sutta, que inclui a instrução *"Você deve se treinar assim: no visto estará apenas o que é visto"*. (Udana 1.10; trad. John Ireland, https://www.

accesstoinsight.org/tipitaka/kn/ud/ud.1.10.irel.html). Exploraremos este sutta no Capítulo 8.

115 **"mente que não sabe"**: Enfatizado na tradição zen coreana. Veja Sahn e Sŏnsa, *Only Don't Know*; Shrobe, *Don't-Know Mind*.

DEIXE SUA MENTE SER

116 **colá-los uns aos outros**: Ouvi isso de um amigo que ouviu de Tsoknyi Rinpoche, mas, infelizmente, não consegui me lembrar dos detalhes.

116 **"deixe sua mente em paz"**: Quando ouvi essa instrução, ela foi vagamente atribuída a fontes tibetanas.

CONSCIÊNCIA GESTALT

117 **essa consciência muda seu estado de espírito**: Por exemplo, no Sutra Mindfulness da Respiração (Majjhima Nikaya 118), há referências a *"experimentar conscientemente todo o corpo ao inspirar... experimentando conscientemente todo o corpo ao expirar"* (adaptado de uma tradução para o inglês em Analayo, *Meditator's Life of the Buddha*, p. 64). Eu tenho a instrução *"esquerda... a direita... as duas juntas"* de Richard Miller.

117 **"Você é o céu"**: Este ditado é amplamente atribuído ao professor Pema Chödrön, mas não consegui encontrar uma fonte específica para isso.

TRANQUILIDADE

117 **um dos sete fatores do despertar**: Os outros são mindfulness, investigação, energia, bem-aventurança, concentração e equanimidade. Para um grande resumo dos principais ensinamentos budistas, incluindo os fatores do despertar, veja B. Thanissaro, *The Wings to Awakening*.

117 **"inspiremos, tranquilizando o corpo"**: Majjhima Nikaya, adaptado de Bodhi e Nanamoli, *The Middle Length Discourses*.

Desimpedido

OS CINCO OBSTÁCULOS

120 **Fadiga e preguiça**: Esta é minha adaptação das traduções comuns dos termos páli, como "torpor e preguiça".

RECURSOS PARA OBSTÁCULOS ESPECÍFICOS

121 **recursos essenciais**: Com gratidão a Leigh Brasington, por algumas sugestões excelentes.

122 **deixe-se animar pelo ar fresco**: Para uma lista completa (e para mim, encantadora) de sugestões do Buda para lidar com a sonolência durante a meditação, consulte o "Nodding Sutra", Anguttara Nikaya 7.58 (https://www.accesstoinsight.org/tipitaka/an/an07/an07.058.than.html).

122 **reflexão da tradição tibetana**: Não sei a fonte exata.

122 **ajudará a formar novos hábitos bons**: Você também pode dar uma olhada nos capítulos "Motivação" e "Aspiração", em *O poder da resiliência*.

122 **"o que você planeja fazer"**: De "The Summer Day", em M. Oliver, *Devotions: The Selected Poems of Mary Oliver* Penguin Press, 2017, p. 316.

123 **Esses são grandes tópicos**: Com Forrest Hanson, escrevi sobre eles em *O poder da resiliência*; veja também outros livros, como a joia *Radical Acceptance*, de Tara Brach.

124 **proliferação mental**: *Papanca*, em páli.

Sendo a Mente como um Todo

125 **estar presente com a mente como um todo**: Costumo usar o termo *mente* para designar todas as informações do sistema nervoso, a maioria das quais é inconsciente. Mas para a frase "experimente a mente como um todo", estou me concentrando na parte da mente que é conscientemente acessível.

A CONSCIÊNCIA E O CÉREBRO

126 **consciência aberta**: Às vezes chamada de *monitoramento aberto*.

126 **consciente da consciência**: Dan Siegel tem uma bela prática disso em sua meditação Roda da Consciência, que inclui todos os quatro tipos de consciência. Veja Siegel, *Aware*.

126 **permanecer como consciência**: Conforme mencionado no Capítulo 3, Diana Winston chama isso de "consciência natural".

126 **simplesmente ser consciência**: Permanecer como consciência pode ser descrito de várias maneiras, inclusive com referências à "consciência não dual". Para um relato acadêmico, veja Josipovic, "Neural Correlates of Nondual Awareness". Para uma descrição voltada para a prática pessoal, veja a obra-prima de John Prendergast, *The Deep Heart*.

126 **permanência como consciência**: Diana Winston descreve esse processo muito claramente em *The Little Book of Being: Practices and Guidance for Uncovering Your Natural Awareness*.

126 **aqueles com sistemas nervosos simples**: Para uma consideração das funções de consciência, até mesmo em animais simples, veja Earl, "The Biological Function of Consciousness".

126 **a mosca percebe**: Como as moscas não podem relatar suas experiências, é concebível que o que parece ser uma consciência primitiva de seus arredores seja totalmente reflexiva e inconsciente. Para perspectivas divergentes sobre este tópico, veja Barron e Klein, "What Insects Can Tell Us"; Key et al., "Insects Cannot Tell Us".

Que dizer de sapos? Jacarés? Esquilos? Cães? Gorilas? Na escada evolutiva, podemos reconhecer uma continuidade que se estende dos humanos aos gatos, às rãs e, potencialmente, às moscas, no que diz respeito tanto à base neural da consciência, quanto às demonstrações comportamentais da consciência. Para uma revisão interessante da pesquisa em animais humanos e não humanos, veja Boly et al., "Consciousness in Humans and Non-human Animals". Para uma exploração da consciência em cefalópodes (polvos), veja Mather, "Cephalopod Consciousness".

127 **espaço de trabalho global da consciência**: Baars, "Global Workspace Theory". Coincidentemente, e felizmente para mim, o Dr. Baars foi um conselheiro-chave no meu comitê de dissertação.

Para um relato geral da arquitetura neural da consciência, veja Damasio, *The Feeling of What Happens*. Para uma discussão sobre teorias de consciência de "ordem superior", veja Wikipedia, https://en.wikipedia.org/wiki/Higher-order_theories_of_consciousness. Para uma visão geral elegantemente escrita sobre os desafios no desenvolvimento de uma teoria científica da consciência, veja Harris, *Conscious*.

127 **correlatos neurais da consciência**: Koch et al., "Neural Correlates of Cons-ciousness".

127 **permitem redemoinhos de experiências**: Exploraremos mais essa metáfora de redemoinhos nos Capítulos 8 e 9.

127 **existência própria absoluta e incondicionada**: John Prendergast apontou (comunicação pessoal) que em algumas tradições, como Advaita Vedanta e Tantric Shaivism, a consciência (certamente dos humanos) é considerada como tendo aspectos incondicionados que se estendem além da realidade comum. Exploraremos essa possibilidade no Capítulo 9.

128 **"Uma atitude de receptividade aberta"**: Adaptado de *True Meditation*, https://www.adyashanti.org/teachings/library/writing/subject/16#true-meditation.

PERMANECENDO COMO CONSCIÊNCIA

128 **transpessoal**: Além da identidade pessoal; veja https://en.wikipedia.org/wiki/Transpersonal.

CAPÍTULO 7: RECEBENDO O AGORA

131 **"O que alguém pode dar a você"**: William Stafford, de "You Reading This, Be Ready", em Stafford, *The Way It Is*.

131 **"aprender a deixar os pensamentos surgirem"**: https://www.theatlantic.com/international/archive/2017/12/buddhism-and-neuroscience/548120/, cerca de um quarto do artigo. Este artigo foi adaptado de M. Ricard e W. Singer, *Beyond the Self: Conversations Between Buddhism and Neuroscience*. MIT Press, 2017. Veja também Ricard, *Happiness*.

A Criação deste Momento

132 **seu sistema nervoso naquele momento**: Que é afetado por outros fatores, incluindo diferentes sistemas em seu corpo, bem como pelas influências de relacionamentos, eventos, cultura, natureza e assim por diante.

A FÍSICA DO AGORA

132 **"O Big Bang"**: Muller, *Now*, pp. 293, 294 e 304.

133 **a criação de um novo espaço**: Por exemplo, por astrônomos medindo a velocidade com que galáxias distantes estão se afastando umas das outras.

133 **"Por enquanto"**: O grande mestre zen Dogen viveu no Japão durante a primeira metade do século XIII. Esta passagem é adaptada de seu ensaio "The Time Being", baseado em uma versão de Norman Fischer, "For the Time Being", *New York Times*, 7 de agosto de 2009, https://opinionator.blogs.nytimes.com/2009/08/07/for-the-time-being/. Para outra tradução, veja https://www.thezensite.com/ZenTeachings/Dogen_Teachings/Uji_Welch.htm.

DESPERTAR

133 **estabelecendo um estado de *vigilância***: Langner e Eickhoff, "Sustaining Attention to Simple Tasks".

133 **norepinefrina por todo o cérebro**: Veja Posner e Petersen, "The Attention System of the Human Brain"; Petersen e Posner, "The Attention System of the Human Brain: 20 Years After". Eles usam o termo *alerta* para o que estou chamando de "vigilância". Observe também que as descobertas sobre o hemisfério direito são inversas para muitas pessoas canhotas.

133 **rede de atenção superior**: Cujos elementos incluem os campos oculares frontais e o sulco intraparietal.

133 **de ambos os lados do cérebro**: Corbetta et al., "The Reorienting System".

ORIENTAÇÃO

134 **conhecimento crescente *do que***: Para simplificar, estou colocando duas funções separadas — localizar e identificar — sob o título de "alerta".

134 **uma *rede de atenção inferior***: No córtex pré-frontal, ínsula e junção temporo-parietal.

134 **silencia a rede de modo padrão**: Austin, "Zen and the Brain".
135 **"Eles não lamentam o passado"**: Adaptado de uma tradução para o inglês de Andrew Olendzki (https://www.accesstoinsight.org/tipitaka/sn/sn01/sn01.010.olen.html).

Estar Aqui Agora

DESPERTAR

137 **redes no lado direito do cérebro**: Este é o lado esquerdo para muitas pessoas canhotas. De agora em diante, não repetirei esse ponto ao me referir ao lado direito do cérebro.
137 **"Se não temos agora"**: Este foi o comentário da minha esposa ao ler este capítulo, que praticamente resume tudo.

ALERTA

138 **consciência global receptiva**: Austin, "Zen and the Brain".
138 **dois grandes centros de meditação**: A Insight Meditation Society e o Barre Center for Buddhism Studies.

ORIENTAÇÃO

138 **Às vezes, precisamos**: Corbetta et al., "The Reorienting System".

As Partes da Experiência

140 **estrutura do Pali Canon**: Por exemplo, veja Majjhima Nikaya 18, o Sutta Favo de Mel (https://www.accesstoinsight.org/tipitaka/mn/mn.018.than.html). Essa estrutura é frequentemente chamada de cinco "agregados", uma tradução *khandas*, do páli, que também pode significar "pilhas" ou "montes". No meu modelo, você verá paralelos com essa estrutura e também algumas diferenças. Por exemplo, estou listando formas e percepções no plural, pois acho que fica melhor.
140 **1. formas**: Algumas descrições do agregado de forma incluem *tanto* o universo físico quanto as suas experiências sensoriais. Meu modelo é inteiramente sobre nossas experiências.
140 **2. tons hedônicos**: Conforme mencionado no Capítulo 5, eles são frequentemente chamados de *tons de sentimento*, embora não estejam relacionados com emoções em si.
140 **3. percepções**: Nos primeiros rascunhos deste livro, coloquei as percepções em segundo lugar nesta lista, porque o tom hedônico de um estímulo é muitas vezes moldado pela percepção do que ele é (que pode ser semiconsciente e automática). É uma cobra no caminho... ou uma videira? Existem muitos estudos sobre como o condicionamento e outras influências nas percepções das pessoas podem afetar suas reações hedônicas a um estímulo. Além disso, no momento inicial da percepção há menos carga hedônica — e emocional —, de modo que localizar as percepções logo depois das formas seria consistente com a prática em direção à qual estamos nos movendo, de focar principalmente as formas e percepções, no início do fluxo de processamento neuropsicológico e antes que muito sofrimento tenha tido tempo de tomar conta.

Por outro lado, às vezes um tom hedônico que é doloroso ou prazeroso segue clara e imediatamente o contato com um novo estímulo *antes* que as percepções entrem em ação, como o primeiro instante de dor ao tocar um fogão quente. Além disso, o Buda ensinou que os tons hedônicos vêm antes das percepções, e professores como Leigh Brasington apresentam fortes argumentos de que esse é o caso e que seria útil praticar com esta orientação. Levando tudo isso em consideração, mantive a sequência que se encontra no Pali Canon.

140 **5. consciência**: Traduzido como "consciência" (*vinnana* em páli), que tem dois significados diferentes. Primeiro, pode referir-se simplesmente à consciência; por exemplo, "Do que você está consciente?" tem o mesmo significado de "Do que você está ciente?" Em segundo lugar, a consciência pode se referir *tanto* à percepção quanto ao seu conteúdo (por exemplo, o fluxo de consciência). Como as quatro partes anteriores da experiência são distintas do "campo" em que ocorrem, a "consciência" parece mais clara e apropriada do que a "ciência". Além disso, a consciência pode ter conotações metafísicas como um aspecto de uma eterna "consciência cósmica" e, conforme mencionado no capítulo anterior, o Buda se referiu ao *vinnana* como surgindo de forma dependente, não fora da estrutura dos fenômenos condicionados. Por último, a "consciência" pode parecer especial e reservada apenas aos seres humanos, mas a consciência é um processo natural que compartilhamos com outros animais. Quando uso o termo consciência, refiro-me ao seu segundo significado, como consciência e seus conteúdos juntos.

PARTES E MAIS PARTES

141 **"Todas as coisas condicionadas são impermanentes"**: Tradução para o inglês de Gil Fronsdal em *The Dhammapada: A New Translation of the Buddhist Classic with Annotations.* Shambhala, 2006, p. 72.

ANTES DE SOFRER

142 ***desejo desmedido, senso de self ou sofrimento***: Pode haver dor e outros aspectos do tom hedônico desagradável, mas ainda não existem as complexas dimensões emocionais e autorreferenciais da experiência, que são os principais elementos do sofrimento.

142 **"desejo desmedido de se tornar"**: Itivuttaka 58.

142 **A base neurológica para isso**: Bar, "The Proactive Brain"; Manuello et al., "Mindfulness Meditation and Consciousness"; Friston, "The History of the Future of the Bayesian Brain".

142 **inclusive no *cerebelo***: Sokolov et al., "The Cerebellum".

142 **processo de antecipação**: Com cumprimentos a *The Rocky Horror Picture Show*.

142 **construção/invenção de um senso de self**: Seth et al., "An Interoceptive Predictive Coding Model".

142 **"Não há passado"**: Roshi Hogen Bays disse isso em um grupo do qual participei, em julho de 2019.

143 ***planejamento motor***: Este é o processo de preparação do cérebro para o movimento.

DESCANSANDO EM REFÚGIOS

144 **tudo vira pó**: Grabovac, "The Stages of Insight".

144 **"continua sendo"**: Winnicott, "Primary Maternal Preoccupation". Para saber mais sobre Winnicott, veja http://www.mythosandlogos.com/Winnicott.html.

144 **a terra em busca de conforto e força**: Por exemplo, veja B. O'Brien, "The Enlightenment of the Buddha: The Great Awakening", https://www.learnreligions.com/the-enlightenment-of-the-buddha-449789.

145 **sistemas de resposta ao estresse do corpo**: Esch e Stefano, "The Neurobiology of Stress Management".

145 **"Na verdade, estamos sempre presentes"**: Esta citação é atribuída ao professor Howard Cohn, mas não consegui encontrar uma fonte específica. Veja http://www.missiondharma.org/our-teacher---howard-cohn.html para saber mais sobre ele.

145 **qualidades saudáveis que cultivou**: Por exemplo, em um de seus ensinamentos finais, o Buda encorajou as pessoas a se tornarem um refúgio para si mesmas, por meio do desenvolvimento dos quatro fundamentos do mindfulness. Veja Analayo, *A Meditator's Life of the Buddha*, pp. 168-69.

145 **considere estes refúgios-chave**: Estou me baseando na estrutura budista das Três Joias: Buda, darma e sanga.

156 **O Ensinado**: Em uma tocante passagem do sutta (Samyutta Nikaya 45.2), o assistente principal do Buda, Ananda, refere-se aos monges próximos e exclama que praticar juntos é "*metade da vida sagrada*". O Buda responde: "Não é assim, Ananda, não é assim: na verdade é toda a vida santa."

A NATUREZA DA MENTE E DA MATÉRIA

149 **"Nas formas mais profundas de insight"**: De https://tricycle.org/magazine/perfect-balance/. Para saber mais sobre Gil Fronsdal, veja https://en.wikipedia.org/wiki/Gil_Fronsdal. Para uma bela lembrança de U Pandita, veja https://www.spiritrock.org/the-teachings/article-archive/article-sayadaw-u-pandita.

149 **"Na prática budista"**: Este ponto se estende a muitos caminhos e práticas fora da tradição budista.

QUAL É A NATUREZA DA MENTE?

149 **a informação no sistema nervoso sobre qualquer coisa**: Por exemplo, as informações sobre o coração devem ser separadas das informações sobre os ouvidos; caso contrário, o caos reinaria.

150 **um mosquito acabou de pousar**: Isso aconteceu comigo enquanto eu meditava no retiro.

150 **essência permanente, unificada e autocausante**: Veja https://en.wikipedia.org/wiki/Śūnyatā para uma rica exploração desta ideia importante.

150 **Pensamentos, alegrias e tristezas**: Só porque algo é feito de partes dentro de partes e assim por diante, não significa que não exista. Por exemplo, a visão de um prado existe, mesmo que careça de essência. Da mesma forma, o próprio prado físico ainda está lá, mesmo quando é feito de moléculas feitas de átomos feitos de prótons e assim por diante. Veja o mesmo ponto nas notas do Capítulo 1.

150 **é da natureza de qualquer experiência**: Da perspectiva da *cognição 4E*, a mente é incorporada, embutida, estendida e recriada. Veja A. Newen, L. De Bruin e S. Gallagher (Eds.) *The Oxford Handbook of 4E Cognition*. Oxford University Press. Uma mente corporificada, incorporada, estendida e recriada também é impermanente, composta, interdependente e vazia.

QUAL É A NATUREZA DO CÉREBRO?

150 ***neurogênese***: Kempermann et al., "Human Adult Neurogenesis".

150 **outras células cerebrais morrem naturalmente**: Yuan et al., "Diversity in the Mechanisms of Neuronal Cell Death".

150 **Novas sinapses se formam**: Shors, "Memory Traces of Trace Memories".

150 **menos usadas desaparecem**: Paolicelli et al., "Synaptic Pruning".

150 **Neurônios individuais disparam, rotineiramente**: Roxin et al., "On the Distribution of Firing Rates".
151 **100 bilhões de células gliais de suporte**: Essas estimativas ainda estão em desenvolvimento. Veja Herculano-Houzel, "The Remarkable, Yet Not Extraordinary"; Lent et al., "How Many Neurons".
151 **"Interdependência significa"**: *Buddhadharma*, junho–agosto de 2019, p. 52; de Thich Nhat Hanh, *Understanding Our Mind*. ReadHowYouWant.com, 2008.
151 **A atividade neural interage com**: Dzyubenko et al., "Neuron-Glia Interactions in Neural Plasticity".

O PROCESSO MENTE-CORPO

153 **"Tudo está conectado"**: Lew Richmond, *Tricycle*, setembro–novembro de 2018, p. 10.

FLUXO RODOPIANTE

153 **"Se você se desapegar um pouco"**: De *No Ajahn Chah— Reflections, Dhamma Garden*, nº 101. Veja http://ajahnchah.org/pdf/no_ajahn_chah.pdf e https://www.abhayagiri.org/reflections/83-quotes-from-no-ajahn-chah.

CAPÍTULO 8 — ABRINDO-SE PARA A TOTALIDADE

156 **"Aprender o estilo do Buda"**: Adaptado de uma passagem famosa, que tem várias traduções para o inglês. Eu usei a tradução de Kosen Nishiyama e John Stevens (K. Nishiyama e J. Stevens, 1975. *Dogen Zenji's Shobogenzo: The Eye and Treasury of the True Law*) em www.thezensite.com, e mudei seu termo "o estilo budista" para "o estilo do Buda", uma expressão usada por outros tradutores que parece mais geral. Veja também https://buddhismnow.com/2015/02/15/study-the-self-by-maezumi-roshi/ e http://www.thezensite.com/ZenTeachings/Dogen_Teachings/GenjoKoan8.htm#mas4. Quanto à tradução adequada da última linha, em vez de "perceber-se como", outras traduções comuns são "ser concretizado por" ou "ser iluminado por" todas (ou "inúmeras") coisas. Pessoalmente, eu gostaria de: "Esquecer-se de si mesmo é ser vivido por todas as coisas".

O Processo Pessoal

157 **"Bahiya, você deve"**: Udana 1.10, adaptado das traduções para o inglês de Thanissaro Bhikkhu — https://www.dhammatalks.org/KN/Ud/ud1_10.html — e John Ireland (www.leighb.com/ud1_10.htm), com informações adicionais de Leigh Brasington. Ele apontou que páli não usa artigos como *o*. Consequentemente, uma tradução precisa seria: "No que diz respeito a ver, haverá apenas ver" e assim por diante.

A PESSOA EXISTE?

157 ***pessoas* individuais existem**: Conforme discutido nos Capítulos 2 e 7, acredito que existimos... vaziamente. Existem distinções e sutilezas importantes sobre esse ponto, e não o estou apresentando como budismo ortodoxo. Veja http://leighb.com/sn12_15.htm para um sutta no qual o Buda parece dizer que devemos nos desvencilhar das noções de existência ou inexistência.
158 **"A abolição da presunção"**: Da tradução de John Ireland (https://www.accesstoinsight.org/tipitaka/kn/ud/ud.2.01.irel.html).

EXISTE UM SELF?

159 ***desencantado***: Em páli, *nibbida*.

159 **feitiços lançados pela Mãe Natureza:** Em termos de evolução biológica.
159 **o aparente self psicológico:** Muitos outros mestres e tradições fizeram recomendações semelhantes. Por exemplo, veja Dahl et al., "Reconstructing and Deconstructing the Self", particularmente a seção sobre a "família desconstrutiva" das práticas de meditação.
159 **ser um self causa muito sofrimento:** Leary, *The Curse of the Self*.
159 **tornar-se defensivo e possessivo:** Dambrun e Ricard, "Self-Centeredness and Selflessness".
159 **sem self, sem problema:** Thubten, *No Self, No problem*. Eu também ouvi esse ditado de outras pessoas.
159 **de diferentes maneiras, em diferentes culturas:** Baumeister, *Meanings of Life*; Mosig, "Conceptions of the Self".
160 **"O self não é algo em si mesmo":** J. Goldstein: "Dreaming Ourselves into Existence", *Buddhadharma*, setembro–novembro de 2018, p. 69.

O SELF NA MENTE

160 **self completo em sua experiência real:** Em *Beyond Buddhism* (p. 95), Stephen Batchelor se referiu à *"inencontrabilidade de um self central interior"*.

O SELF NO CÉREBRO

161 **base das experiências autorrelacionadas, também são:** Gillihan e Farah, "Is Self Special?"; Legrand e Ruby, "What Is Self-specific?".

UM SELF É COMO UM UNICÓRNIO

163 **"A profunda compreensão":** Analayo, *A Meditator's Life of the Buddha*, p. 50.

PRATICANDO COM O SENSO DE SELF

163 **Taboo Against Knowing Who You Are:** Watts, *The Book*.
163 **medo da aniquilação, da morte e de nada:** Um excelente recurso para ajudar os outros com essas questões — e talvez encontrar insights para si mesmo — é Vieten e Scammell, *Spiritual and Religious Competencies*.
164 **"Você precisa ser alguém":** Engler, "Being Somebody and Being Nobody". Veja também http://blogs.warwick.ac.uk/zoebrigley/entry/being_somebody_and/.
164 **mais fácil lidar com rejeições:** Neste espaço limitado, não podemos abordar alguns tópicos importantes, incluindo como desenvolver um apego seguro e um valor próprio saudável ("valioso para a pessoa"?!) na infância, como curar sentimentos de inadequação e como defender a si mesmo e aos outros, como *pessoas*, sem ser hipócrita ou mesquinho.

Experiência Alocêntrica

166 **James Austin:** Veja Austin, *Selfless Insight* e "Zen and the Brain". O professor Austin gentilmente revisou meu relato e ofereceu algumas sugestões, as quais implementei.
166 **mundo brilha em radiante perfeição:** Embora essas experiências de "unidade" ou "não dualidade" possam ocorrer dentro de uma estrutura religiosa ou espiritual, como *kensho* ou *satori* no Zen, aqui estou explorando aspectos deles sem referência a esse contexto.
166 **sem os fogos de artifício dessas experiências culminantes:** Maslow, *Religions, Values, and Peak-Experiences*.
166 **místicas, não duais ou *autotranscendentes*:** Para uma excelente revisão, veja Yaden et al., "The Varieties of Self-Transcendent Experience"
166 **abrir mais para a interexistência:** Este é o belo termo de Thich Nhat Hanh.

PERSPECTIVAS EGOCÊNTRICAS E ALOCÊNTRICAS

166 **relacionado aos nossos ambientes físicos**: Zaehle et al., "The Neural Basis of the Egocentric and Allocentric".
167 **compreensão do ambiente total**: Galati et al., "Multiple Reference Frames".
167 **fluxo de processamento egocêntrico corre ao longo da parte superior**: *Dorsal* é o termo técnico para o topo do cérebro, como a barbatana dorsal de um tubarão que está no topo de seu corpo.
167 **lobos parietais em direção ao córtex pré-frontal**: Estou simplificando; veja o relato de Austin para os detalhes.
167 **sensação somática de ser um corpo específico**: Austin, "Zen and the Brain".
168 **fluxo de processamento alocêntrico corre mais abaixo**: *Ventral* é o termo para o que fica mais baixo no cérebro.
168 **rede de atenção de alerta e orientação que corre**: Discutido no Capítulo 7. Veja ibid.
168 **modo "ser", que também fica do lado direito**: Discutido no Capítulo 6.

CULTIVO GRADUAL, DESPERTAR SÚBITO

168 **imerso na realidade com pouco ou nenhum senso de self**: Hood et al., *The Psychology of Religion*, p. 4. Veja também Kornfield, *After the Ecstasy, the Laundry*; Boyle, *Realizing Awakened Consciousness*; Vieten et al., "Future Directions in Meditation Research".
169 **"Não há absolutamente nada a temer"**: De https://en.wikipedia.org/wiki/James_H._Austin. A fonte original é J. H. Austin, *Zen and the Brain: Toward an Understanding of Meditation and Consciousness*. MIT Press, 1999, p. 537.
169 **no cérebro de outras pessoas durante experiências semelhantes**: Yaden et al., "The Varieties of Self-Transcendent Experience". As nuances dessas experiências podem variar de pessoa para pessoa, e suas características e interpretações podem ser moldadas também por contextos culturais e religiosos. Há muita filosofia e teologia sobre o não dualismo, incluindo muitos detalhes e controvérsias resumidos aqui: https://en.wikipedia.org/wiki/Nondualism.
169 **perspectiva alocêntrica para avançar**: Austin, *Zen-Brain Reflections*.
169 **"todas as raízes"**: Austin, "Zen and the Brain", p. 7.
169 **Austin aponta como isso ocorre de maneira plausível**: Ibid., especialmente pp. 4–5.
169 **tálamo**: Existem dois tálamos, um de cada lado do cérebro.
169 **córtex que ajudam a construir o senso de self**: Notadamente o córtex pré-frontal medial e dorsolateral, o córtex cingulado posterior e o córtex retrosplenial.
170 **tecidos próximos**: O núcleo reticular, a zona incerta e o núcleo pré-tectal anterior.
170 **GABA**: GABA significa ácido gama-aminobutírico. É um neurotransmissor inibitório essencial. Veja https://en.wikipedia.org/wiki/Gamma-Aminobutyric_acid.
170 **partes superiores do tálamo**: Austin, "How Does Meditation Train Atten-tion?".
170 **corrente egocêntrica no fluxo**: Argumentos relacionados foram feitos em Newberg e Iversen, "Neural Basis"; Newberg et al., "The Measurement of Regional Cerebral Blood Flow".
170 **unidade e experiências místicas relacionadas**: Refere-se a partes dos lobos parietais. Para detalhes, veja Newberg et al., "The Measurement of Regional Cerebral Blood Flow"; Farrer e Frith, "Experiencing Oneself Versus Another Person"; Azari et al., "Neural Correlates of Religious Experience"; Beauregard e Paquette, "Neural Correlates of a Mystical Experience"; Johnstone et al., "Right Parietal Lobe-Related 'Selflessness'".
170 **"Um dia, sentei-me"**: De A.B., comunicação pessoal.
170 **"Durante um período de meditação"**: Gil Fronsdal, em *Realizing Awakened Consciousness*, ed. Boyle, p. 124.

170 **"No instante em que me sentei"**: Shinzen Young, em ibid., p. 25. Shinzen é um professor bem experiente que desenvolveu inúmeras abordagens inovadoras e eficazes para aprender e praticar o mindfulness. Veja https://www.shinzen.org/, bem como seus vários livros, incluindo S. Young, *The Science of Enlightenment: How Meditation Works*. Sounds True, 2016.

170 **koan**: Da tradição Zen, uma pergunta ou história com propósito de ensino, muitas vezes provocativo e paradoxal.

INCLINANDO-SE PARA A TOTALIDADE

171 **processos neurais subjacentes**: O que não exclui a possibilidade de fatores adicionais fora da realidade comum. Dito isso, estou me concentrando neste capítulo em fatores neuropsicológicos dentro do "quadro natural".

171 **redes neurais da completude, da atualidade e da totalidade**: Para possíveis explicações neuropsicológicas relacionadas, não mutuamente exclusivas com a que estou oferecendo e sobrepondo-a até certo ponto, veja Boyle, "Cracking the Buddhism Code". Considere também possíveis interrupções das ativações do "self narrativo", centradas no córtex pré-frontal medial e no córtex cingulado posterior (elementos da rede de modo padrão). Veja Denny et al., "A Meta-analysis of Functional Neuroimaging Studies". Isso pode permitir que o "self mínimo fenomenal" seja o que está mais presente, experimentalmente, com base em ativações na ínsula anterior, na junção temporoparietal e no hipotálamo (e outras regiões que mantêm o funcionamento homeostático básico). Veja Gallagher, "Philosophical Conceptions of the Self"; Damasio, *Self Comes to Mind*.

Meu palpite é que as experiências prototípicas não duais ou "autotranscendentes" provavelmente envolvem todos esses sistemas. No entanto, o que ainda não está claro é como uma mudança neurológica dramática, que se correlaciona com uma mudança psicológica tão dramática, é desencadeada.

171 **retiro de meditação logo antes da experiência**: Outras condições precipitantes incluem psicodélicos, buscas de visão, rituais e práticas físicas intensivas, como ioga. Por exemplo, veja Pollan, *How to Change Your Mind*.

171 **Algumas pessoas falam de se sentirem acolhidas**: Obrigado a Jan Ogren por este ponto.

171 **"Vivemos na ilusão"**: Vi uma versão disso citada na Cabana da Gratidão, no Spirit Rock Meditation Center. O professor James Baraz me indicou a forma um tanto diferente e amplamente aceita dessa citação online — que é usada aqui —, mas não consegui encontrar a fonte original. Lama Palden (comunicação pessoal) sugeriu que isso poderia ser uma paráfrase dos textos de Kalu Rinpoche e do Dalai Lama, *Luminous Mind*.

172 **nódulos inibitórios do tálamo**: Assim como em outras partes do sistema nervoso, com experiências benéficas relacionadas de acalmar e aliviar.

172 **o que naturalmente ativa o processamento visual alocêntrico**: Austin, *Selfless Insight*.

O PONTO DE VIRADA

173 **processos referenciados internamente**: Fazelpour e Thompson, "The Kantian Brain".

173 **algum tipo de surpresa**: Austin, *Selfless Insight*.

173 **monja zen Mugai Nyodai**: Também conhecida como Chiyono; veja https://en.wikipedia.org/wiki/Mugai_Nyodai. Para uma bela coleção de outras histórias de mulheres despertas, veja Caplow e Moon, *The Hidden Lamp*.

173 **"Com isso e aquilo, tentei"**: Mary Swigonski. Veja "Chiyone and the Bottomless Bucket", https://justalchemy.com/2014/03/17/chiyono-and-the-bottomless-bucket/.

174 **redes de completude do cérebro**: Neurocientista Wil Cunningham, comunicação pessoal.
174 **consciência... um céu da mente**: Ouvi pela primeira vez esta frase do professor Adi Da, e gostei do álbum de música de Ray Lynch com o mesmo título. Você também pode ouvir a meditação guiada de Jack Kornfield sobre isso: https://jackkornfield.com/a-mind-like-sky/.

Visões Amplas

175 **natureza em sua abundância e o universo como um todo**: Leary et al., "Allo-inclusive Identity".
175 **"Quando tentamos escolher"**: Muir, *My First Summer in the Sierra*, p. 110. Para alguns antecedentes, incluindo citações incorretas de Muir, veja https://vault.sierraclub.org/john_muir_exhibit/writings/misquotes.aspx#1.

A VISÃO DO VAZIO

175 **Quase tudo**: Estou qualificando isso um pouco, pois certos aspectos do nosso universo parecem duradouros, como a constante de Planck. Mas, no mínimo, tudo está condicionado pelo big bang.
175 **uma tempestade em Júpiter**: Veja https://en.wikipedia.org/wiki/Great_Red_Spot.

A VISÃO DA CULTURA

176 **"Você é uma corrente que flui"**: Hanh, *Inside the Now*.

A VISÃO DA VIDA

177 **"Não há fenômeno"**: Hanh, *The World We Have*.
177 **Sangha**: Comunidade.

A VISÃO DO UNIVERSO

177 **"Percebemos"**: http://www.fritjofcapra.net/werner-heisenberg-explorer-of-the-limits-of-human-imagination/.
178 **um grande asteroide que atinge a Terra**: Para uma descrição notável deste evento, veja D. Preston, "The Day the Dinosaurs Died". *New Yorker*, 8 de abril de 2019, https://www.newyorker.com/magazine/2019/04/08/the-day-the-dinosaurs-died.
178 **"Todas as nossas ondas são água"**: Veja Yogis, *All Our Waves Are Water*.

CAPÍTULO 9: ENCONTRANDO A ATEMPORALIDADE

182 **"As coisas aparecem e desaparecem"**: Adaptado de Thich Nhat Hanh, "Becoming Truly Alive", *Buddhadharma*, dezembro–fevereiro de 2009. Em seu artigo, Thich Nhat Hanh estava se referindo a uma passagem no Pali Canon (Majjhima Nikaya 143), em que se oferecia um ensinamento a um moribundo. Estou apresentando as palavras de Thich Nhat Hanh pelo valor nominal, para serem consideradas como estão, não como uma representação do que é dito em Majjhima Nikaya 143.

Mente, Matéria — e Mistério

NIBBANA

183 **a busca do Buda**: Existem muitos relatos da vida do Buda e suas motivações. Um resumo essencial é encontrado em Majjhima Nikaya 26, a Busca Nobre. Veja https://www.accesstoinsight.org/tipitaka/mn/mn.026.than.html.
183 **"O que está além"**: Bodhi, *In the Buddha's Words*, p. 183.
184 ***In the Buddha's Words***: Bodhi, *In the Buddha's Words*.

184 **refletir sobre uma palavra específica**: Para outro resumo, veja https://www.accesstoinsight. org/ptf/dhamma/sacca/sacca3/nibbana.html. A forma como os principais termos em páli são traduzidos pode *realmente* moldar seu significado aparente. Veja Batchelor, *After Buddhism*, capítulo 5, para muitos exemplos disso.

184 **"segurança suprema imaculada contra a escravidão"**: Bodhi, *In the Buddha's Words*, p. 55.

184 **"luxúria, ódio e ilusão"**: Ibid., p. 364.

184 **"caminho que leva ao destino"**: Ibid., p. 365.

184 **"Ó construtor de casas"**: De uma tradução para o inglês de Acharya Buddharakkhita. Existem traduções alternativas desta importante passagem, que não usam o termo *incondicionado*. Veja esta, de Thanissaro Bhikkhu (https://www.accesstoinsight.org/lib/authors/Thãnissaro/dhammapada.pdf): "*Construtor de casas, você é visto! Você não vai construir uma casa novamente. Todas as suas vigas quebradas, o mastro da cumeeira desmontado, imerso no desmantelamento, a mente atingiu o fim do desejo desmedido.*"

Veja também esta de Gil Fronsdal: "*Construtor de casas, você é visto! Você não vai construir uma casa de novo! Todas as vigas estão quebradas, A cumeeira destruída; A mente, indo para o Desconstruído, Alcançou o fim do desejo desmedido!*"

184 **"Isso é pacífico"**: Adaptado de uma tradução para o inglês de Piyadassi Thera, em: https://www.accesstoinsight.org/tipitaka/an/an10/an10.060.piya.html.

185 **"O nascido, tornado, produzido"**: Adaptado das traduções para o inglês de Thanissaro Bhikkhu e John Ireland, https://www.accesstoinsight.org/tipitaka/kn/iti/iti.2.028-049.than.html#iti-043 e https://www.accesstoinsight.org/tipitaka/kn/iti/iti.2.042-049x.irel.html.

FORA DO QUADRO NATURAL

186 **"Justamente porque"**: Adaptado da tradução para o inglês de Thanissaro Bhikkhu: https://www.dhammatalks.org/suttas/KN/Ud/ud8_3.html.

186 **algumas pessoas acham que não há sentido**: Por exemplo, veja os livros de Stephen Batchelor, incluindo *After Buddhism*; *Buddhism Without Beliefs*; *Confession of a Buddhist Atheist*. Veja também o trabalho de Sam Harris, como *Waking Up*.

186 ***sem* referência a algo**: Quero dizer "algo" nas formas mais amplas e vagas possíveis, e não estou tentando sugerir que tudo o que pode estar além da realidade comum é semelhante a uma coisa, ou semelhante a um substantivo, ou semelhante a qualquer coisa em particular.

186 **praticar em relação ao**: Uma versão desta última abordagem é a "aposta de Pascal"; veja https://en.wikipedia.org/wiki/Pascal%27s_wager.

186 **Estudiosos e professores**: E se há um tópico que inspira, ah, debate vigoroso nos círculos budistas, é este — uma discussão ecoada em outras divergências entre ateus e crentes em algo transcendental. Por exemplo, veja Dawkins, *The God Delusion*; Crean, *God Is No Delusion*.

POSSÍVEIS CARACTERÍSTICAS DO TRANSCENDENTAL

187 **distinguir entre o que pode ser *sobrenatural***: Há referências a assuntos sobrenaturais, como espíritos (por exemplo, *devas*) ou vidas passadas, em todo o Pali Canon. Elas também estão presentes em textos religiosos e práticas espirituais em todo o mundo. E muitas pessoas relatam experiências estranhas que lhes parecem evidências do sobrenatural. Por exemplo, Meg Madden (comunicação pessoal) escreve: "*Uma inteligência não local reside*

em toda a natureza. Pode ser experimentada diretamente na meditação. É amorosa, consciente e reside em todos os seres sencientes, incluindo rochas, árvores, qualquer coisa que possamos imaginar. Eu tive a experiência de que alguns animais, plantas e até mesmo montanhas são realmente superiores a algumas pessoas na conexão com essa sabedoria. Eles podem ser chamados de despertos." Veja também Vieten et al., "Future Directions in Meditation Research".

No entanto, podemos nos perguntar se algo sobrenatural realmente existe e se presumir a existência do sobrenatural é útil para a prática. Pessoas razoáveis podem discordar sobre esses assuntos. Eu pensei muitas vezes sobre esta discussão entre Stephen Batchelor e Robert Thurman: Batchelor e Thurman, "Reincarnation: A Debate".

187 **Primeiro, o transcendental**: Esta é uma nota sobre o artigo *o*. A língua páli não contém artigos definidos ou indefinidos, então o *o* ou o *a* são no máximo sugeridos. (Para complicações, veja https://palistudies.blogspot.com/2018/05/pali-pronomes.html.) O uso de artigos definidos em frases como "o incondicionado", em traduções, é inexato, embora amplamente feito. Além disso, por dizermos "o incondicionado" ou "o transcendental" corremos o risco de implicar que estes são semelhantes a coisas. Mas deixar de fora o artigo deixa algumas frases estranhas. Portanto, uso esses termos o mínimo possível, reconhecendo os (!) problemas com essas palavrinhas incômodas.

187 *incondicionado*, **uma base de possibilidade atemporal**: Para uma ideia muito legal, o neurologista e autor Richard Mendius apontou que quando alguém se aproxima da velocidade da luz, o tempo desacelera. Consequentemente, para um fóton viajando na velocidade da luz, não poderia haver literalmente tempo nenhum. Em certo sentido, portanto, a luz pode ser atemporal... para que a atemporalidade pudesse ser cheia de luz!

187 **Tudo o que é transcendentalmente**: Distinto dos estados mentais extraordinariamente incondicionados — não fabricados, não construídos, não inclinados — dentro da realidade *comum*. Esta é a segunda maneira de abordar o que poderia ser "incondicionado".

187 **"Mova minha mente"**: Berry, "Sabbaths — 1982", *A Timbered Choir*. Veja https://www.goodreads.com/work/quotes/141101-a-timbered-choir-the-sabbath-poems-1979-1997.

187 **"Quem é você?"**: Thomas Merton era um monge trapista com profundo interesse no budismo (https://en.wikipedia.org/wiki/Thomas_Merton). Essas linhas são de "In Silence", Merton e Szabo, *In the Dark Before Dawn*. Para o poema completo e uma imagem comovente dele, veja https://www.innerdirections.org/the-poetry-of-thomas-merton/.

188 **para se tornar realidade**: Muller, *Now*; veja também Schwartz et al., "Quantum Physics in Neuroscience and Psychology".

188 **"Esta vida santa"**: Adaptado de traduções para o inglês de Bikkhu Bodhi, https://suttacentral.net/mn29/en/bodhi; Bikkhu Sujato, https://suttacentral.net/mn29/en/sujato; Thanissaro Bhikkhu, https://www.dhammatalks.org/suttas/MN/MN30.html; I. B. Horner, https://suttacentral.net/mn30/en/horner. A comparação do cerne é encontrada em mais de um sutta.

Voltando-se para o Transcendental

ACALMANDO O CONDICIONADO

190 **"De fato, o sábio que está totalmente saciado"**: Nesta passagem, há referências a metáforas de fogo e combustível, que eram frequentemente usadas nas cerimônias religiosas da

época, bem como na vida cotidiana. O Buda também usava com frequência uma metáfora relacionada a "nutrimentos" (tradução comum de *ahara,* em páli, que também significa "comida"), que evoca a sociedade agrícola e pastoril em que ele vivia. Um significado básico da palavra nibbana é ser "apagado", como a chama de uma lâmpada; assim, "saciado". Para uma discussão sobre o Buda em seu próprio tempo, as raízes de seus ensinamentos e os significados profundos de muitas palavras que ele usou, veja Gombrich, *What the Buddha Thought.*

190 **"a mente encontrou seu caminho para a paz"**: Traduzido para o inglês por Andrew Olendzki, https://tricycle.org/magazine/modest-awakening/.

UMA CONSCIÊNCIA MAIS PROFUNDA DO QUE A SUA

192 **permanecer como consciência**: Mencionado nos Capítulos 3 e 6.
192 ***Tat tvam asi***: Veja https://en.wikipedia.org/wiki/Tat_Tvam_Asi.

VIVIDO PELO AMOR

194 **"Deixe de lado o passado"**: Tradução de Gil Fronsdal em *The Dhammapada: A New Translation of the Buddhist Classic with Annotations.* Shambhala, 2006, p. 90.

MOMENTOS DE DESPERTAR

194 **Momentos de despertar —**: O professor Mark Coleman atribui esta frase a Tulku Urgyen Rinpoche.

REDEMOINHOS NO RIACHO

196 **"espuma quântica"**: Veja Wikipedia, https://en.wikipedia.org/wiki/Quantum_foam.
200 **juntamente com percepções radicalmente penetrantes**: Por exemplo, veja Kraft, *Buddha's Map.*
200 **também devem ter correlatos neurais**: Embora seus correlatos neurais sejam incertos. Por exemplo: "Os estados sem forma... [ainda não] foram claramente distinguidos na *neurociência cognitiva.*" Vago e Zeidan, "The Brain on Silent".
200 **descrições dessas etapas**: Adaptado de Bodhi, *In the Buddha's Words,* pp. 397–98. Veja a descrição completa no Capítulo 2.
200 **... e cessação**: Por exemplo, veja Anguttara Nikaya 9.34, o Sutta Espontâneo (https://www.accesstoinsight.org/tipitaka/an/an09/an09.034.than.html). Para uma exploração abrangente, veja também http://leighb.com/epractices.htm.
201 **"Através da prática do caminho do Buda"**: Da introdução à sua tradução para o inglês do Samyutta Nikaya, em Bodhi, *Connected Discourses of the Buddha.*
201 **e talvez sobre a própria realidade**: Por exemplo: "*O momento da fruição, subsequente ao momento do caminho [isto é, nibbana], é a experiência compreendida e resulta em uma visão invertida da existência.*" A. Khema (1994), na seção 12, O caminho e a fruta, em "All of Us: Beset by Birth, Decay, and Death", 1994, https://www.accesstoinsight.org/lib/authors/khema/allofus.html. Todo este ensaio é excelente, incluindo os muitos comentários sobre nibbana na seção 12.
202 **"Apontando diretamente para a mente"**: Isso se origina de um pergaminho inscrito por Hakuin com as palavras japonesas *Jikishi ninshin, Kensho jobutsu.* Na página da Wikipedia para Hakuin (https://en.wikipedia.org/wiki/Hakuin_Ekaku), elas são traduzidas como "Apontar diretamente para a mente do homem, ver a natureza de alguém e tornar-se Buda".

CAPÍTULO 10: A FRUTA COMO CAMINHO

207 **"As coisas se desfazem"**: Estas foram as últimas palavras do Buda. Essa tradução para o inglês vem de Stephen Batchelor, em *After Buddhism*, p. 102. Veja também https://www.buddhistinquiry.org/article/the-buddhas-last-word-care/. Existem outras traduções para o inglês, como esta de Bhikkhu Bodhi (comunicação pessoal): "*As coisas condicionadas estão sujeitas a desaparecer. Alcance a meta por meio da diligência.*"

207 **"o que viu muda você para sempre"**: Para saber mais sobre Steve Armstrong, veja http://vipassanametta.org/.

208 **podemos tomar a fruta como caminho**: Acredito que seja um dito tibetano, mas não encontrei uma fonte específica.

FAZENDO A OFERENDA

COMPAIXÃO E EQUANIMIDADE

211 **caminhar uniformemente em terreno irregular**: Por exemplo, veja Saṃyutta Nikaya 1.7: "*Aqueles para quem o Dhamma é claro... caminham uniformemente sobre o irregular.*"

211 **como disse Howard Thurman**: Schaper, *40-Day Journey with Howard Thurman*.

211 **o que é e o que será**: Isso poderia ser chamado de *prática engajada* (por exemplo, "budismo engajado"). Muitas pessoas e organizações ao redor do mundo estão fazendo isso, desde atos simples, em nível individual, até movimentos sociais em larga escala.

211 **"Ensina-nos a nos importar"**: De "Ash Wednesday", Eliot, *Collected Poems 1909–1962*.

CUIDANDO DAS CAUSAS

212 **gostaria de comer algumas frutas**: Este exemplo é adaptado dos ensinamentos de Ajahn Chah e também mencionado em *O poder da resiliência*.

213 **"diligente", como disse o Buda**: Udana 3.2.

213 **"fora do meu alcance"**: Também contado em *O poder da resiliência*.

NOSSAS OFERTAS COLETIVAS

214 **Theravada, Tibetano, Zen e da Terra Pura**: Com diferentes escolas em cada um deles. Além disso, sem dúvida existem mais de quatro formas principais, particularmente em relação ao budismo Chan (veja Wikipedia, https://en.wikipedia.org/wiki/Chan_Buddhism).

214 **a ciência e respectivas práticas de saúde mental e física**: Por exemplo, veja Wallace e Shapiro, "Mental Balance and Well-Being".

214 **práticas budistas em ambientes não budistas**: Como terapia cognitiva baseada em mindfulness para depressão. Veja Segal et al., *Mindfulness-Based Cognitive Therapy*.

INDO EM FRENTE

215 **"foi em frente"**: Veja Sutta Nipata 3.1; este termo também é usado para pessoas que entram na vida monástica.

SIMPLIFIQUE

216 **"Não sei muito"**: Citado em D. Penick, "Love Passing Beneath Shadows", *Tricycle*, março–maio de 2019. Observe que este artigo se refere a *Letters from Max: A Book of Friendship by Sarah Ruhl and Max Ritvo*. Milkweed Editions, 2018. Diz-se que a própria citação veio do poeta e sacerdote zen Philip Whalen.

TENHA PERSPECTIVA

217 **ventos mundanos**: Louvor e censura, prazer e dor, ganho e perda, fama e má reputação.

APROVEITE A JORNADA

218 **em meio a alguns trilhões de outras**: Veja E. Siegel, "This Is How We Know There Are Two Trillion Galaxies in the Universe", Forbes.com, 18 de outubro de 2018, https://www.forbes.com/sites/startswithabang/2018/10/18/this-is-how-we-know-there-are-two-trillion-galaxies-in-the-universe/#f512d625a67b.

218 **"Continue"**: Também contei essa história em O *poder da resiliência*.

BIBLIOGRAFIA

ADYASHANTI; PRENDERGAST, J. J. *The deep heart: Our Portal to Presence,* Boulder, CO: Sounds True, 2019.
ALBERINI, C. M.; LEDOUX, J. E. "Memory reconsolidation". *Current Biology,* v. 23, n. 17, R746–R750, 2013.
ALLEN, A. B.; LEARY, M. R. "Self-Compassion, stress, and coping". *Social and personality psychology compass,* v. 4, n. 2, p. 107–118, 2010.
ANALAYO. *A meditator's life of the Buddha: based on the early discourses.* Cambridge, Reino Unido: Windhorse Publications, 2017.
ANALAYO. *Mindfully facing disease and death: compassionate advice from early Buddhist texts.* Cambridge, Reino Unido: Windhorse Publications, 2016.
ANALAYO. *Satipaṭṭhāna: The direct path to realization.* Cambridge, Reino Unido: Windhorse Publications, 2004.
ANGUS, D. J. et al. "Anger is associated with reward-related electrocortical activity: Evidence from the reward positivity". *Psychophysiology,* v. 52, n. 10, p. 1271–1280, 2015.
ARMSTRONG, G. *Emptiness: A Practical Guide for Meditators.* Nova York: Simon & Schuster, 2017.
AUSTIN, J. H. "How does meditation train attention?" *Insight Journal,* v. 32, p. 16–22, 2009.
AUSTIN, J. H. *Selfless insight: zen and the meditative transformations of consciousness.* Cambridge, MA: MIT Press, 2011.
AUSTIN, J. H. "Zen and the brain: mutually illuminating topics". *Frontiers in Psychology,* v. 4, p. 784, 2013.
AUSTIN, J. H. *Zen-brain reflections: reviewing recent developments in meditation and states of consciousness.* Cambridge, MA: MIT Press, 2006.
AZARI, N. P. et al. "Neural correlates of religious experience". *European Journal of Neuroscience,* v. 13, n. 8, p. 1649–1652, 2001.
BAARS, B. J. "Global workspace theory of consciousness: toward a cognitive neuroscience of human experience". *Progress in Brain Research,* v. 150, p. 45–53, 2005.
BAR, M. "The proactive brain: using analogies and associations to generate predictions". *Trends in Cognitive Sciences,* v. 11, n. 7, p. 280–289, 2007.
BARAZ, J. *Awakening joy: 10 steps that will put you on the road to real happiness.* Nova York: Bantam, 2010.
BARRON, A. B.; KLEIN, C. "What insects can tell us about the origins of consciousness". *Proceedings of the National Academy of Sciences,* v. 113, n. 18, p. 4900–4908, 2016.
BATCHELOR, S. *After Buddhism: rethinking the dharma for a secular age.* New Haven, CT: Yale University Press, 2015.
BATCHELOR, S. *Buddhism without beliefs: a contemporary guide to awakening.* Nova York: Penguin, 1998.
BATCHELOR, S. *Confession of a buddhist atheist.* Nova York: Random House, 2010.
BATCHELOR, S.; THURMAN, R. "Reincarnation: a debate". *Tricycle: The Buddhist Review,* jun.–ago. 1997. Disponível em: http://www.tricycle.com/feature/reincarnation-debate.

BAUMEISTER, R. F. *Meanings of life.* Nova York: Guilford Press, 1991.
BAUMEISTER, R. et al. "Bad is stronger than good". *Review of General Psychology*, v. 5, n. 4, p. 323-370, 2001.
BAXTER, L. R. et al. "Caudate glucose metabolic rate changes with both drug and behavior therapy for obsessive-compulsive disorder". *Archives of General Psychiatry*, v. 49, n. 9, 681-689, 1992.
BEAUREGARD, M.; PAQUETTE, V. "Neural correlates of a mystical experience in Carmelite nuns". *Neuroscience Letters*, v. 405, n. 3, 186-190, 2006.
BEGLEY, S. *Train your mind, change your brain: how a new science reveals our extraordinary potential to transform ourselves.* Nova York: Random House, 2007.
BENSON, H.; KLIPPER, M. Z. *The Relaxation Response.* Nova York: William Morrow, 1975.
BERRIDGE, K. C. et al. "Dissecting Components of Reward: 'Liking,' 'Wanting,' and 'Learning'". *Current Opinion in Pharmacology*, v. 9, n. 1, p. 65-73, 2009.
BERRIDGE, K. C.; KRINGELBACH, M. L. "Pleasure Systems in the Brain". *Neuron*, v. 86, n. 3, p. 646-664, 2015.
BERRIDGE, K. C.; ROBINSON, T. E. "What is the role of dopamine in reward: hedonic impact, reward learning, or incentive salience?" *Brain Research Reviews*, v. 28, n. 3, p. 309-369, 1998.
BERRY, W. *A Timbered Choir: the sabbath poems, 1979-1997.* Washington, DC: Counterpoint, 1998.
BERSANI, F. S.; PASQUINI, M. "The 'outer dimensions': impulsivity, anger/aggressiveness, activation". In *Dimensional Psychopathology*, editado por BIONDI, M. et al., Basel: Springer, 2018, p. 211-232.
BIRNIE, K. et al. "Exploring self-compassion and empathy in the context of mindfulness- based stress reduction (MBSR)". *Stress and Health*, v. 26, n. 5. p. 359-371, 2010.
BLUTH, K.; NEFF, K. D. "New frontiers in understanding the benefits of self- compassion". *Self and Identity*, v. 17, n. 6, p. 605-608, 2018.
BODHI, B. *In the Buddha's words: an anthology of discourses from the Pali Canon.* Nova York: Simon & Schuster, 2005.
BODHI, B.; Nanamoli, B. *The middle length discourses of the Buddha: a translation of the Majjhima Nikaya.* Sommerville, MA: Wisdom Publications, 2009.
BOELLINGHAUS, I. F. et al. "The role of mindfulness and loving-kindness meditation in cultivating self-compassion and other-focused concern in health care professionals". *Mindfulness*,v. 5, n. 2, p. 129-138, 2014.
BOLL, S. et al. "Oxytocin and pain perception: from animal models to human research". *Neuroscience*, v. 387, p. 149- 161, 2018.
BOLY, M. et al. "Consciousness in humans and non-human animals: recent advances and future directions". *Frontiers in Psychology*, v. 4, p. 625, 2013.
BOWLES, S. "Group competition, reproductive leveling, and the evolution of human altruism". *Science*, v. 314, n. 5805, p 1569- 1572, 2006.
BOYD, R. et al. "Hunter-Gatherer population structure and the evolution of contingent cooperation". *Evolution and Human Behavior*, v. 35, n. 3, p. 219-227, 2014.
BOYLE, R. P. "Cracking the Buddhist code: a contemporary theory of first-stage awakening". *Journal of Consciousness Studies*,v. 24, n. 9-10, p. 156-180, 2017.
BOYLE, R. P. *Realizing awakened consciousness: interviews with Buddhist teachers and a new perspective on the mind.* Nova York: Columbia University Press, 2015.

BRACH, T. *Radical acceptance: embracing your life with the heart of a Buddha*. Nova York: Bantam, 2004.
BRACH, T. *Radical compassion: learning to love yourself and the world with the practice of RAIN*. Nova York: Viking Press, 2019.
BRACH, T. *True refuge: finding peace and freedom in your own awakened heart*. Nova York: Bantam, 2012.
BRAHM, A. *Mindfulness, bliss, and beyond: a meditator's handbook*. Nova York: Simon & Schuster, 2006.
BRAMHAM, C. R.; MESSAOUDI, E. "BDNF function in adult synaptic plasticity: the synaptic consolidation hypothesis". *Progress in Neurobiology*, v. 76, n. 2, p. 99–125, 2005.
BRANDMEYER, T. et al. "The neuroscience of meditation: classification, phenomenology, correlates, and mechanisms". *Progress in Brain Research*, v. 244, p. 1–29, 2019.
BRAVER, T.; COHEN, J. "On the control of control: the role of dopamine in regulating prefrontal function and working memory". In *Control of Cognitive Processes: Attention and Performance*, v. 18, editado por MONSEL, S.; DRIVER, J. Cambridge, MA: MIT Press, 2000.
BRAVER, T. et al. "The role of prefrontal cortex in normal and disordered cognitive control: a cognitive neuroscience perspective". In *Principles of Frontal Lobe Function*, editado por STUSS, D. T.; KNIGHT, R. T. Nova York: Oxford University Press, 2002.
BREWER, J. *The craving mind: from cigarettes to smartphones to love? why we get hooked and how we can break bad habits*. New Haven, CT: Yale University Press, 2017.
BREWER, J. et al. "Meditation experience is associated with differences in default mode network activity and connectivity". *Proceedings of the National Academy of Sciences*, v. 108, n. 50, p. 20254–20259, 2011.
BREWER, J. et al. "What about the 'self' is processed in the posterior cingulate cortex?" *Frontiers in Human Neuroscience*, v. 7, p. 647, 2013.
BRODT et al. "Fast track to the neocortex: a memory engram in the posterior parietal cortex". *Science*, v. 362, n. 6418, p. 1045–1048, 2018.
BUDDHARAKKHITA, A., trad. *The Dhammapada: the Buddha's path of wisdom*. Kandy, Sri Lanka: Buddhist Publication Society, 1985.
BURKETT, J. P. et al. "Activation of μ-opioid receptors in the dorsal striatum is necessary for adult social attachment in monogamous prairie voles". *Neuro-psychopharmacology*, v. 36, n. 11, p. 2200, 2011.
BURKLUND, L. J. et al. "The common and distinct neural bases of affect labeling and reappraisal in healthy adults". *Frontiers in Psychology*, v. 5, p. 221, 2014.
CAHILL, L.; MCGAUGH, J. L. "Modulation of memory storage". *Current Opinion in Neurobiology*, v. 6, n. 2, p. 237–242, 1996.
CAHN, B. R.; POLICH, J. "Meditation states and traits: EEG, ERP, and neuroimaging studies". *Psychological Bulletin*, v. 132, n. 2, p. 180, 2006.
CAPLOW, F.; MOON, S. (Eds.) *The hidden lamp: stories from twenty-five centuries of awakened women*. Somerville, MA: Wisdom Publications, 2013.
CAREY, T. A. et al. "Improving professional psychological practice through an increased repertoire of research methodologies: illustrated by the development of MOL". *Professional Psychology: Research and Practice*, v. 48, n. 3, p. 175, 2017.
CELLINI, N. et al. "Sleep Before and after learning promotes the consolidation of both neutral and emotional information regardless of REM presence". *Neurobiology of Learning and Memory*, v. 133, p. 136–144, 2016.

CHÖDRÖN, P. *When things fall apart: heart advice for difficult times*. Boulder, CO: Shambhala Publications, 2000.
CHRISTOFF, K. et al. "Experience sampling during fMRI reveals default network and executive system contributions to mind wandering". *Proceedings of the National Academy of Sciences*, v. 106, n. 21, p. 8719–8724, 2009.
CHRISTOFF, K. et al. "Specifying the self for cognitive neuroscience". *Trends in Cognitive Sciences*, v. 15, n. 3, p. 104–112, 2011.
CLOPATH, C. "Synaptic consolidation: an approach to long-term learning". *Cognitive Neurodynamics*, v. 6, n. 3, p. 251–257, 2011.
COONEY, R. E. et al. "Neural correlates of rumination in depression". *Cognitive, Affective, & Behavioral Neuroscience*, v. 10, n. 4, p. 470–478, 2010.
CORBETTA et al. "The reorienting system of the human brain: from environment to theory of mind". *Neuron*, v. 58, n. 3, p. 306–324, 2008.
CRAIG, A. D. "How do you feel? interoception: the sense of the physiological condition of the body". *Nature Reviews Neuroscience*, v. 3, n. 8, p. 655, 2002.
CREAN, T. *God is no delusion: a refutation of Richard Dawkins*. São Francisco: Ignatius Press, 2007.
CRESWELL, J. D. et al. "Alterations in resting-state functional connectivity link mindfulness meditation with reduced interleukin-6: a randomized controlled trial". *Biological Psychiatry*, v. 80, n. 1, p. 53–61, 2016.
CRESWELL, J. D et al. "Neural correlates of dispositional mindfulness during affect labeling". *Psychosomatic Medicine*, v. 69, n. 6, p. 560–565, 2007.
CULADASA et al. *The mind illuminated: a complete meditation guide integrating Buddhist wisdom and brain science for greater mindfulness*. Nova York: Atria Books, 2017.
DAHL, C. J. et al. "Reconstructing and deconstructing the self: cognitive mechanisms in meditation practice". *Trends in Cognitive Sciences*, v. 19, n. 9, p. 515–523, 2015.
LAMA, Dalai; CUTLER, H. *The art of happiness: a handbook for living*. Nova York: Riverhead Books, 2009.
DAMASIO, A. R. *The feeling of what happens: body and emotion in the making of consciousness*. Boston: Houghton Mifflin Harcourt, 1999.
DAMASIO, A. R. *Self comes to mind: constructing the conscious brain*. Nova York: Vintage Books, 2012.
DAMBRUN, M.; RICARD, M. "Self-centeredness and selflessness: a theory of self-based psychological functioning and its consequences for happiness". *Review of General Psychology*, v. 15, n. 2, p. 138–157, 2011.
DASS, R. *Be here now*. Nova York: Harmony Books, 2010.
DATTA, D.; ARNSTEN, A. F. "Loss of prefrontal cortical higher cognition with uncontrollable stress: molecular mechanisms, changes with age, and relevance to treatment". *Brain Sciences*, v. 9, n. 5, p. 113, 2019.
DAVIDSON, J. M. "The physiology of meditation and mystical states of consciousness". *Perspectives in Biology and Medicine*, v. 19, n. 3, p. 345–380, 1976.
DAVIDSON, R. J. "Well-being and affective style: neural substrates and biobehavioural correlates". *Philosophical Transactions: Biological Sciences*, v. 359, n. 1449, p. 1395–1411, 2004.
DAVIS, J. H.; VAGO, D. R. "Can enlightenment be traced to specific neural correlates, cognition, or behavior? No, and (a qualified) Yes. *Frontiers in Psychology*, v. 4, p. 870, 2013.
DAWKINS, R. *The God delusion*. Nova York: Random House, 2016.

DAY, J. J.; SWEATT, J. D. "Epigenetic mechanisms in cognition". *Neuron*, v. 70, n. 5, p. 813–829, 2015.
DECETY, J.; SVETLOVA, M. "Putting together phylogenetic and ontogenetic perspectives on empathy". *Developmental Cognitive Neuroscience*, v. 2, n. 1, p. 1– 24, 2011.
DECETY, J.; YODER, K. J. "The emerging social neuroscience of justice motivation". *Trends in Cognitive Sciences*, v. 21, n. 1, p. 6–14, 2017.
DE DREU, C. K. "Oxytocin modulates cooperation within and competition between groups: an integrative review and research agenda". *Hormones and Behavior*, v. 61, n. 3, p. 419–428, 2012.
DE DREU, C. K. et al. "The neuropeptide oxytocin regulates parochial altruism in intergroup conflict among humans". *Science*, v. 328, n. 5984, p. 1408–1411, 2010.
DE DREU, C. K. et al. "Oxytocin enables novelty seeking and creative performance through upregulated approach: evidence and avenues for future research". *Wiley Interdisciplinary Reviews: Cognitive Science*, v. 6, n. 5, p. 409–417, 2015.
DE DREU, C. K. et al. "Oxytocin motivates non- cooperation in intergroup conflict to protect vulnerable in-group members". *PLoS One*, v. 7, n. 11, p. e46751, 2012.
DENNY, B. T. et al. A meta-analysis of functional neuroimaging studies of self- and other judgments reveals a spatial gradient for mentalizing in medial prefrontal cortex". *Journal of Cognitive Neuroscience*, v. 24, n. 8, p. 1742–1752, 2012.
D'ESPOSITO, M.; POSTLE, B. R. "The cognitive neuroscience of working memory". *Annual Review of Psychology*, v. 66, p. 115–142, 2015.
DIETRICH, A. "Functional neuroanatomy of altered states of consciousness: the transient hypofrontality hypothesis". *Consciousness and Cognition*, v. 12, n. 2, p. 231–256, 2004.
DIXON, S.; WILCOX, G. "The counseling implications of neurotheology: a critical review". *Journal of Spirituality in Mental Health*, v. 18, n. 2, p. 91–107, 2016.
DUNBAR, R. I. "The social brain hypothesis". *Evolutionary Anthropology: Issues, News, and Reviews*, v. 6, n. 5, p. 178–190, 1998.
DUNNE, J. "Toward an understanding of non-dual mindfulness". *Contemporary Buddhism*, v. 12, n. 1, p. 71–88, 2011.
DUSEK, J. A. et al. "Genomic counter-stress changes induced by the relaxation response". *PLoS One*, v. 3, n. 7, p. e2576, 2008.
DZYUBENKO, E. et al. "Neuron-glia interactions in neural plasticity: contributions of neural extracellular matrix and perineuronal nets". *Neural Plasticity*, p. 5214961, 2016.
EARL, B. The biological function of consciousness. *Frontiers in Psychology*, v. 5, p. 697, 2014.
ECKER, B. "Memory reconsolidation understood and misunderstood". *International Journal of Neuropsychotherapy*, v. 3, n. 1, p. 2–46, 2015.
ECKER, B. et al. *Unlocking the emotional brain: eliminating symptoms at their roots using memory reconsolidation*. Londres: Routledge, 2012.
EISENBERGER, N. I. "The neural bases of social pain: evidence for shared representations with physical pain". *Psychosomatic Medicine*, v. 74, n. 2, p. 126, 2012.
EISENBERGER, N. I. et al., "Attachment figures activate a safety signal-related neural region and reduce pain experience". *Proceedings of the National Academy of Sciences*, v. 108, n. 28, p. 11721–11726, 2011.
ELIOT, T. S. *Collected poems 1909–1962*. Londres: Faber & Faber, 2009.
ENGEN, H. G.; SINGER, T. "Affect and motivation are critical in constructive meditation". *Trends in Cognitive Sciences*, v. 20, n. 3, p. 159–160, 2016.

ENGEN, H. G.; SINGER, T. "Compassion-based emotion regulation up-regulates experienced positive affect and associated neural networks". *Social Cognitive and Affective Neuroscience*, v. 10, n. 9, p. 1291–1301, 2015.

ENGLER, J. "Being somebody and being nobody: a re-examination of the understanding of self in psychoanalysis and Buddhism". In *Psychoanalysis and Buddhism: An Unfolding Dialogue*, editado por Safran, J. D. Boston: Wisdom Publications, p. 35–79, 2003.

ERIKSSON, P. S. et al. "Neurogenesis in the adult human hippocampus". *Nature Medicine*, v. 4, n. 11, p. 1313–1317, 1998.

ESCH, T.; STEFANO, G. B. "The neurobiology of stress management". *Neuroendocrinology Letters*, v. 31, n. 1, p. 19–39, 2010.

FARB, N. A. et al. "Attending to the present: mindfulness meditation reveals distinct neural modes of self-reference". *Social Cognitive and Affective Neuroscience*, v. 2, n. 4, p. 313–322, 2007.

FARB, N. A. et al. "The mindful brain and emotion regulation in mood disorders". *Canadian Journal of Psychiatry*, v. 57, n. 2, p. 70–77, 2012.

FARB, N. A. et al. "Minding one's emotions: mindfulness training alters the neural expression of sadness". *Emotion*, v. 10, n. 1, p. 25, 2010.

FARRER, C.; FRITH, C. D. "Experiencing oneself versus another person as being the cause of an action: the neural correlates of the experience of agency". *NeuroImage*, v. 15, n. 3, p. 596–603, 2002.

FAZELPOUR, S.; THOMPSON, E. "The kantian brain: brain dynamics from a neurophenomenological perspective". *Current Opinion in Neurobiology*, v. 31, p. 223–229, 2014.

FERRARELLI, F. et al. "Experienced mindfulness meditators exhibit higher parietal-occipital EEG gamma activity during NREM sleep". *PLoS One*, v. 8, n. 8, p. e73417, 2013.

FLANAGAN, O. *The Bodhisattva's brain: Buddhism naturalized*. Cambridge, MA: MIT Press, 2011.

FOX, K. C. et al. "Is meditation associated with altered brain structure? a systematic review and meta-analysis of morphometric neuroimaging in meditation practitioners". *Neuroscience & Biobehavioral Reviews*, v. 43, p. 48–73, 2014.

FREDRICKSON, B. L. "The broaden-and-build theory of positive emotions". *Philosophical Transactions of the Royal Society of London, Series B: Biological Sciences*, v. 359, n. 1449, p. 1367–1377, 2004.

FREDRICKSON, B. L. "What good are positive emotions?" *Review of General Psychology*, v. 2, n. 3, p. 300–319, 1998.

FREDRICKSON, B. L. et al. "Positive emotion correlates of meditation practice: a comparison of mindfulness meditation and loving-kindness meditation". *Mindfulness*, v. 8, n. 6, p. 1623–1633, 2017.

FRISTON, K. "The history of the future of the bayesian brain". *NeuroImage*, v. 62, n. 2, p. 1230–1233, 2012.

FRONSDAL, G. *The Dhammapada: a new translation of the Buddhist classic with annotations*. Boulder, CO: Shambhala Publications, 2006.

GAILLIOT, M. T. et al. "Self-control relies on glucose as a limited energy source: willpower is more than a metaphor". *Journal of Personality and Social Psychology*, v. 92, n. 2, p. 325, 2007.

GALATI et al. "Multiple reference frames used by the human brain for spatial perception and memory". *Experimental Brain Research*, v. 206, n. 2, p. 109–120, 2010.

GALLAGHER, S. "Philosophical conceptions of the self: implications for cognitive science". *Trends in Cognitive Sciences*, v. 4, n. 1, p. 14-21, 2000.

GEERTZ, A. W. "When cognitive scientists become religious, science is in trouble: on neurotheology from a philosophy of science perspective". *Religion*, v. 39, n. 4, p. 319-324, 2009.

GELLHORN, E.; KIELY, W. F. "Mystical states of consciousness: neurophysiological and clinical aspects". *Journal of Nervous and Mental Disease*, v. 154, n. 6, p. 399-405, 1972.

GERMER, C. *The mindful path to self-compassion: freeing yourself from destructive thoughts and emotions*. Nova York: Guilford Press, 2009.

GERMER, C.; Neff, K. D. "Self-compassion in clinical practice". *Journal of Clinical Psychology*, v. 69, n. 8, p. 856-867, 2013.

GILBERT, P. *Compassion focused therapy: distinctive features*. Londres: Routledge, 2010.

GILBERT, P. "Introducing compassion-focused therapy". *Advances in Psychiatric Treatment*, v. 15, n. 3, p. 199-208, 2009.

GILBERT, P. "The origins and nature of compassion focused therapy". *British Journal of Clinical Psychology*, v. 53, n. 1, p. 6-41, 2014.

GILLIHAN, S. J.; FARAH, M. J. "Is Self Special? A critical review of evidence from experimental psychology and cognitive neuroscience". *Psychological Bulletin*, v. 131, n. 1, p. 76, 2005.

GLEIG, A. *American dharma: Buddhism beyond modernity*. New Haven, CT: Yale University Press, 2019.

GOLDSTEIN, J. *The experience of insight: a simple and direct guide to Buddhist meditation*. Boulder, CO: Shambhala Publications, 2017.

GOLDSTEIN, J. *Mindfulness: a practical guide to awakening*. Boulder, CO: Sounds True, 2013.

GOLEMAN, D.; DAVIDSON, R. J. *Altered traits: science reveals how meditation changes your mind, brain, and body*. Nova York: Penguin, 2017.

GOMBRICH, R. F. *What the Buddha thought*. Sheffield, Reino Unido: Equinox, 2009.

GRABOVAC, A. "The stages of insight: clinical relevance for mindfulness-based interventions". *Mindfulness*, v. 6, n. 3, p. 589-600, 2015.

GROSMARK, A. D.; BUZSÁKI, G. "Diversity in neural firing dynamics supports both rigid and learned hippocampal sequences". *Science*, v. 351, n. 6280, p. 1440-1443, 2016.

GROSSENBACHER, P. "Buddhism and the Brain: An Empirical Approach to Spirituality". Trabalho preparado para "Continuity + Change: Perspectives on Science and Religion", 3-7 jun. 2006, em Filadélfia, PA. Disponível em: https://www.scribd.com/document/283480254 / Buddhism-and-the-Brain.

GROSS, R. M. *Buddhism after patriarchy: a feminist history, analysis, and reconstruction of Buddhism*. Albany: SUNY Press, 1993.

HABAS, C. et al. "Distinct cerebellar contributions to intrinsic connectivity networks". *Journal of Neuroscience*, v. 29, n. 26, p. 8586-8594, 2009.

HALIFAX, J. *Standing at the edge: finding freedom where fear and courage meet*. Nova York: Flatiron Books, 2018.

HAMLIN, J. K. et al. "Three-month-olds show a negativity bias in their social evaluations". *Developmental Science*, v. 13, n. 6, p. 923-929, 2010.

HANH, T. N. *Being peace*. Berkeley, CA: Parallax Press, 2008.

HANH, T. N. *Inside the now: meditations on time*. Berkeley, CA: Parallax Press, 2015.

HANH, T. N. *The world we have: a Buddhist approach to peace and ecology*. Berkeley, CA: Parallax Press, 2004.

HANSON, R. *Buddha's brain: the practical neuroscience of happiness, love, and wisdom.* Oakland, CA: New Harbinger Publications, 2009.

HANSON, R. *Hardwiring happiness: the new brain science of contentment, calm, and confidence.* Nova York: Harmony Books, 2013.

HANSON, R.; HANSON, F. *Resilient: how to grow an unshakable core of calm, strength, and happiness.* Nova York: Harmony Books, 2018.

HANSOTIA, P. "A Neurologist looks at mind and brain: 'the enchanted loom'". *Clinical Medicine & Research*, v. 1, n. 4, p. 327–332, 2003.

HARKNESS, K. L. et al. "Stress sensitivity and stress sensitization in psychopathology: an introduction to the special section". *Journal of Abnormal Psychology*, v. 124, p. 1, 2015.

HARRIS, A. *Conscious: a brief guide to the fundamental mystery of the mind.* Nova York: Harper, 2019.

HARRIS, S. *Waking up: a guide to spirituality without religion.* Nova York: Simon & Schuster, 2014.

HAYES, S. *The act in context: the canonical papers of Steven C. Hayes.* Nova York: Routledge, 2015.

HERCULANO-HOUZEL, S. "The remarkable, yet not extraordinary, human brain as a scaled-up primate brain and its associated cost". *Proceedings of the National Academy of Sciences*, v. 109, Suplemento 1, p. 10661–10668, 2012.

HILL, K. R. et al. "Co-residence Patterns in hunter-gatherer societies show unique human social structure". *Science*, v. 331, n. 6022, p. 1286–1289, 2011.

HILTON, L. et al. "Mindfulness meditation for chronic pain: systematic review and meta-analysis". *Annals of Behavioral Medicine*, v. 51, n. 2, p. 199–213, 2016.

HOFMANN, S. et al. "Loving-kindness and compassion meditation: potential for psychological interventions". *Clinical Psychology Review*, v. 31, n. 7, p. 1126–1132, 2011.

HÖLZEL, B. K. et al. "How does mindfulness meditation work? Proposing mechanisms of action from a conceptual and neural perspective". *Perspectives on Psychological Science*, v. 6, n. 6, p. 537–559, 2011.

HÖLZEL, B. K. et al. "Investigation of mindfulness meditation practitioners with voxel-based morphometry". *Social Cognitive and Affective Neuroscience*, v. 3, p. 55–61, 2008.

HOOD R. W. et al. *The psychology of religion: an empirical approach*, 5. ed. Nova York: Guilford Press, 2018.

HU, X. et al. "Unlearning implicit social biases during sleep". *Science*, v. 348, n. 6238, p. 1013–1015, 2015.

HUBER, D. et al. "Vasopressin and oxytocin excite distinct neuronal populations in the central amygdala". *Science*, v. 308, n. 5719, p. 245–248, 2005.

HUNG, L. W. et al. "Gating of social reward by oxytocin in the ventral tegmental area". *Science*, v. 357, n. 6358, p. 1406–1411, 2017.

HUXLEY, A. *The perennial philosophy.* Toronto: McClelland & Stewart, 2014.

HYMAN, S. E. et al. "Neural mechanisms of addiction: the role of reward-related learning and memory". *Annual Review of Neuroscience*, v. 29, n. 1, p. 565–598, 2006.

JASTRZEBSKI, A. K. "The neuroscience of spirituality". *Pastoral Psychology*, v. 67, p. 515–524, 2018.

JOHNSEN, T. J.; FRIBORG, O. "The effects of cognitive behavioral therapy as an anti-depressive treatment is [sic] falling: a meta-analysis". *Psychological Bulletin*, v. 141, n. 4, p. 747, 2015.

JOHNSTONE, B. et al. "Right parietal lobe-related 'selflessness' as the neuropsychological basis of spiritual transcendence". *International Journal for the Psychology of Religion*, v. 22, n. 4, p. 267-284, 2012.
JONES, S. *There is nothing to fix: becoming whole through radical self-acceptance*. Somerville, MA: LAKE Publications, 2019.
JOSIPOVIC, Z. "Neural correlates of nondual awareness in meditation". *Annals of the New York Academy of Sciences*, v. 1307, n. 1, p. 9-18, 2014.
JOSIPOVIC, Z.; Baars, B. J. "What can neuroscience learn from contemplative practices?" *Frontiers in Psychology*, v. 6, p. 1731, 2015.
KANDEL, E. R. *In search of memory: the emergence of a new science of mind*. Nova York: W. W. Norton, 2007.
KARLSSON, M. P.; FRANK, L. M. "Awake replay of remote experiences in the hippocampus". *Nature Neuroscience*, v. 12, n. 7, p. 913-918, 2009.
KELTNER, D. *Born to be good: the science of a meaningful life*. Nova York: W. W. Norton, 2009.
KEMPERMANN, G. "Youth culture in the adult brain". *Science*, v. 335, n. 6073, p. 1175-1176, 2012.
KEMPERMANN, G. et al. "Human adult neurogenesis: evidence and remaining questions". *Cell Stem Cell*, v. 23, n. 1, p. 25-30, 2018.
KEUKEN, M. C. et al. "Large scale structure-function mappings of the human subcortex". **Scientific Reports**, v. 8, n. 1, p. 15854, 2018.
KEY, B. et al. "Insects cannot tell us anything about subjective experience or the origin of consciousness". *Proceedings of the National Academy of Sciences*, v. 113, n. 27, p. E3813, 2016.
KIKEN, L. G. et al. "From a state to a trait: trajectories of state mindfulness in meditation during intervention predict changes in trait mindfulness". *Personality and Individual Differences*, v. 81, p. 41-46, 2015.
KILLINGSWORTH, M. A.; GILBERT, D. T. "A Wandering mind is an unhappy mind". *Science*, v. 330, n. 6006, p. 932, 2010.
KOCH, C. et al. "Neural correlates of consciousness: progress and problems". *Nature Reviews Neuroscience*, v. 17, n. 5, p. 307-321, 2016.
KOK, B. E.; FREDRICKSON, B. L. "Upward spirals of the heart: autonomic flexibility, as indexed by vagal tone, reciprocally and prospectively predicts positive emotions and social connectedness". *Biological Psychology*, v. 85, n. 3, p. 432-436, 2010.
KORNFIELD, J. *After the ecstasy, the laundry*. Nova York: Bantam, 2000.
KORNFIELD, J. *A Path with heart: a guide through the perils and promises of spiritual life*. Nova York: Bantam, 2009.
KRAFT, D. *Buddha's Map: His Original Teachings on Awakening, Ease, and Insight in the Heart of Meditation*. Grass Valley, CA: Blue Dolphin Publishing, 2013.
KRAL, T. R. A. et al. "Impact of Short- and long-term mindfulness meditation training on amygdala reactivity to emotional stimuli". *NeuroImage*, v. 181, p. 301-313, 2018.
KREIBIG, S. D. "Autonomic nervous system activity in emotion: a review". *Biological Psychology*, v. 84, n. 3, p. 394-421, 2010.
KRINGELBACH, M. L.; BERRIDGE, K. C. "Neuroscience of reward, motivation, and drive". In *Recent Developments in Neuroscience Research on Human Motivation*, editado por SUNG-IL, K. et al. Bingley, Reino Unido: Emerald Group Publishing, p. 23-35, 2016.

KRITMAN, M. et al. "Oxytocin in the amygdala and not the prefrontal cortex enhances fear and impairs extinction in the juvenile rat". *Neurobiology of Learning and Memory*, v. 141, p. 179-188, 2017.

LANGNER, R.; EICKHOFF, S. B. "Sustaining attention to simple tasks: a meta-analytic review of the neural mechanisms of vigilant attention". *Psychological Bulletin*, v. 139, n. 4, p. 870, 2013.

LARICCHIUTA, D.; PETROSINI, L. "Individual differences in response to positive and negative stimuli: endocannabinoid-based insight on approach and avoidance behaviors". *Frontiers in Systems Neuroscience*, v. 8, p. 238, 2014.

LAZAR, S. W. et al. "Functional brain mapping of the relaxation response and meditation". *Neuroreport*, v. 11, n. 7, p. 1581-1585, 2000.

LAZAR, S. et al. "Meditation experience is associated with increased cortical thickness". *Neuroreport*, v. 16, p. 1893-1897, 2005.

LEARY, M. R. *The curse of the self: self-awareness, egotism, and the quality of human life.* Nova York: Oxford University Press, 2007.

LEARY, M. R. et al. "Allo-inclusive identity: incorporating the social and natural worlds into one's sense of self". In *Decade of Behavior. Transcending Self-Interest: Psychological Explorations of the Quiet Ego*, editado por WAYMENT, H. A.; BAUER, J. J. Washington, DC: American Psychological Association, p. 137-147, 2008.

LEE, T. M. et al. "Distinct neural activity associated with focused-attention meditation and loving-kindness meditation". *PLoS One*, v. 7, n. 8, p. e40054, 2012.

LEGRAND, D.; RUBY, P. "What is self- specific? theoretical investigation and critical review of neuroimaging results". *Psychological Review*, v. 116, p. 252, 2009.

LENT, R. et al. "How many neurons do you have? Some dogmas of quantitative neuroscience under revision". *European Journal of Neuroscience*, v. 35, n. 1, p. 1-9, 2012.

LEUNG, M. K. et al. "Increased gray matter volume in the right angular and posterior parahippocampal gyri in loving-kindness meditators". *Social Cognitive and Affective Neuroscience*, v. 8, n. 1, p. 34-39, 2012.

LIEBERMAN, M. D. *Social: why our brains are wired to connect.* Nova York: Oxford University Press, 2013.

LIEBERMAN, M. D; EISENBERGER, N. I. "Pains and pleasures of social life". *Science*, v. 323, n. 5916, p. 890-891, 2009.

LINDAHL, J. R. et al. "The varieties of contemplative experience: a mixed-methods study of meditation-related challenges in Western Buddhists". *PLoS One*, v. 12, n. 5, p. e0176239, 2017.

LINEHAN, M. *Cognitive-behavioral treatment of borderline personality disorder.* Nova York: Guilford Press, 2018.

LIPPELT, D. P. et al. "Focused attention, open monitoring and loving kindness meditation: effects on attention, conflict monitoring, and creativity — A Review". *Frontiers in Psychology*, v. 5, p. 1083, 2014.

LIU, Y. et al. "Oxytocin modulates social value representations in the amygdala". *Nature Neuroscience*, v. 22, n. 4, p. 633, 2019.

LOIZZO, J. J. et al. (Eds.) *Advances in contemplative psychotherapy: accelerating healing and transformation.* Nova York: Routledge, 2017.

LÖWEL, S.; SINGER, W. "Selection of Intrinsic Horizontal Connections in the Visual Cortex by Correlated Neuronal Activity". *Science* v. 255, n° 5041, p. 209-12, 1992.

LOY, D. *Ecodharma: Buddhist teachings for the ecological crisis.* Somerville, MA: Wisdom Publications, 2019.

LUPIEN, S. J. et al. "Beyond the stress concept: allostatic load — a developmental biological and cognitive perspective". In D*evelopmental Psychopathology*, v. 2: *Developmental Neuroscience*, 2. ed., editado por CICCHETTI, D.; COHEN, D. Hoboken, NJ: Wiley, p. 578– 628, 2006.
LUTZ, A. et al. "Altered anterior insula activation during anticipation and experience of painful stimuli in expert meditators". *NeuroImage*, v. 64, p. 538–546, 2013.
LUTZ, A. et al. "Long-term meditators self-induce high-amplitude gamma synchrony during mental practice". *PNAS*, v. 101, p.16369–16373, 2004.
MADAN, C. R. "Toward a common theory for learning from reward, affect, and motivation: the SIMON framework". *Frontiers in Systems Neuroscience*, v. 7, p. 59, 2013.
MAHARAJ, N. et al. *I am that: talks with Sri Nisargadatta Maharaj*, traduzido para o inglês por Frydman, M. Durham, NC: Acorn Press, 1973.
MAHONE, M. C. et al. "fMRI during transcendental meditation practice". *Brain and Cognition*, v. 123, p. 30–33, 2018.
MANUELLO, J. et al. "Mindfulness meditation and consciousness: an integrative neuroscientific perspective". *Consciousness and Cognition*, v. 40, p. 67-78, 2016.
MARTIN, K. C.; SCHUMAN, E. M. "Opting in or out of the network". *Science*, v. 350, n. 6267, p. 1477–1478, 2015.
MASCARO, J. S. et al. "The neural mediators of kindness-based meditation: a theoretical model". *Frontiers in Psychology*, v. 6, p. 109, 2015.
MASLOW, A. H. *Religions, values, and peak-experiences*, v. 35. Columbus: Ohio State University Press, 1964.
MATHER, J. A. "Cephalopod consciousness: behavioural evidence". *Consciousness and Cognition*, v. 17, n. 1, p. 37–48, 2008.
MATSUO, N. et al. "Spine-type-specific recruitment of newly synthesized AMPA receptors with learning". *Science*, v.319, n. 5866, p. 1104–1107, 2008.
MCDONALD, R. J.; HONG, N. S. "How does a specific learning and memory system in the mammalian brain gain control of behavior?" *Hippocampus*, v. 23, n. 11, p. 1084–1102, 2013.
MCGAUGH, J. L. "Memory: a century of consolidation". *Science*, v. 287, n. 5451, 248–251, 2000.
MCMAHAN, D. L.; BRAUN, E. (Eds.) *Meditation, Buddhism, and Science*. Nova York: Oxford University Press, 2017.
MENON, V. "Salience network". In *Brain Mapping: An Encyclopedic Reference*, editado por TOGA, A. W. Cambridge, MA: Academic Press, v. 2, p. 597–611, 2015.
MERTON, T. *In the dark before dawn: new selected poems*, editado por SZABO, L. R. Nova York: New Directions Publishing, 2005.
MEYER-LINDENBERG, A. "Impact of prosocial neuropeptides on human brain function". *Progress in Brain Research*, v. 170, p. 463–470, 2008.
MITCHELL, S. *Tao te ching: a new english version*. Nova York: Harper Perennial Modern Classics, 1988.
MOORE, S. R.; DEPUE, R. A. "Neurobehavioral foundation of environmental reactivity". *Psychological Bulletin*, v. 142, n. 2, p. 107, 2016.
MOSIG, Y. D. "Conceptions of the self in western and eastern psychology". *Journal of Theoretical and Philosophical Psychology*, v. 26, n. 1–2, p. 3, 2006.
MUIR, J. *My first summer in the Sierra*. Illustrated Anniversary Edition. Boston: Houghton Mifflin Harcourt, 2011.
MULLER, R. A. *Now: the physics of time*. Nova York: W. W. Norton, 2016.

MULLETTE-GILLMAN, O.; HUETTEL, S. A. "Neural substrates of contingency learning and executive control: dissociating physical, valuative, and behavioral changes". *Frontiers in Human Neuroscience*, v. 3, p. 23, 2009.
NADEL, L. et al. "Memory formation, consolidation and transformation". *Neuroscience & Biobehavioral Reviews*, v. 36, n. 7, p. 1640–1645, 2012.
NADER, K. et al. "Fear Memories require protein synthesis in the amygdala for reconsolidation after retrieval". *Nature*, v. 406, n. 6797, p. 722, 2000.
NANAMOLI, B. *The path of purification: the classic manual of Buddhist doctrine and meditation.* Kandy, Sri Lanka: Buddhist Publication Society, 1991.
NAUMANN, R. K. et al. "The reptilian brain". *Current Biology*, v. 25, n. 8, R317–321, 2015.
NECHVATAL, J. M.; Lyons, D. M. "Coping changes the brain". *Frontiers in Behavioral Neuroscience*, v. 7, p. 13, 2013.
NEFF, K. *Self-compassion: the proven power of being kind to yourself.* Nova York: William Morrow, 2011.
NEFF, K.; DAHM, K. A. "Self-compassion: what it is, what it does, and how it relates to mindfulness". In *Handbook of Mindfulness and Self-Regulation,* editado por Ostafin, B. D. et al. Nova York: Springer, p. 121–137, 2015.
NEWBERG, A. B. "The neuroscientific study of spiritual practices". *Frontiers in Psychology*, v. 5, p. 215, 2014.
NEWBERG, A. B. *Principles of neurotheology.* Farnham, Reino Unido: Ashgate Publishing, 2010.
NEWBERG, A. B. et al. "A case series study of the neurophysiological effects of altered states of mind during intense islamic prayer". *Journal of Physiology–Paris*, v. 109, n. 4–6, p. 214–220, 2015.
NEWBERG, A. B. et al. "Cerebral blood flow during meditative prayer: preliminary findings and methodological issues". *Perceptual and Motor Skills*, v. 97, n. 2, p.625–630 2003.
NEWBERG, A. B. et al. "The measurement of regional cerebral blood flow during the complex cognitive task of meditation: a preliminary spect study". *Psychiatry Research: Neuroimaging*, v. 106, n. 2, p. 113–122, 2001.
NEWBERG, A. B; IVERSEN, J. "The neural basis of the complex mental task of meditation: neurotransmitter and neurochemical considerations". *Medical Hypotheses*, v. 61, n. 2, p. 282–291, 2003.
NEWEN, A. et al. (Eds.) *The Oxford handbook of 4E cognition.* Nova York: Oxford University Press, 2018.
NORTHOFF, G.; BERMPOHL, F. "Cortical midline structures and the self". *Trends in Cognitive Sciences*, v. 8, n. 3, p. 102–107, 2004.
OAKLEY, B. et al. (Eds.) *Pathological altruism.* Nova York: Oxford University Press, 2011.
OH, M. et al. "Watermaze learning enhances excitability of CA1 pyramidal neurons". *Journal of Neurophysiology*, v. 90, n. 4, p. 2171–2179, 2003.
OTT, U. et al. "Brain structure and meditation: how spiritual practice shapes the brain". In *Neuroscience, Consciousness and Spirituality*, editado por Walach, H. et al. Berlin: Springer, Dordrecht, p. 119–128, 2011.
OWENS, L. R.; SYEDULLAH, J. *Radical dharma: talking race, love, and liberation.* Berkeley, CA: North Atlantic Books, 2016.
PACKARD, M. G.; CAHILL, L. "Affective modulation of multiple memory systems". *Current Opinion in Neurobiology*, v. 11, n. 6, p. 752–756, 2001.

PALLER, K. A. "Memory consolidation: systems". *Encyclopedia of Neuroscience*, v. 1, p. 741-749, 2009.

PALMO, A. T. *Reflections on a mountain lake: teachings on practical Buddhism*. Boulder, CO: Shambhala Publications, 2002.

PANKSEPP, J. *Affective neuroscience: the foundations of human and animal emotions*. Nova York: Oxford University Press, 1998.

PAOLICELLI, R. C. et al. "Synaptic pruning by microglia is necessary for normal brain development". *Science*, v. 333, n. 6048, p. 1456-1458, 2011.

PASANNO, A.; AMARO, A. *The Island*. Redwood Valley, CA: Abhayagiri Monastic Foundation, 2009.

PETERSEN, S. E.; POSNER, M. I. "The attention system of the human brain: 20 years after". *Annual Review of Neuroscience*, v. 35, p. 73-89 2012.

POLLAN, M. *How to change your mind: what the new science of psychedelics teaches us about consciousness, dying, addiction, depression, and transcendence*. Nova York: Penguin Books, 2018.

PORGES, S. W. *The polyvagal theory: neurophysiological foundations of emotions, attachment, communication, and self-regulation*. Nova York: W. W. Norton, 2011.

PORGES, S. W.; CARTER, C. S. "Polyvagal theory and the social engagement system". In *Complementary and Integrative Treatments in Psychiatric Practice*, editado por Gerbarg, P. L. et al. Nova York: American Psychiatric Association Publishing, p. 221-239, 2017.

POSNER, M. I.; PETERSEN, S. E. "The attention system of the human brain". *Annual Review of Neuroscience*, v. 13, n. 1, p. 25-42 1990.

PRENDERGAST, J. *The deep heart: our portal to presence*. Boulder, CO: Sounds True, 2019.

PRESTON, S. D. "The rewarding nature of social contact". **Science**, v. 357, n. 6358, p. 1353-1354, 2017.

PRITZ, M. B. "Crocodilian forebrain: evolution and development". *Integrative and Comparative Biology*, v. 55, n. 6, p. 949-961, 2015.

QUIROGA, R. Q. "Neural representations across species". *Science*, v. 363, n. 6434, p. 1388-1389, 2019.

RADKE, S. et al. "Oxytocin reduces amygdala responses during threat approach". *Psychoneuroendocrinology*, v. 79, p. 160-166, 2017.

RAICHLE, M. E. "The restless brain: how intrinsic activity organizes brain function". *Philosophical Transactions of the Royal Society of London, Series B: Biological Sciences*, v. 370, n. 1668, p. 20140172, 2015.

RAICHLE, M. E. et al. "A default mode of brain function". *Proceedings of the National Academy of Sciences*, v. 98, n. 2, 676-682, 2001.

RANGANATH, C. et al. Working memory maintenance contributes to long-term memory formation: neural and behavioral evidence". *Journal of Cognitive Neuroscience*, v. 17, n. 7, p. 994-1010, 2005.

RECOVERYDHARMA.ORG. *Recovery Dharma: how to use Buddhist practices and principles to heal the suffering of addiction*, 2019.

RICARD, M. *Happiness: a guide to developing life's most important skill*. Londres: Atlantic Books, 2015.

RICARD, M. *On the path to enlightenment: heart advice from the great Tibetan masters*. Boulder, CO: Shambhala Publications, 2013.

RICARD, M. et al. *The quantum and the lotus: a journey to the frontiers where science and Buddhism meet*. Nova York: Three Rivers Press, 2001.

RINPOCHE, Kalu; LAMA, Dalai. *Luminous mind: the way of the Buddha*. Somerville, MA: Wisdom Publications, 1993.

ROTHSCHILD, B. *The body remembers: the psychophysiology of trauma and trauma treatment*. Nova York: W. W. Norton, 2000.

ROXIN, A. et al. "On the distribution of firing rates in networks of cortical neurons". *Journal of Neuroscience*, v. 31, n. 45, p. 16217–16226, 2011.

ROZIN, P.; ROYZMAN, E. B. "Negativity bias, negativity dominance, and contagion". *Personality and Social Psychology Review*, v. 5, n. 4, p. 296–320, 2001.

SAHN, S.; SŎNSA, S. T. *Only don't know: selected teaching letters of Zen master Seung Sahn*. Boulder, CO: Shambhala Publications, 1999.

SALZBERG, S. *Lovingkindness: the revolutionary art of happiness*. Boulder, CO: Shambhala Publications, 2004.

SALZBERG, S. *Real love: the art of mindful connection*. Nova York: Flatiron Books, 2017.

SAPOLSKY, R. M. *Why zebras don't get ulcers: the acclaimed guide to stress, stress-related diseases, and coping*. Nova York: Holt Paperbacks, 2004.

SARA, S. J.; SEGAL, M. "Plasticity of sensory responses of locus coeruleus neurons in the behaving rat: implications for cognition". *Progress in Brain Research*, v. 88, p. 571–585, 1991.

SCHAPER, D. (Ed.). *40-Day Journey with Howard Thurman*. Minneapolis: Augsburg Books, 2009.

SCHORE, A. N. *Affect regulation and the origin of the self: the neurobiology of emotional development*. Nova York: Routledge, 2015.

SCHWARTZ, J. M. et al. "Quantum physics in neuroscience and psychology: a neurophysical model of mind-brain interaction". *Philosophical Transactions of the Royal Society of London, Series B: Biological Sciences*, v. 360, n. 1458, p. 1309–1327, 2005.

SCHWEIGER, D. et al. "Opioid receptor blockade and warmth-liking: effects on interpersonal trust and frontal asymmetry". *Social Cognitive and Affective Neuroscience*, v. 9, n. 10, p. 1608–1615, 2013.

SEELEY, W. W. et al. "Dissociable intrinsic connectivity networks for salience processing and executive control". *Journal of Neuroscience*, v. 27, n. 9, p. 2349–2356, 2007.

SEGAL, Z. et al. *Mindfulness-based cognitive therapy for depression*. 2. ed. Nova York: Guilford Press, 2018.

SEMPLE, B. D. et al. "Brain development in rodents and humans: identifying benchmarks of maturation and vulnerability to injury across species". *Progress in Neurobiology*, v. 106, p. 1–16, 2013.

SETH, A. K. et al. "An interoceptive predictive coding model of conscious presence". *Frontiers in Psychology*, v. 2, p. 395, 2012.

SHIOTA, M. N. et al. "Beyond happiness: building a science of discrete positive emotions". *American Psychologist*, v. 72, n. 7, p. 617, 2017.

SHORS, T. J. "Memory traces of trace memories: neurogenesis, synaptogenesis and awareness". *Trends in Neurosciences*, v. 27, n. 5, p. 250–256, 2004.

SHROBE, R.; WU, K. *Don't-know mind: the Spirit of Korean Zen*. Boulder, CO: Shambhala Publications, 2004.

SIEGEL, D. *Aware: the science and practice of presence, the groundbreaking meditation practice*. Nova York: Penguin, 2018.

SIEGEL, D. *The mindful brain.* Nova York: W. W. Norton, 2007.
SIN, N. L.; LYUBOMIRSKY, S. "Enhancing well-being and alleviating depressive symptoms with positive psychology interventions: a practice-friendly meta-analysis". *Journal of Clinical Psychology,* v. 65, n. 5, p. 467-487, 2009.
SMALLWOOD, J.; ANDREWS-HANNA, J. "Not all minds that wander are lost: the importance of a balanced perspective on the mind-wandering state". *Frontiers in Psychology,* v. 4, p. 441, 2013.
SMITH, H. "Is there a perennial philosophy?" *Journal of the American Academy of Religion,* v. 55, n. 3, p. 553-566, 1987.
SNEDDON, L. U. "Evolution of nociception in vertebrates: comparative analysis of lower vertebrates". *Brain Research Reviews,* v. 46, n. 2, p. 123-130, 2004.
SNEVE, M. H. et al. "Mechanisms underlying encoding of short-lived versus durable episodic memories". *Journal of Neuroscience,* v. 35, n. 13, p. 5202-5212, 2015.
SNYDER, S.; RASMUSSEN, T. *Practicing the Jhānas: Traditional Concentration Meditation as Presented by the Venerable Pa Auk Sayada.* Boulder, CO: Shambhala Publications, 2009.
SOBOTA, R. et al. "Oxytocin reduces amygdala activity, increases social interactions, and reduces anxiety-like behavior irrespective of NMDAR antagonism". *Behavioral Neuroscience,* v. 129, n. 4, p. 389, 2015.
SOENG, M. *The heart of the universe: exploring the Heart Sutra.* Nova York: Simon & Schuster, 2010.
SOFER, O. J. *Say what you mean: a mindful approach to nonviolent communication.* Boulder, CO: Shambhala Publications, 2018.
SOKOLOV, A. et al. "The cerebellum: adaptive prediction for movement and cognition". *Trends in Cognitive Sciences,* v. 21, n. 5, p. 313-332, 2017.
SPALDING, K. L. et al. "Dynamics of hippocampal neurogenesis in adult humans". *Cell,* v. 153, n. 6, p. 1219-1227, 2013.
STAFFORD, W. *The way it is: new and selected poems.* Minneapolis: Graywolf Press, 1999.
SZYF, M. et al. "The social environment and the epigenome". *Environmental and Molecular Mutagenesis,* v. 49, n. 1, p. 46-60, 2008.
TABIBNIA, G.; LIEBERMAN, M. D. "Fairness and cooperation are rewarding: evidence from social cognitive neuroscience". *Annals of the New York Academy of Sciences,* v. 1118, n. 1, p. 90-101, 2007.
TABIBNIA, G.; RADECKI, D. "Resilience training that can change the brain". *Consulting Psychology Journal: Practice and Research,* v.70, p. 59, 2018.
TAFT, M. *The mindful geek: secular meditation for smart skeptics.* Oakland, CA: Cephalopod Rex, 2015.
TAKEUCHI, T. et al. "The synaptic plasticity and memory hypothesis: encoding, storage and persistence". *Philosophical Transactions of the Royal Society of London, Series B, Biological Sciences,* v. 369, n. 1633, p. 1-14, 2014.
TALMI, D. "Enhanced emotional memory: cognitive and neural mechanisms". *Current Directions in Psychological Science,* v. 22, n. 6, p. 430-436, 2013.
TANG, Y. et al. "Short-term meditation training improves attention and self-regulation". *Proceedings of the National Academy of Sciences,* v. 104, n. 43, p. 17152-17156, 2007.
TANNEN, D. *You just don't understand: women and men in conversation.* Nova York: William Morrow, 1990.

TARLACI, S. "Why we need quantum physics for cognitive neuroscience". *NeuroQuantology,* v. 8, n. 1, p. 66–76, 2010.

TAYLOR, S. E. "Tend and befriend theory". Capítulo 2 do *Handbook of Theories of Social Psychology,* v. 1, editado por VAN LANGE, P. A. M. et al. Londres: Sage Publications, 2011.

TEASDALE, J.; Zindel, S. *The mindful way through depression: freeing yourself from chronic unhappiness.* Nova York: Guilford Press, 2007.

THANISSARO, B. *The wings to awakening.* Barre, MA: Dhamma Dana Publications, 1996.

THOMPSON, E. *Mind in life: biology, phenomenology, and the sciences of mind.* Cambridge, MA: Harvard University Press, 2010.

THOMPSON, E. "Neurophenomenology and contemplative experience". In *The Oxford Handbook of Religion and Science,* editado por Clayton, Philip. Nova York: Oxford University Press, 2006.

THOMPSON, E. *Waking, dreaming, being: self and consciousness in neuroscience, meditation, and philosophy.* Nova York: Columbia University Press, 2014.

THUBTEN, A. *No self, no problem: awakening to our true nature.* Boulder, CO: Shambhala Publications, 2013.

TONONI, G. et al. "Integrated information theory: from consciousness to its physical substrate". *Nature Reviews Neuroscience,* v. 17, p. 450–461, 2016.

TORRISI, S. J. et al. "Advancing understanding of affect labeling with dynamic causal modeling". *NeuroImage,* v. 82, p. 481–488, 2013.

TRAUTWEIN, F. M. et al. "Decentering the self? reduced bias in self-versus other-related processing in long-term practitioners of loving-kindness meditation". *Frontiers in Psychology,* v. 7, p. 1785, 2016.

TRELEAVEN, D. A. *Trauma-sensitive mindfulness: practices for safe and transformative healing.* Nova York: W. W. Norton, 2018.

TRIVERS, R. L. "The evolution of reciprocal altruism". *Quarterly Review of Biology,* v. 46, n. 1, p. 35–57, 1971.

TULLY, K.; BOLSHAKOV, V. Y. "Emotional enhancement of memory: how norepinephrine enables synaptic plasticity". *Molecular Brain,* v. 3, n. 1, p. 15, 2010.

UHLHAAS, P. J. et al. "Neural synchrony and the development of cortical networks". *Trends in Cognitive Sciences,* v. 14, n. 2, p. 72–80, 2010.

ULFIG, N. et al. "Ontogeny of the human amygdala". *Annals of the New York Academy of Sciences,* v. 985, n. 1, p. 22–33, 2003.

UNDERWOOD, E. "Lifelong memories may reside in nets around brain cells". *Science,* v. 350, n. 6260, p. 491–492, 2015.

VAGO, D. R.; ZEIDAN, F. "The brain on silent: mind wandering, mindful awareness, and states of mental tranquility". *Annals of the New York Academy of Sciences,* v. 1373, n. 1, p. 96–113, 2016.

VAISH, A. et al. "Not all emotions are created equal: the negativity bias in social-emotional development". *Psychological Bulletin,* v. 134, n. 3, p. 383, 2008.

VARELA, F. J. "Neurophenomenology: a methodological remedy for the hard problem". *Journal of Consciousness Studies,* v. 3, n. 4, p. 330–349, 1996.

VARELA, F. J. et al. *The embodied mind: cognitive science and human experience.* Cambridge, MA: MIT Press, 2017.

VIETEN, C.; SCAMMELL, S. *Spiritual and religious competencies in clinical practice: guidelines for psychotherapists and mental health professionals*. Nova York: New Harbinger Publications, 2015.
VIETEN, C. et al. "Future directions in meditation research: recommendations for expanding the field of contemplative science". *PLoS One*, v. 13, n. 11, p. e0205740, 2018.
WALACH, H. et al. *Neuroscience, consciousness and spirituality*, v. 1. Berlin: Springer Science & Business Media, 2011.
WALLACE, B. A. *Mind in the balance: meditation in science, Buddhism, and Christianity*. Nova York: Columbia University Press, 2014.
WALLACE, B. A.; SHAPIRO, S. L. "Mental balance and well-being: building bridges between Buddhism and western psychology". *American Psychologist*, v. 61, n. 7, p. 690, 2006.
WATSON, G. *Buddhism AND*. Oxford, Reino Unido: Mud Pie Books, 2019.
WATTS, A. W. *The book: on the taboo against knowing who you are*. Nova York: Vintage Books, 2011.
WEINGAST, M. *The first free women: poems of the early Buddhist nuns*. Boulder, CO: Shambhala Publications, 2020.
WEKER, M. "Searching for neurobiological foundations of faith and religion". *Studia Humana*, v. 5, n. 4, p. 57–63, 2016.
WELWOOD, J. "Principles of inner work: psychological and spiritual". *Journal of Transpersonal Psychology*, v. 16, n. 1, p. 63–73, 1984.
WHITLOCK, J. R. et al., "Learning induces long-term potentiation in the hippocampus". *Science*, v. 313, n. 5790, p. 1093–1097, 2006.
WILLIAMS, A. K. et al. *Radical dharma: talking race, love, and liberation*. Berkeley, CA: North Atlantic Books, 2016.
WILSON, D. S.; WILSON, E. O. "Rethinking the theoretical foundation of sociobiology". *Quarterly Review of Biology*, v. 82, n. 4, p. 327–348, 2007.
WINNICOTT, D. W. "Primary maternal preoccupation". In *The Maternal Lineage: Identification, Desire, and Transgenerational Issues*, editado por Mariotti, P. Nova York: Routledge, p. 59–66, 2012.
WINSTON, D. *The little book of being: practices and guidance for uncovering your natural awareness*. Boulder, CO: Sounds True, 2019.
WRIGHT, R. *Why Buddhism is true: the science and philosophy of meditation and enlightenment*. Nova York: Simon & Schuster, 2017.
XIANKUAN (Donald Sloane). *Six pathways to happiness: mindfulness and psychology in chinese Buddhism*, v. 1. Parker, CO: Outskirts Press, 2019.
YADEN, D. et al. "The varieties of self-transcendent experience". *Review of General Psychology*, v. 21, n. 2, p. 143–160, 2017.
YOGIS, J. *All our waves are water: stumbling toward enlightenment and the perfect ride*. Nova York: Harper Wave, 2017.
YOGIS, J. *Saltwater Buddha: a surfer's quest to find zen on the sea*. Somerville, MA: Wisdom Publications, 2009.
YUAN, J. et al. "Diversity in the mechanisms of neuronal cell death". *Neuron*, v. 40, n. 2, p. 401–413, 2003.
ZAEHLE, T. et al. "The neural basis of the egocentric and allocentric spatial frame of reference". *Brain Research*, v. 1137, p. 92–103, 2007.

SOBRE O AUTOR

Rick Hanson, Ph.D., é psicólogo, membro sênior do Greater Good Science Center da Universidade de Berkeley e autor best-seller do *New York Times*. Seus livros foram publicados em 28 idiomas e incluem *Neurodarma*, *O poder da resiliência*, *O cérebro e a felicidade*, *Just One Thing* [*Só uma coisa*, em tradução livre], *O cérebro de Buda* e *Mother Nurture* [*Mãe nutrição*, em tradução livre] — com mais de 900 mil cópias somente em inglês. Fundador do Wellspring Institute for Neuroscience and Contemplative Wisdom, ele foi palestrante convidado no Google, NASA, Oxford e Harvard, e ensinou em centros de meditação em todo o mundo. Ele oferece vários presentes online — incluindo o programa experimental *Neurodharma* —, e mais de 150 mil pessoas recebem seu boletim semanal gratuito. Ele e a esposa moram no norte da Califórnia e têm dois filhos adultos. Rick gosta de estar na natureza e de fazer uma pausa dos e-mails.

ÍNDICE

A
aceitação radical 111
agora 132, 144, 197
  redes de atenção do 168
altruísmo 70-73
amargura 120
ameaça(s) 39, 123, 134
  percepção de 81
amígdala 27, 41, 81
amor 75, 96, 193
amorosidade 4, 29, 30, 59, 67, 195
análise, paralisia pela 120
ancoragem 67, 73
animosidade 75
ansiedade 20, 46, 84, 118
apreciação 70, 121
aprendizado 25, 39-44
  duradouro 85
  social 70
Armstrong, Steve 207
asankhata 201
aspiração sem apego 213
associação 83-84
atemporalidade 4, 29, 170, 190, 217
atenção aplicada e sustentável 36
atividade(s) neural(is) 23-26, 151-153, 161, 191, 198
atualidade 4, 29, 138, 168-172, 195
ausência, sentimento de 46
Austin, James 166, 168
autoaceitação 112
autocompaixão 11, 71-74, 82
autoconsciência 27, 58, 83
autocontrole 27, 58, 98
autocriticismo 63, 109
  redução do 71

B
Baars, Bernard 127
base neural 6, 50, 58, 94, 132, 166
bem-estar 5, 28, 60, 159, 211
benevolência 188, 205
Bodhi, Bhikkhu 183, 201
Bodhisattva, ideal 58
bondade 10, 49, 59-65, 90
Brach, Tara 111
Buber, Martin 75
Buda 5, 20, 36, 60, 80, 107, 157, 213
  busca do 183
  quatro verdades 21
budismo 6, 90, 187, 214
  tibetano 28

C
caminho 3-10, 114, 126, 146
Caminho Óctuplo 10, 37
  regras práticas do 68
Cash, Eugene 48
cérebro 23, 41, 59, 76, 81, 108, 134, 198
corpo caloso 28
córtex cingulado anterior 28
córtex cingulado posterior - CCP 27
córtex orbitofrontal médio 59
córtex pré-frontal 54, 98
hemisfério direito 81, 133
janela de reconsolidação 83
natureza do 150
Chah, Ajahn 153
Cohen, Leonard 71
coisas condicionadas 86-87
compaixão 59, 71, 90, 211
completude 4, 29, 31, 138, 195
  cinco obstáculos 119
  redes laterais da 168
complexo do nervo vago 66
comportamentos de fuga 82
concentração 35-39, 49, 200
  desenvolvimento da 98
conexão 93-104, 157
  necessidade de 123
consciência 7, 126, 136, 188-192, 217
  espaço de trabalho global da 127
  fluxo de 178
  fluxo maior de 153
constância 4, 49
  mental 91
contentamento 96, 121
cordialidade 76
CURA 42, 83

D
Dalai Lama 57
deixando entrar 10-13
deixando ir 10-13
deixando ser 10-13
depressão 17, 81, 120
desejo
  afetuoso
    quatro tipos de 62

277

desmedido 80, 142, 172, 189
   três fontes 90
   tipos de 60
despertar 133, 182
   caminho do 80, 207
   sete práticas do 3
desvio espiritual 82

E

empatia 27, 59, 211
   capacidade de 93
energia 69, 125, 170, 196–197
engajamento focado 137
Engler, Jack 164
equanimidade 37, 91, 149, 200, 211
estabilidade 29, 30, 195
   da mente 38, 54
estado de impulso 93
estados mentais 24, 113, 200
estresse 3, 51–53, 88, 95.
   Consulte Redução de Estresse Baseado no Mindfulness (MBSR)
   hormônio do 27.
   Consulte neuroquímicos, cortisol
experiência(s) 87, 127, 136, 147, 198
   autorrelacionadas 161
   autotranscendentes 171
   condicionadas 183
   de surpresa 174
   fluxo da 140
   tons hedônicos 94

F

fadiga 50, 120
fatores mentais 6, 39
Feldman, Christina 35
felicidade 5, 177, 183

duradoura 199
Fronsdal, Gil 21

G

GABA
   neurônios liberadores de 170–172
generosidade 70
Germer, Chris 72
gliais, células 25, 151
Goldstein, Joseph 218
gratidão 49, 84, 121, 208

H

Hakuin 202
Hanh, Thich Nhat 176
hardware
   neural 7, 19, 93
   neurobiológico 92
Hebb, Donald 24
hipocampo 27, 41, 59, 81
hipotálamo 52, 81
holístico e gestáltico
   processamento 110
hostilidade 61, 76, 120

I

impermanência, reconhecimento da 144
impermanente 128, 149–154, 160–162, 196–201
   não 183
incondicionado 32, 128, 184–205
   estado 183
informação(ões) 22, 127, 169, 197
   fluxo de 23
   sensoriais brutas 137
inibição recíproca 114, 169
inquietação 46, 103, 120–125
insight 36, 148, 156, 201
ínsula 27, 109, 115
intenção 18, 54, 78, 112

intelectual 50
involuntária 50
interocepção 109

J

jhanas 36–37, 200–201
julgamento(s) 69, 116, 124, 170

K

Kandel, Eric 22

L

lealdade 52, 67, 76
locus ceruleus 133

M

matéria 32, 148–154, 183, 196–205
meditação 11, 27, 36, 82, 143, 198, 208
   atenção concentrativa 48
   consciência aberta 48
   da bondade amorosa 59
   focada na compaixão 59
   permanência com a consciência 48
memória(s)
   de lugar 44
   de trabalho 54
   episódicas 81
   implícitas 82
   operacional 43
   redes de 41, 83
mente 26, 59, 89, 111, 178, 183, 198, 217
   características da 149
   estabilizar a 44
   cinco formas de 46
   porão da 82
   produção contínua de expectativas 142

metacognição 49
Metta Sutta 60
Milarepa 9
mindfulness 7, 27, 37, 58, 82, 132, 200
mudança(s) 109, 196
  contínuas 136
  físicas graduais 9
  internas duradouras 39
Muir, John 175
Muller, Richard 132

N

Neff, Kristin 72
neurociência 4, 15
Neurodarma 6–8
neurofeedback 7
neurogênese 25, 150
neurônios 24–26, 100, 151, 191
neuroplasticidade 24
  positiva 40
neuroquímicos 10, 20
  adrenalina 51, 95
  cortisol 27, 41, 51, 95
  dopamina 43, 75
  norepinefrina 43, 75, 95, 133
  ocitocina 10, 52, 94
    aumenta a atividade da 76
    processos relacionados 127
  serotonina 10
nibbana 37, 183, 200, 207. *Consulte* incondicionado, estado
Nyodai, Mugai 173

O

obstáculos 61, 99, 119
  Desejo sensual 119, 121
  Dúvida 120, 124
  Fadiga e preguiça 120, 122

Inquietação, preocupação, remorso 120, 123
  Má vontade 120, 121
ódio 4, 61, 75–76, 159, 184
opioides naturais 102

P

Pali Canon 15, 37, 140, 184, 200
paz 5, 78, 96, 171
  sublime 188
percepção 7, 137–141, 163, 200–201
  sensorial 115
perfeição inata 9
perspectiva 125, 137, 214
  alocêntrica 167–174
  egocêntrica 167–169
  mais ampla 79
  objetiva de terceira pessoa 161
  subjetiva de primeira pessoa 161
pessoas, cinco tipos de 63
plenitude 4, 29, 90, 195
  descansando em 114
prática(s) 18, 47
  caminhos de 208
  contemplativa 199
  de atenção focada 126
  de completude e de atualidade 172
  de despertar 190
  espiritual 62
  focada 171
  pessoal significativa 171
  três tipos de 91
previsão afetiva 108
problemas, resolução de 114, 160
processo(s) 127, 162–165
  de alerta e orientação 134
  gradual(is) 9

mentais e físicos vazios 175–179
naturais 23
neurais subjacentes 171
propósito(s) 50, 62
  na vida 216

Q

quântico, nível 198
Quatro Verdades Enobrecedoras 62

R

raiva 12, 20, 75, 96, 121
  destrutiva 120
redemoinho
  condicionado 158
redemoinhos
  de atividade mental e neural 178
  de informação 153
  de matéria e energia 196
  de selfinização 164
  variedade infinita de 197
rede(s)
  de atenção
    de alerta 168
    focada 167
    inferior 134
    superior 133
  de controle executivo 93
  de modo padrão 93
  de saliência 93
  laterais 110
  neurais 108, 116, 167
Redução de Estresse Baseado no Mindfulness (MBSR) 27
refúgios, noção de 145
relacionamento(s) 91, 134
  estar em um 95

saudáveis 62
relaxamento 51. *Consulte* sistema nervoso simpático (SNP)
resiliência 28, 62, 91
Ricard, Matthieu 131
Rinpoche, Tsoknyi 116
Rothschild, Babette 82
ruminação 114, 160

S

sabedoria 171, 199
sankharas 201
satisfação 93, 99
segurança 93, 99
self 158–166
sensação de
  ancoragem 44–45
  completude 114, 138, 168, 180
  plenitude 91, 143
  plenitude e equilíbrio 101, 124
senso de
  ancoragem 44–46
  capacidade e confiança 96
  conexão 59
  correlação 76
  desejo desmedido 103
  gratidão 54
  humanidade comum 71
  livre-arbítrio 144
  necessidades não atendidas 90
  nós 77
  responsabilidade 212
  self 108, 140, 190
    liberar o 156
  transcendência 194
  unidade 173
  valor próprio 96
Sherrington, Charles 20
Siegel, Dan 26
sinapses 20, 151, 198
sistema de engajamento social 67
sistema nervoso 6, 22–26, 59, 82, 147
sistema nervoso parassimpático (SNP) 51, 95
sistema nervoso simpático (SNS) 51, 95, 122, 137
sofrimento 20, 80, 86, 177, 209
  confrontação do 21
  libertação do 183
  "software" mental 7. *Consulte* neurofeedback
Swigonski, Mary 173

T

tálamo 169–172
talidade 146, 171
Theravadan 62
  tradição 5
Thubten, Anam 159
Thurman, Howard 211
tom hedônico 94–105, 135
totalidade 4, 29, 32, 178, 195
  redes alocêntricas da 168
  transcendental 186–205

U

universo
  expansão do 86, 133
  substrato do 196–197

V

viés de negatividade 7, 41, 53
vigilância, estado de 133
vipassana 5, 91
virtude 66, 98, 199
visão
  ampla 166
  da cultura 176
  da totalidade 178
  da vida 176
  direcionada 166
  do universo 177
  do vazio 175
  egocêntrica 167

W

Watts, Alan 163
Welwood, John 82
Winnicott, Daniel 144

Y

Yogis, Jaimal 178
Young, Shinzen 192

Z

Zona Verde 97–98, 114, 172
Zona Vermelha 95–96